JN303281

ライブラリ数理・情報系の数学講義＝6

応用代数講義

金子　晃　著

サイエンス社

サイエンス社のホームページのご案内
http://www.saiensu.co.jp
ご意見・ご要望は　rikei@saiensu.co.jp　まで.

はしがき

　本書は理工系の大学で数学科，情報学科を始め，将来，代数学の基礎的知識を必要とする可能性がある学部専門課程に在籍する学生を対象に，代数学を一通り学ぶための教科書・参考書として書かれたものです．本書は著者が現在所属するお茶の水女子大学の情報科学科において，2年次後期の専門科目である"離散数学"という名前の代数の講義のために準備したノートに基づいて書かれていますので，学部構成によっては教養課程の後半でも使うことができるでしょう．

　本書の内容は，最も基本的な代数系である，群，環，体の入門的事項の解説です．これらの題材は，微積分や線形代数などの，いわゆる一般教養の数学よりは高度なものとみなされてきましたが，最近の電子社会の発展に伴い，知識の必要性が増しているものです．数学科ではもちろんのこと，情報系の学科では，理論計算機科学，特に言語理論などにおける抽象的思考の訓練の場として，ちょうど，数学がすべての学生にとって論理的思考の訓練に最適な教科として使われるのと同様の意味で，代数学の初歩が教えられているのが普通でしょう．のみならず，初等代数学は，理論計算機科学において，単なる形式的な論理演算を越えた，具体的な（！）抽象的命題の例を提供するものとしても重用されています．さらに，暗号や誤り訂正符号を始めとする現代の情報理論においては，代数学は実際に必要な知識ともなっています．

　本書の特徴の一つは，導入部分において群，環，体の三つをできるだけ並行して解説したことです．従って，第1章を読んだだけでも，これらに関する最小限の概念は把握できるでしょう．また，これとともに実際の講義では，数学が苦手な学生をうんざりさせないよう，計算機に関連した話題を随時はさみましたが，これらはティータイムという名の囲み記事として残してあります．同じ体裁の歴史的解説とともに息抜きとして利用して頂ければ幸いです．もちろん，計算機が大嫌いだという学生は，計算機に関する話題をすべて無視して頂いても差し支えありませんが，今時は一般企業に就職する場合はもちろん，高校の教員になる場合も，この程度の計算機の知識は有用でしょう．

　本書は代数学の基礎的部分への入門を目指したものであり，著者が実際に行っ

た"離散数学"の講義の内容も，ほぼこれに相当する本書の第4章までと，第5, 6章のお話程度の紹介です．ただし本書では，講義で述べ切れなかった話題についても，ノートを準備したものは積極的に採り入れ，また自分で疑問に思ったことなどを調べて追加しましたので，代数学のかなり本格的な講義の内容もカバーできていると思います．特に，第7章のGalois（ガロア）理論は，"離散数学"の講義とは別に，高校の数学教員を志望する学生のために行った特別講義の内容をここに含めたものです．数学科以外では，代数学は，基礎的部分に続く講義を聴く機会はほとんど無いでしょうが，高校の数学教員がGaloisの名前を知らないというのも悲しいことなので，高校数学の教員免許が取得可能な数学科以外の学生には，自習してもらいたいという思いを込めて，これを付け加えました．もちろん，代数学を本格的に応用する，暗号や誤り訂正符号の研究室に進む学生には，これも必須の基礎知識です．第8章の有限体の話は，そのための準備です．補充した資料の一部は問の形にしました．これらは必ずしも難しいという訳ではありませんが，単なる練習問題と区別するため＊印を付けました．

著者の専門は，実は代数ではなく解析です．代数解析という分野に属していたので，もともと代数の一部には縁が有りましたが，本格的に代数の講義を始めたのは，情報科学科に移籍し，代数が専門だった前任者の後を受けて誤り訂正符号や暗号の講義を始めて以来です．一般に，プロはつい同業者の目を気にして，学生には難しすぎるような厳密さを著書に込めてしまい勝ちです．本書は，言わば素人が自由な立場で書いたものなので，その点説明に多少のこじつけやくどさがあるかもしれませんが，気軽に読めるようになっていると期待しています．著者としても専門外の講義をするのはなかなか楽しいもので，この原稿の準備にも熱が入りました．最近の情報系学科での数学系教員の公募を見ると，微積分と線形代数に加えて，代数学の初歩などを講義義務として要求しているところも有るようなので，そういう職場で働くことになる非代数系の数学者にとっては，"先輩の奮闘の記録"として本書が参考になれば幸いです．

お茶の水女子大学数学科4年生の吉野絵美さんには，原稿の通読をお願いし，多くの誤りを指摘して頂きました．ここに記して感謝の意を表します．

2005年9月29日　　　　　　　　　　　　　　　　　　　　　金子　晃

　本書のサポートページは http://www.saiensu.co.jp から辿れます．本文中のアイコン はそこに置かれた記事への参照指示を表します．

目 次

序　章	何で代数を勉強するの？	1
第1章	群・環・体	3
1.1	群：最も簡単な代数系	3
1.2	環：二つの演算を持つ代数系	9
1.3	体：四則演算ができる代数系	12
1.4	公理を用いた推論	14
1.5	冪乗	17
1.6	部分代数系	21
1.7	準同型写像	25
第2章	置換群の基礎	33
2.1	群の定義法	33
2.2	置換群の復習	36
2.3	有限群の置換表現と剰余類	40
2.4	置換群とゲーム	45
第3章	群の作用と対称性	51
3.1	群が表す対称性	51
3.2	幾何学と群	55
3.3	基本領域と繰り返し図形	57
3.4	対称式・交代式	61
第4章	商代数系	67
4.1	正規部分群と商群	67

4.2	イデアルと剰余環	72
4.3	素因子分解と Euclid の互除法	78
4.4	Z_n における演算と初等整数論	87
4.5	商環と商体	96

第5章　加群とその構造　　99

5.1	作用環を持つ加群	99
5.2	部分加群と商加群	107
5.3	加群の構造と単因子	110
5.4	加群に関する補遺	120

第6章　有限群の構造　　123

6.1	群の拡大	123
6.2	Sylow の定理	131

第7章　体の拡大と方程式論　　139

7.1	体の拡大	139
7.2	Galois の理論	149
7.3	方程式論	160
7.4	Galois 理論と作図問題	177
7.5	代数的閉体と代数的閉包	183
7.6	終結式と判別式	189

第8章　有限体の理論　　198

8.1	有限体の構造	198
8.2	有限体の有限次拡大	205

付録　代数計算のフリーソフトウエア　　213

問 の 解 答	216
参 考 文 献	246
索　　　引	248

序章
何で代数を勉強するの？

代数学[1]は何のために勉強するのでしょう．

> 問：代数学は何を勉強する学問でしょうか？
> 答：代数的構造，すなわち演算の仕組みを勉強します．

数学を使わないつもりだから私そんなもの要らない？ いやいや演算は情報科学の基礎です．プログラミングでもデータベースでも画像の変形でも，使うのは演算 (operation) の列です．情報科学を抽象化すると最後は代数学になるのです．抽象代数で推論の訓練をしておけば，言語設計など，高度な抽象的思考を必要とする分野に就いても，論理の波に溺れる恐れがなくなるのです．

> 問：何で抽象化なんてしなきゃいけないの？
> 答：抽象化により他分野への応用が拡がるからです．どんな学問でも抽象化が最終目標であり，そうしてこそ普遍的な学問となるのです．

例えば，りんごとみかんとバナナより成る集合は，並べ替えなどの演算に限れば，ゾウとサイとウマより成る集合と同等で，これらの演算だけに注目すれば，どちらも最終的には整数の集合 $\{1, 2, 3\}$ に抽象化されます．人類の歴史において，ここから数学が始まったのです．言わば，猿から人間への進化です．猿

---

[1] はしがきにも記したように，著者の大学では，この講義は"離散数学"という名前で行われており，実際の講義では"代数学"はすべて"離散数学"となっていました．世の中では，離散数学と言えば，代数学の初歩に論理学や組み合わせ論やグラフ理論なども加えたものと言うのが相場です．著者の大学では，これらはそれぞれ別の独立した講義になっているので，今回出版するに当たり，講義内容にあわせて本書の題名を"応用代数講義"としました．応用と言っても，本書で扱うのは応用に必要な代数学の基礎だけですが，続編として暗号と誤り訂正符号の巻を準備中ですので，ご期待ください．

のままで居たくないと思う人は，是非とも抽象化の意義を認めなければなりません．(^^;

> 問：もっと具体的な効用が知りたい！
> 答：音楽 CD に組み込まれた誤り訂正符号，インターネットショッピングで使われる公開鍵暗号など，身近な生活で抽象代数が使われています．

音楽の CD を聴くとき，君たちは有限体上の線形代数を用いた誤り訂正符号 (Reed-Solomon 符号) のお世話になっています．この技術が無いと，焼き損ないが多過ぎて，聴くに耐えず，今の値段で CD を商品化することはできませんでした．君たちは日々代数がアレンジした音を聴いているのです．

最近流行りのインターネットショッピングなどで，どうして秘密裏に相手と逢わなくても安全に暗号通信用の鍵の交換ができるか知りたいでしょう？ これは有限体の乗法群の構造が基礎になっているのです．

みんなそういうこと知りたいでしょう？

ときどきはお茶の時間を用意しました．抽象数学の勉強に疲れたら，コンピュータで遊んだり，歴史のお話を聞いたりしましょう．例えばこんな具合に：

ティータイム　代数という言葉の起源

代数学を英語で algebra と言います．これは 9 世紀にバグダッドで活躍したサラセンの数学者フワーリズミーが書いた教科書の題名です．al はアルコールなどにも含まれているアラビア語の定冠詞で，著者の名前にも付けるのが普通です．アルフワーリズミーがなまってアルゴリズムとなりました．だからアルゴリズムと代数は切っても切れない関係にあるのです．

という訳で，情報科学科で学ぶみなさんは，アルゴリズムとともに代数もやる義理があるでしょう．逆に，本書では，アルゴリズムに留意した代数の議論を心がけました．

第 1 章

群・環・体

序章で言及した代数的構造の主なものとしては次のようなものが有ります：

群，環，体，線形空間，加群，多元環 (代数)，Lie 環，Boole 代数

これくらい知っておけばどこに行っても大丈夫でしょう．(実は著者もこれくらいしか知りません．(^^;) この中でも最初の三つが基本なので，この講義ではそれを中心に解説します．その次に挙げられている線形空間は，これらに比べるともっと複雑な概念ですが，もう 1 年のときに一通りやりましたね．複雑なものが必ずしも難しいとは限らないのです．

■ 1.1 群：最も簡単な代数系

群 (group) G とは，群の公理と呼ばれる，以下に述べるような規則を満たすただ一つの 2 項演算 $\circ$ を持った集合のことです．ここで，集合 G の **2 項演算**とは G から勝手に取った二つの元 a, b に対して，G の第 3 の元 $a \circ b$ を定める規則のことです．従って，形式化すると $\circ : G \times G \to G$ という写像であると言えます．厳密にはペア $(G, \circ)$ のことを群と呼びますが，誤解の恐れがないときは，単に集合だけを示して群 G などと呼ぶことも普通に行われています．

> **定義 1.1** (群の公理)
> (1) **結合法則** (associative law)： $\forall a, b, c \in G$ に対し $(a \circ b) \circ c = a \circ (b \circ c)$．
> (2) **単位元の存在**： $\exists e \in G$ s.t. $\forall a \in G$ に対し $a \circ e = e \circ a = a$．
> このような e を G の**単位元** (identity) と呼ぶ．
> (3) **逆元の存在**： $\forall a \in G$ に対し $\exists b \in G$ s.t. $a \circ b = b \circ a = e$．
> このような b を a の**逆元** (inverse) と呼び，普通 a^{-1} で表す．

実際に群かどうかを調べるときは，まず演算が常に定義されるかどうかを確かめることも大切です．これを公理の (0) としている書物もあるくらいです．

[1] いきなり論理記号を使いましたが，∀ は "任意の"，∃ は "ある" という意味を表す述語論理の記号だったことを思い出しましょう．(微積や線形代数でも習いましたね．) また s.t. は数学だけの記号で，such that と読み，"以下の如き" と理解するのでしたね．従って，例えば (2) の単位元の条件は，"元 $e \in G$ で，任意の元 $a \in G$ に対し $a \circ e = e \circ a = a$ を満たすようなものが存在する" という意味になります．上に掲げたのは講義で板書するときのスタイルで，論文等で定義を記述するときはこのように文章で書かねばなりません．

[2] 結合法則は結合律とも呼ばれます．わざわざ法則というには当り前すぎる条件のように見えるかもしれません．しかし，これがないといろんな推論に支障をきたすことがすぐに分かるでしょう (1.4 節参照)．普通は何は無くとも結合法則だけは仮定します．ただし，Lie 環 (参考文献 [3] の付録 A.7 参照) など，結合法則を満たさない代数系にも重要なものが有り，純粋数学のみならず理論物理などでも使われています．

[3] 群には必ず単位元が存在します．従って G は定義により空集合ではありません．単位元だけから成る群が最小の群で，**単位群**と呼ばれます．

[4] 群の演算に対する記号は何でもよいのですが，規則の説明などでは写像の合成演算と同様 ∘ が使われるのが普通です．数の積と同様，· もよく使われます．文字式の積と同様，誤解の恐れがなければ省略されることもしばしばです．

抽象的定義の意味をつかむため，群の代表例を挙げましょう．

例 1.1 (**変換群**) X を集合とし，G を X からそれ自身への全単射な写像，すなわち一対一対応の全体とします．G の二つの元の間の演算 ∘ を写像の合成と定義すれば，G は群になります．これを X の**変換群**と呼びます．単位元は恒等写像，逆元は逆写像です．群の公理が満たされていることは，写像の性質を思い出せばほとんど明らかですね．

例 1.2 (**対称群**) 上の例における X が元の総数 n の有限集合のとき，上の群 G は n 個のものの置換 (並べ替え) の全体と同等です．これを S_n で表し，n 次の**対称群** (symmetric group) と呼びます．n 個のものが何であるかは本質的ではないので，整数の部分集合 $\boldsymbol{N}_n := \{1, 2, \ldots, n\}$ を取るのが標準的です．(記号 := はこの右辺が左辺の定義だという意味です．) つまり，S_n は $\sigma : \boldsymbol{N}_n \to \boldsymbol{N}_n$ なる一対一写像が写像の合成を演算として成す群と解釈されます．

1.1 群：最も簡単な代数系

これを更に具体的に S_3, すなわち, 三つの元 $\{1,2,3\}$ の並べ替えについて見てみましょう. これらは $e, (1,2), (1,3), (2,3), (1,2,3), (1,3,2)$ の $3! = 6$ 個で尽くされます. ここで, 記号 $(1,2)$ は 1 と 2 を交換するだけの置換で, **互換**と呼ばれます. また $(1,2,3)$ は $1 \mapsto 2 \mapsto 3 \mapsto 1$ という**巡回置換**, すなわち, 順に次のものに移動し最後は先頭に戻るような置換を表します. 従って S_3 の元を分類すると,

$e \cdots$ 恒等置換 (何も動かさない)
$(1,2), (1,3), (2,3) \cdots$ 互換
$(1,2,3), (1,3,2) \cdots$ 巡回置換

S_3 の元の構造は単純でしたが, もっと多くのものに対する置換は, 一般に互いに素な (i.e. 共通元を持たない) 巡回置換の積となります. 例: $(1,2)(3,4) \in S_4$

S_n の元は集合 $\{1,2,\ldots,n\}$ に働く写像と見て, 積はこの集合に右の方の因子から順に作用するように合成します[1]. 例えば,

$$(1,2) \iff \begin{pmatrix} 1 & 2 & 3 \\ 2 & 1 & 3 \end{pmatrix}, \quad (2,3) \iff \begin{pmatrix} 1 & 2 & 3 \\ 1 & 3 & 2 \end{pmatrix}$$

としましょう. この右辺は, 置換の詳しい書き方で, 写像の外延的な定義, すなわち, 上下に対応する各ペアについて, 上の元を下の元に写像するような置換を表しています. 従って, $\begin{pmatrix} 1 & 2 & 3 \\ 2 & 1 & 3 \end{pmatrix}$ は $\begin{pmatrix} 1 & 3 & 2 \\ 2 & 3 & 1 \end{pmatrix}$ と書いても同じ置換を表します. このとき,

$$(1,2)(2,3) = \begin{pmatrix} 1 & 2 & 3 \\ 2 & 1 & 3 \end{pmatrix} \begin{pmatrix} 1 & 2 & 3 \\ 1 & 3 & 2 \end{pmatrix} = \begin{pmatrix} 1 & 3 & 2 \\ 2 & 3 & 1 \end{pmatrix} \begin{pmatrix} 1 & 2 & 3 \\ 1 & 3 & 2 \end{pmatrix}$$

$$= \begin{pmatrix} 1 & 2 & 3 \\ 2 & 3 & 1 \end{pmatrix} = (1,2,3),$$

$$(2,3)(1,2) = \begin{pmatrix} 1 & 2 & 3 \\ 1 & 3 & 2 \end{pmatrix} \begin{pmatrix} 1 & 2 & 3 \\ 2 & 1 & 3 \end{pmatrix} = \begin{pmatrix} 1 & 2 & 3 \\ 3 & 1 & 2 \end{pmatrix} = (1,3,2)$$

慣れてくると, こんなにていねいに書かなくても, 各元の行き先を追跡するだけで, 積の結果を直接書けるようになります.

--- ティータイム **置換と計算機** ---

上で述べた置換の表現, 例えば $\begin{pmatrix} 1 & 2 & 3 \\ 2 & 1 & 3 \end{pmatrix}$ の第 1 行目は, まったく無駄

---

[1] 逆順の定義を使う人も居るので注意しましょう.

な情報ですね．実際，置換を記録するのには第2行目だけで十分です．2行目は，この置換による並べ替えの結果を表すもので，高校で順列と呼ばれていたものです．実は置換も順列も英語では permutation という同じ用語になります．だから順列は知っているが，置換は習っていないという人も心配する必要はありません．ただ，順列という並べ替えの結果だけを見ていては分からなかったのに，それを操作として見直すことにより，積の構造が考えられるようになった点は注目すべきことです．計算機で置換を扱うには，ちょうどベクトルを記録するのと同様，1次元配列と呼ばれる変数のセット a[1],a[2],a[3] に，この順列を記録します．例えば，上の置換の場合は a[1]=2, a[2]=1, a[3]=3 という具合です．数学の下付き添え字に当たるものを，計算機言語では括弧に入れた番号で表すのです．使われる括弧の種類は言語により異なります[2]．何か計算機言語を知っている人は，S_3 の元をすべて打ち出すプログラムを作ってみましょう．

ここで，これからよく使う言葉の定義をしておきましょう．

定義 1.2 群の元の総数のことを群の**位数** (order) と呼ぶ．S_n のように位数が有限なものは**有限群**と呼ばれる．有限群 G の位数は $|G|$ で表される．位数が無限，すなわち，無限に多くの元を持つ群は**無限群**と呼ばれる．

群の分類用語として，さらに，連続パラメータに依存するような無限個の元を持つ群を**連続群**[3] と呼びます．それ以外の群は**離散群**[3] と呼ばれます．有限群は後者の特別な場合です．情報科学への応用では (CG で連続群や無限離散群が使われる以外) 有限群がほとんどです．

---

[2] さらにややこしいことに，情報科学で最もよく使われている C 言語では，配列の添え字が 1 でなく 0 から始まります．そういう場合は S_n を $\{1,2,\ldots,n\}$ ではなく $\{0,1,\ldots,n-1\}$ の置換とみなす方が便利です．数学でも，Bourbaki（ブールバキ）の数学現代化運動以後，自然数 N を 0 から始まるとすることがよくあります．C の設計者は Bourbaki に賛同したのでしょうか？(^^;　なお，本書では N は 0 を含めないことにしています．

[3] これらの言葉は，正確には位相構造に関連して定義されるものですが，ここでは "離散数学" と同程度の軽い意味で用いています．

1.1 群：最も簡単な代数系

例 1.3 (**連続群の例**)　実数を要素とする n 次正則行列の全体が行列の積を演算として成す**一般線形群** $GL(n, \boldsymbol{R})$ が代表的です．よく知られているように，行列の積の演算は線形写像の合成と同等です．従って恒等写像を表す単位行列 E が単位元となります．

　群の演算において，$a \circ b = b \circ a$ が成り立つとき，二つの元 a, b は**可換** (commutative) であると言われます．以上の例が示すように，一般に群の演算においては，非可換，すなわち演算する元の順序を変えると，結果が異なってしまう方が普通です．(例外として，どんな群でも単位元は常にすべての元と可換であり，また，ある元とその逆元も必ず可換です．) そこで，演算が常に可換であるような特別な (しかし応用上重要な) 群を**可換群**と呼びます．この概念を最初に利用した数学者の名前をとった $\overset{\text{アーベル}}{\mathbf{Abel}}$**群**という呼び方もよく使われます．当然ながら，演算が可換な場合には，単位元や逆元の公理が成り立つかどうかは片側からの積についてだけ調べれば済みます．

例 1.4 (**可換群の代表例**)　(1) **有限巡回群** $C_n := \{e, g, g^2, \ldots, g^{n-1}\}$. ただし $g = g^1$ とします．この集合に $g^i \circ g^j = g^{(i+j) \bmod n}$ という演算を入れたものを**位数** n の**巡回群** (cyclic group) と呼びます．ここで一般に $a \bmod n$ は a を n で割った余りを表し，$g^0 = e$ と規約します．従って g^n は e と同じものとみなされ，g^i の逆元は g^{n-i} となります．g はこの巡回群の**生成元**と呼ばれます．あるいは，C_n は g により生成される巡回群であると言い，この事実を $\langle g \rangle$ で表します．この言葉は，帰納法で容易に示せるように，g^i が g を i 回掛けたものと一致し (1.5 節参照)，従って群の演算で g だけからすべての元が得られることから来ています．ここでは g は形式的な記号だと思えばよいのですが，これは一体何者だと言われたら，一般論はやめてより具体的な例，例えば巡回置換 $g = (1, 2, \ldots, n)$ とか，1 の原始 n 乗根 $g = e^{2\pi i / n}$ などを挙げておきましょう．

　(2) 体の零元以外が乗法に関して成す群 $K^{\times}$. まだ体がちゃんと定義されていないというクレームが付いた場合は $K = \boldsymbol{Q}$ (有理数) とか $K = \boldsymbol{R}$ (実数) とか $K = \boldsymbol{C}$ (複素数) とかのよく知っている例に限っておきましょう．単位元はもちろん 1 です．

　体のすべての元が加法に関して成す群も可換群です．演算の記号に + を用いたときは**加法群** (または**加群**) と呼びます．このときは単位元を 0 で表し，$\overset{\text{ゼロげん}}{\mathbf{零元}}$ と呼ぶのが普通です．また，a の逆元は $-a$ で表す習慣です．

例 1.5（加法群の代表例） (1) 整数の加法群 $\boldsymbol{Z}$.

(2) 正整数 n の倍数全体 $n\boldsymbol{Z} := \{nx \mid x \in \boldsymbol{Z}\}$. 演算は通常の加法.

(3) 正整数 n を法とする整数の加法群 $\boldsymbol{Z}_n := \{0, 1, 2, \ldots, n-1\}$. 演算は $(i, j) \mapsto (i+j) \bmod n$.

位数 n の巡回群は，演算の定義から明らかに加法群 $\boldsymbol{Z}_n$ と**同型**，すなわち演算の対応も込めて同一視できます．実際，$g^i \leftrightarrow i$ $(i = 0, 1, \ldots, n-1)$ と対応させればよい．

問 1.1 S_3 において $p = (1, 2, 3), q = (1, 2)$ と置くとき，$px = q, yp = q$ となる元 x, y をそれぞれ求めよ．

問 1.2 次のような数の集合と演算の対は群になるか？ただし以下いずれも $+$ は数の加法を，$\cdot$ は乗法を表すものとする．また $\overline{\boldsymbol{N}} = \boldsymbol{N} \cup \{0\}$ は 0 を含めた自然数の集合とする．

(1) $(A, +)$，ここに $A = \overline{\boldsymbol{N}}, \boldsymbol{Z}, \boldsymbol{Q}, \boldsymbol{R}, \boldsymbol{C}$.
(2) $(A, \cdot)$，ここに $A = \overline{\boldsymbol{N}}, \boldsymbol{Z}, \boldsymbol{Q}, \boldsymbol{R}, \boldsymbol{C}$.
(3) $(A \setminus \{0\}, \cdot)$，ここに $A = \overline{\boldsymbol{N}}, \boldsymbol{Z}, \boldsymbol{Q}, \boldsymbol{R}, \boldsymbol{C}$.（一般に $A \setminus B$ は**集合差**，すなわち，集合 A から集合 B との共通部分を除いたものを表す．）
(4) 2 でも 3 でも割り切れる整数の全体，$+$.
(5) $(\{a^n \mid n \in \boldsymbol{Z}\}, \cdot)$，ここに $a \neq 0$ はある定まった実数で，$a^0 = 1$ と規約．
(6) $(\{-1, 1\}, \cdot)$.
(7) (絶対値が r であるような複素数の全体, $\cdot$)，ここに r はある定まった正の実数とする．
(8) (1 の n 乗根となる複素数の全体, $\cdot$)，ここに n は定まった自然数とする．
(9) (ある自然数 n について n 乗すると 1 になるような複素数の全体 (n はそれぞれの複素数に依存してよい), $\cdot$)
(10) (偏角が $\theta_1, \ldots, \theta_n$ のどれかであるような複素数の全体, $\cdot$).

問 1.3 区間 $[0, 1)$ の実数に対し $x \oplus y := $ "$(x+y)$ の小数部分"，という演算を入れたものは群となることを示せ．

問 1.4 集合 M の部分集合の全体に集合の対称差 $A \ominus B := (A \setminus B) \cup (B \setminus A)$ を演算として入れたものは群となることを示せ．

問 1.5 自然数の集合 $\boldsymbol{N}$ に働く以下のような写像の集合は写像の合成を演算として群になるか？

(1) すべての写像．
(2) 一対一の写像．
(3) 全射の写像．
(4) $\boldsymbol{N} \ni x \mapsto x + n \in \boldsymbol{N}$ の形の写像の全体 ($n \in \boldsymbol{N}$)．

(5) 奇数はどれも動かさない全単射写像の全体.
(6) 奇数を奇数に，偶数を偶数に写す全単射写像の全体.
(7) 奇数を偶数に，偶数を奇数に写す全単射写像の全体.

問 1.6 次のような実の 2 次正方行列の集合は示された演算で群を成すか？
(1) 対称行列の全体，和. (2) 対称行列の全体，積.
(3) 歪対称行列の全体，和. (4) 歪対称行列の全体，積.
(5) トレースが 0 の行列の全体，和. (6) トレースが 0 の正則行列の全体，積.
(7) 対角型行列の全体，和. (8) 対角型行列の全体，積.
(9) 上三角型行列の全体，和. (10) 上三角型行列の全体，積.
(11) 行列式が一定値 r の行列の全体，和. (12) 行列式が一定値 r の行列の全体，積.
(13) $\begin{pmatrix} x & y \\ \lambda y & x \end{pmatrix}$ の型の零行列以外の行列全体，積. λ は固定した実数とする.

■ 1.2 環：二つの演算を持つ代数系

環 (ring) とは，和と積と呼ばれる二つの 2 項演算を持った集合 A で，それらの演算が環の公理と呼ばれる，以下のような規則を満たすもののことです．厳密には $(A, +, \cdot)$ という三つ組で環を表しますが，単に環 A とも言います．

> **定義 1.3** (環の公理)
> (1) $(A, +)$ は可換群を成す．i.e.
>   (0̇) 加法の可換性： $\forall a, b \in A$ に対し $a + b = b + a$.
>   (i) 加法の結合法則： $\forall a, b, c \in A$ に対し $(a + b) + c = a + (b + c)$.
>   (ii) 加法の単位元 (零元) の存在： $\exists 0 \in A$ s.t. $\forall a \in A$ に対し $a + 0 = a$.
>   (iii) 加法の逆元の存在： $\forall a \in A$ に対し $\exists b \in A$ s.t. $a + b = 0$.
> (2) 乗法・は結合法則を満たす： $\forall a, b, c \in A$ に対し $(a \cdot b) \cdot c = a \cdot (b \cdot c)$.
> (3) 二つの演算 $+$ と $\cdot$ は分配法則 (distributive law) を満たす：
> $\forall a, b, c \in A$ に対し $a \cdot (b + c) = a \cdot b + a \cdot c, (a + b) \cdot c = a \cdot c + b \cdot c$.

例 1.6 環の典型例は n 次実正方行列の全体が，行列の和と積を演算として成す**行列環** $M(n, \mathbf{R})$ です．加法の単位元は零行列．乗法の単位元は単位行列が務めます．実は成分を実数の代わりに任意の環としても，再び環になります．特に，整数を要素とする行列の環 $M(n, \mathbf{Z})$ は応用上も重要です．

[1] 積 (乗法演算) の記号・はしばしば × とも書かれます．中学で文字の計算を学んだときのように，誤解の恐れがない限り積の記号は通常の式の中では省略され

るのが普通です．また，積の演算は和の演算より優先順位が高いと言う慣習があるので，例えば $a+bc$ という式は，後の bc が先に計算され，もし前の $+$ を先に実行してもらいたければ，$(a+b)c$ のように括弧を付けなければなりません．これも中学以来おなじみですね．演算の優先順位はおおむねプログラミング言語でも数学における慣習が踏襲されていますが，時には，常識に反することも有るので，心配なときは多めに括弧を使いましょう．

[2] 分配法則は $(a_1+\cdots+a_n)b$ や $a(b_1+\cdots+b_n)$ に対しても，普段使っている形で成り立つことが数学的帰納法で証明できます．

環 A の乗法の**単位元** 1 とは，0 と異なり，かつ $\forall x \in A$ に対して $x \cdot 1 = 1 \cdot x = x$ を満たすような元のことです．環となるためには，乗法の単位元は無くても構わないのですが，実用的な例はほとんど乗法の単位元を持ちます．そのような環は**単位環**と呼ばれます．

環の乗法演算は必ずしも可換ではありません．分配法則を両側に仮定しているのもこのためです．積が常に可換なときは**可換環**と呼ばれます．可換環でない環は**非可換環**と呼ばれます．線形代数でも注意されたと思いますが，行列の積は一般に非可換であり，行列環は非可換環の典型例です．

単位元を持つ可換環を**単位可換環**と呼びます．暗号や符号の理論で出てくるのはほとんどこれです．

例 1.7 (**可換環の例**)　(1) 最も基本的な例は整数の全体が通常の加法と乗法で作る環 $\boldsymbol{Z}$ です．これを**有理整数環**と呼びます．(奇妙な名前だと思うでしょうが，代数学では有理数でない整数の環も考えるため，区別してこのように呼ぶのです．)

(2) 実係数 1 変数多項式の全体が通常の和と積の演算に関して成す環 $\boldsymbol{R}[x]$ は (1 変数) **多項式環**と呼ばれます．係数を整数に限った多項式の集合 $\boldsymbol{Z}[x]$ も同じ演算で環になります．

(3) 加法群の例に出てきた $\boldsymbol{Z}_n = \{0, 1, 2, \ldots, n-1\}$ は，$i \cdot j := (ij \bmod n)$ で乗法を定義すると，可換環になります．この環は初等整数論の (隠れた) 主役です．暗号の理論でも重要なので，第 4 章で詳しくその性質を調べますが，便利な例なので，それ以前にもときどき使うでしょう．

環を分類する性質としてもう一つ大切なものに，**零因子** (zero divisor) という概念があります．これは零元と異なる二つの元 x, y で，掛けたもの $xy = 0$

1.2 環：二つの演算を持つ代数系

となってしまうようなもののことです．有理整数環 $\mathbf{Z}$ にはこのようなものは存在しませんが，2次正方行列の環には

$$\begin{pmatrix} 1 & 0 \\ 0 & 0 \end{pmatrix} \begin{pmatrix} 0 & 0 \\ 1 & 0 \end{pmatrix} = \begin{pmatrix} 0 & 0 \\ 0 & 0 \end{pmatrix}$$

のように，零因子が沢山存在します．また $\mathbf{Z}_6$ においても $2, 3 \neq 0$ なのに $2 \times 3 = 0$ となります．零因子が存在するとややこしいので，それを持たない環は**整域** (integral domain) と呼ばれ重宝がられます．注意しなければならないことは，零因子を持つ環では，$ax = ay$ という式で $a \neq 0$ であっても，直ちに両辺から a を約せるとは限らないということです．この点，整域ならば，$a(x-y) = 0$ と変形すると，零因子がないので $a \neq 0$ なら $x - y = 0$ でなければならず，$x = y$ が得られます．

問 1.7 次のような数の集合の中で環を成すものはどれか？ 零因子を持たないのはどれか？ また，乗法の単位元があるものはそれを示せ．ただし，演算は特に示されていない限り数に対する通常の加法と乗法を用いるものとする．

(1) 奇数の全体．
(2) $8\mathbf{Z}$．
(3) $\{0, 1, \ldots, 7\}$．演算は $\bmod 8$ で．
(4) 非負の有理数の全体．
(5) $\{a + b\sqrt{2} \mid a, b \in \mathbf{Z}\}$．
(6) $\{a + b\sqrt{2} + c\sqrt{3} \mid a, b, c \in \mathbf{Z}\}$．
(7) $\{a + b\sqrt{2} + c\sqrt{3} + d\sqrt{6} \mid a, b, c, d \in \mathbf{Z}\}$．
(8) $\{a + b\sqrt[3]{2} \mid a, b \in \mathbf{Z}\}$．
(9) $\{a + b\sqrt[3]{2} + c\sqrt[3]{4} \mid a, b, c \in \mathbf{Z}\}$．
(10) 半整数の集合 $\frac{1}{2}\mathbf{Z} := \left\{ \ldots, -\frac{3}{2}, -1, -\frac{1}{2}, 0, \frac{1}{2}, 1, \frac{3}{2}, \ldots \right\}$．
(11) 既約分数で表したとき，分母が 6 の約数となるような有理数の全体．
(12) 既約分数で表したとき，分母が 2 の冪となるような有理数の全体（$1 = 2^0$ も分母の候補に含めるものとする）．

問 1.8 D を平方因子を持たない整数とする（負でもよい）．$a + b\dfrac{1+\sqrt{D}}{2}, a, b \in \mathbf{Z}$ の形の複素数の全体が複素数の通常の演算で環となるのは D がどのような場合か？

問 1.9 次のような2次行列の集合の中で，行列の演算で環を成すのはどれか？ 可換環となるのはどれか？ 零因子を持たないのはどれか？ また，乗法の単位元があるものはそれを示せ．

(1) 整数を要素とする2次正方行列の全体．
(2) 実対称行列の全体．
(3) 実直交行列の全体．
(4) $GL(2, \mathbf{R})$．
(5) 上三角型行列の全体．
(6) 実対角型行列の全体．
(7) $\begin{pmatrix} x & y \\ 3y & x \end{pmatrix}, x, y \in \mathbf{Z}$ の形の2次行列の全体．

1.3 体：四則演算ができる代数系

体 (field) は環の特別なもので，単位可換環 $(K, +, \cdot)$ において零元を除いたもの $K^\times := K \setminus \{0\}$ が乗法に関して群を成すようなもののことを言います．必要な性質を改めて書けば次のようになります：

定義 1.4 (体の公理)

(1) $(K, +)$ は可換群を成す．i.e.
  (0̇) 加法の可換性：$\forall a, b \in K$ に対し $a + b = b + a$.
  (i) 加法の結合法則：$\forall a, b, c \in K$ に対し $(a + b) + c = a + (b + c)$.
  (ii) 加法の単位元の存在：$\exists 0 \in K$ s.t. $\forall a \in K$ に対し $a + 0 = a$.
  (iii) 加法の逆元の存在：$\forall a \in K$ に対し $\exists b \in K$ s.t. $a + b = 0$.
(2) $(K^\times, \cdot)$ は可換群を成す．i.e.
  (0̇) 乗法の可換性：$\forall a, b \in K^\times$ に対し $ab = ba$.
  (i) 乗法の結合法則：$\forall a, b, c \in K^\times$ に対し $(ab)c = a(bc)$.
  (ii) 乗法の単位元の存在：$\exists 1 \in K^\times$ s.t. $\forall a \in K^\times$ に対し $a \cdot 1 = a$.
  (iii) 乗法の逆元の存在：$\forall a \in K^\times$ に対し $\exists b \in K^\times$ s.t. $ab = 1$.
(3) $+$ と $\cdot$ は分配法則で互いに関連する：
  $\forall a, b, c \in K$ に対し $a(b + c) = ab + ac$.

体とは，一言で言えば，小学校で学んで以来使ってきた四則演算の規則がすべて普通の数の場合と同じように成り立つような集合のことです．しかし，同じ四則演算と言ってもずいぶん変わったものも存在します．

例 1.8 (体の例) (1) 有理数体 $\boldsymbol{Q}$. (2) 実数体 $\boldsymbol{R}$. (3) 複素数体 $\boldsymbol{C}$.
  (4) 実係数の**有理関数体** $\boldsymbol{R}(x)$. これは x の分数式の全体です．演算も高校で学んだ普通の計算法でよい．ただし，高校数学と異なり，約分は常に許されるものとします．例えば $\dfrac{(x-1)^2}{x(x-1)}$ と $\dfrac{x-1}{x}$ は，高校では，"分数式として代入可能な x の値の集合が異なるから，さっさと約分してはいけない"という風に習ったかもしれませんが，$\boldsymbol{R}(x)$ の元としては区別しません．
  (5) 複素係数の有理関数体 $\boldsymbol{C}(x)$. 上の例を複素係数にしただけです．
  (6) 二元体 $\boldsymbol{F}_2$. 体の公理から，どんな体 K においても $1 \in K^\times = K \setminus \{0\}$

なので，$1 \neq 0$. すなわち，体は定義により少なくともこれら二つの元を含むことが分かります．実はこの二つだけで体に成り得ます．それが最小の体 $\boldsymbol{F}_2$ で，情報科学ではとても大切なものです．この体における和と積の演算

$$0+0=1+1=0,\ 0+1=1, \qquad 0\cdot 0=0\cdot 1=0,\ 1\cdot 1=1$$

は，情報科学では，それぞれ XOR (排他的論理和)，および AND (論理積) のビット[4]演算と呼ばれるものに相当します．また，1 を "真"，0 を "偽" と解釈すると，対応する論理演算ともみなせます．論理学を学んだ読者は，通常の OR (論理和) が $x+y+xy$ に相当することを確かめましょう．なお，この例と次の例のように，体に含まれる元の個数が有限個であるものを一般に**有限体**と呼び，(1) ～ (5) のように無限に多くの元を含む体を**無限体**と呼びます．

(7) 有限体 $\boldsymbol{F}_p$. 上の 2 を一般の素数 p にしたものです．これは集合としては $\boldsymbol{Z}_p$ と同じものですが，p が素数だと 0 以外の元に乗法の逆元が存在し，体となります．このことは，第 4 章で述べる一般論からただちに従うのですが，ここでは，$1 \leq \forall x \leq p-1$ に $\boldsymbol{F}_p$ の意味で乗法の逆元があることを初等的に証明しておきましょう．それには，**鳩の巣原理**というものを使います．これは，**引出し論法**とも呼ばれ，

鳩の巣原理

鳩の数と巣の数が同じで，鳩がみんな巣に入ったとき，
(元の個数が等しい二つの有限集合の間に写像があるとき)
★ もしどの巣にも鳩が居れば 2 羽以上入っているところはない
　(全射なら単射)
★ どの巣にも鳩は高々 1 羽しか居なければ，どの巣にも必ず鳩が居る
　(単射なら全射)

という当然の主張ですが，有限集合の議論をするときの基礎となるものです．さて，p が素数なので，x による乗法は $\boldsymbol{F}_p^\times = \{1, 2, \ldots, p-1\}$ からそれ自身への一対一写像を引き起こします．実際，$a, b \in \{1, 2, \ldots, p-1\}$ について

---
[4] ビットとは，二進法の各桁のことを言います．十進法の桁は手の指に由来する digit という英語で表されるため，binary digit をつづめて作られた言葉です．

$xa = xb$ となったら，$p \mid x(a-b)$．(記号 $a \mid b$ は a が b を割り切ることを意味します．) ここで，$|a-b| < p$ なので，$a = b$ でなければなりません．よって，鳩の巣原理によりこの写像は全射となり，$xy = 1$ となる y が存在します．

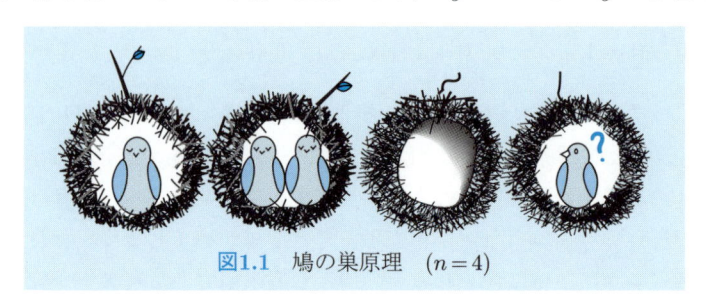

図1.1 鳩の巣原理 ($n = 4$)

■ 1.4 公理を用いた推論

群や環や体について，公理に書かれていない沢山の性質が公理から従います．順番に全部証明していると，それだけで半年終わってしまうのでやめましょう．しかし，理論計算機科学における抽象的思考の訓練のためには，少しはそういう証明もやった方がよいのです．

系 1.1 (群の公理の系)
(1) 単位元は 2 乗しても変わらない (この性質を**冪等**と呼ぶ)： $e \circ e = e$．
(2) 単位元はただ一つ．
(3) 逆元もただ一つ．

証明 (1) 群の公理の単位元の条件において，一般元 a として e を取ればただちに出てくる．

(2) $e, e' \in G$ がともに単位元の公理を満たすとする．e が単位元ということから，$a = e'$ として公理 (2) を適用すると $e'e = ee' = e'$．同様に，e' が単位元ということから，$a = e$ として公理 (2) を適用すると $ee' = e'e = e$．故に $e = e'$．

(3) 同様に，$ab = ba = e, ab' = b'a = e$ とすると，b の定義式，結合法則，b' の定義式を順に使って $b' = b'e = b'(ab) = (b'a)b = eb = b$． □[5]

---

[5] この記号は証明の終わりを意味します．

🐰　[1] 上の (2) から環の零元や体の乗法の単位元がただ一つであることが従います．環の乗法の単位元がもし有ればやはり一つに定まることは，後述の命題 1.4 を知るまでは (2) の結論とは言えませんが，同じ証明から従います．

[2] 単位環というだけでは，零元以外の元に乗法の逆元は必ずしも存在しませんが，もし存在すればただ一つであることが上の (3) の証明から分かります．

系 1.2　(環の公理の系) $\forall a \in A$ に対し $a\cdot 0 = 0\cdot a = 0$．従って 0 は乗法の逆元を持ち得ない．また零因子も乗法の逆元を持ち得ない．

証明　分配法則より $a\cdot 0 = a\cdot(0+0) = a\cdot 0 + a\cdot 0$．この両辺に $a\cdot 0$ の加法の逆元 $-a\cdot 0$ を加えると，結合法則より

$$0 = a\cdot 0 + (-a\cdot 0) = (a\cdot 0 + a\cdot 0) + (-a\cdot 0) = a\cdot 0 + (a\cdot 0 + (-a\cdot 0))$$
$$= a\cdot 0 + 0 = a\cdot 0$$

0 に乗法の逆元 x が有るとすると，$0 = x\cdot 0 = 1$ で矛盾．また $x, y \neq 0$ で $x\cdot y = 0$ とし，x に乗法の逆元 x^{-1} が有るとすると，

$$0 = x^{-1}\cdot 0 = x^{-1}\cdot(x\cdot y) = (x^{-1}\cdot x)\cdot y = 1\cdot y = y$$

となり矛盾．□

🐰　[1] 上の系により，体の公理の (2)-($\dot{0}$), (i), (ii) は，a, b, c 等のどれかが 0 であっても，両辺が 0 に等しいという自明な意味で成り立っていることが分かります．

[2] 上の系の証明と同じ論法で $a + b = a + c$ から両辺の共通元 a をキャンセルして $b = c$ を導けます．つまり中学校で等号の規則として習ったものは，実は加法の逆元の存在と結合法則に基づいていたのです．これらのいずれかが成り立たないような演算では，必ずしも等式の両辺から共通項をキャンセルできません．

命題 1.3　(1) 群において $(a\circ b)^{-1} = b^{-1}\circ a^{-1}$ が常に成り立つ．

(2) 群において $(x^{-1})^{-1} = x$ が常に成り立つ．すなわち，x の逆元の逆元は元の x に等しい．

証明　(1) $x = b^{-1}a^{-1}$ が $x(ab) = (ab)x = 1$ を満たすことは結合法則より明らか．また，逆元は存在すれば一意に定まるので，これが逆元となる．

(2) これは，等式 $x\circ x^{-1} = x^{-1}\circ x = e$ を x^{-1} を中心に見れば分かる．□

第 1 章　群・環・体

命題 1.4　(1) 環においては $-(-x) = x$ であり，また，$(-1) \cdot a$ は $-a$ すなわち加法に関する a の逆元に等しい．

(2) 乗法の単位元を持つ環においては，a, b それぞれに乗法の逆元が存在すれば，積 ab にも乗法の逆元が存在し，$(ab)^{-1} = b^{-1}a^{-1}$ が成り立つ．また x に乗法の逆元 x^{-1} が存在すれば，後者も乗法の逆元を持ち，それは x に等しい．従って，このような環では乗法の逆元を持つような元の全体は乗法に関して群を成す．これを環の**単元群** (group of units)[6] あるいは**単数群**と呼ぶ．

証明　(1) の前半は前命題を環の加法群に適用すればよい．後半は分配法則と系 1.2 により
$$a + (-1) \cdot a = 1 \cdot a + (-1) \cdot a = \{1 + (-1)\} \cdot a = 0 \cdot a = 0$$
となるから，$(-1) \cdot a$ が a に対する加法の逆元であることが分かる．

(2) の前半は，最後の結論が分かっていない段階では前命題は適用できないので独立に証明を要するが，その推論は群の場合と全く同じである．以上を総合すれば，後半は明らか．　□

問 1.10　環 A が乗法の単位元 1 を持てば，-1 すなわち加法に関する 1 の逆元は $(-1)^2 = 1$ を満たすことを示せ．ただし，一般に $a^2 = a \cdot a$ の意味である (1.5 節参照)．

問 1.11　数理基礎論などで Boole 代数を学んだ人は，等号の両辺から共通元をキャンセルできない等式の例を挙げ，その理由を説明せよ．

問 1.12　群 G において任意の元が $x^2 = e$ を満たしていれば，G は可換群であることを示せ．

問 1.13　群 G において二つの元 x, y が可換であるためには $(xy)^2 = x^2 y^2$ が成り立つことが必要かつ十分であることを示せ．

体の性質は第 7 章で詳しく調べますが，次の事実は常識的です．

命題 1.5　体には零因子は存在しない．すなわち，$xy = 0$ から常に $x = 0$ または $y = 0$ が従う．よって体の元を係数とする 1 変数代数方程式 $f(x) := a_0 x^n + a_1 x^{n-1} + \cdots + a_n = 0$ $(a_0 \neq 0)$ は次数 n より多くの根[7]を持たない．

---

[6] 環の単元あるいは単数 (unit) とは，逆元を持つ元のことで，単位元 (identity, unit element, unity) と紛らわしいが別物です．

[7] 高校数学でいう解のことです．ある時期に "方程式だから" と，解という用語に統一されてしまったのですが，$f(\alpha) = 0$ を満たす α は方程式 $f(x) = 0$ のみならず，多項式 $f(x)$ の根と呼ばれ，英語でも root という用語が使われています．

実際，$xy = 0$ で，$x \neq 0$ なら，体の公理により x^{-1} が存在し，これを両辺に掛ければ
$$0 = x^{-1}(xy) = (x^{-1}x)y = 1 \cdot y = y.$$
次に，$f(\alpha) = 0$ とすると，高校で習った多項式の割り算と同様にして，四則演算だけを用いて (従ってどんな体においても)，
$$f(x) = (x - \alpha)q(x) + r, \qquad ここに r = f(\alpha) = 0$$
という式が得られる (**因数定理**). $q(x)$ は $n-1$ 次なので，次数に関する数学的帰納法により主張が証明できる．

一般の環，例えば 2 次の行列環 $M(2, \boldsymbol{R})$ では，簡単な方程式 $X^2 - E = O$ さえも無限に多くの解を持つことを確かめてください．

1.5 冪乗

この節では，加法と乗法から定義される複合演算のお話をします．

冪乗は群の演算や環の乗法演算から以下のように帰納的に定義される複合演算です：

定義 1.5 g を群または環の元とするとき，$n \in \boldsymbol{Z}$ に対し，g^n を以下のように定める：

(1) $n = 0$ のとき $g^0 = e$ (単位元)．
(2) $g^1 = g$，また $n \geq 2$ のときは $g^n = g^{n-1} \circ g$ により帰納的に定める．
(3) $n < 0$ のとき $g^n = (g^{-1})^{-n}$ と定める (ただし環の場合は乗法の逆元 g^{-1} が存在するときに限る)．

系 1.6 (**指数法則**) (0) e を乗法の単位元とすれば，$\forall n \in \boldsymbol{Z}$ に対し $e^n = e$. 特に $e^{-1} = e$.

(1) $(g^n)^{-1} = (g^{-1})^n$. 特に，g に逆元が存在すれば，$\forall n > 0$ について g^n にも逆元が存在する．
(2) $\forall m, n \in \boldsymbol{Z}$ に対し $g^m \circ g^n = g^{m+n}$. 特に，$g^m \circ g^n = g^n \circ g^m$
(3) $\forall m, n \in \boldsymbol{Z}$ に対し $(g^m)^n = g^{mn}$

問 1.14 数学的帰納法を用いてこれらの性質を証明せよ．

なお，加法群では，冪乗に相当するのは $nx := \underbrace{x + \cdots + x}_{n \text{個}}$ という演算です．

冪乗 g^n $(n > 0)$ を計算するには，掛け算が何回必要でしょうか？下手にプログラムを組むと n 回になります．(^^; もちろん $n - 1$ 回やれば十分ですが，実はそんなにも必要ありません．

例 **1.9** g^{16} の計算には，

$$\left.\begin{array}{l} g_2 := g{\circ}g \text{ の計算で 1 回,} \\ g_4 := g_2{\circ}g_2 \text{の計算で 1 回,} \\ g_8 := g_4{\circ}g_4 \text{の計算で 1 回,} \\ g^{16} = g_8{\circ}g_8 \text{の計算で 1 回,} \end{array}\right\} \text{の計 4 回で済みます．}$$

この例は最も都合がよい場合ですが，最も不利な例として，g^{15} を考えると，

$$\left.\begin{array}{l} g_2 := g{\circ}g \text{ の計算で 1 回,} \\ g_4 := g_2{\circ}g_2 \text{の計算で 1 回,} \\ g_8 := g_4{\circ}g_4 \text{の計算で 1 回,} \\ g^{15} = ((g{\circ}g_2){\circ}g_4){\circ}g_8 \text{の計算で 3 回,} \end{array}\right\} \text{の計 6 回で済みます．}$$

これを一般化すると，$n = \varepsilon_0 + \varepsilon_1 \cdot 2 + \cdots + \varepsilon_k \cdot 2^k$, $k = \lfloor \log_2 n \rfloor$ と[8]) 二進表示したとき，以下の方法で冪乗が計算できます (このアルゴリズムは**バイナリ法**あるいは**平方乗法**と呼ばれます)．

冪乗の計算 (バイナリ法)

初期化：
 $z = g$, (g の冪を入れる変数の初期化)
 $\varepsilon_0 = 0$ なら $x = e$, $\varepsilon_0 = 1$ なら $x = g$ (答を入れる変数の初期化)
反復： $i = 1, \ldots, k$ について
 $z \longleftarrow z{\circ}z$, ($z \longleftarrow g^{2^i}$)
 $\varepsilon_i = 1$ のとき $x \longleftarrow x{\circ}z$

---

[8]) 記号 $\lfloor x \rfloor$ は情報科学で x を越えない最大の整数，すなわち Gauss の記号 $[x]$ を表すものです．これと対で，x 以上の最小の整数を $\lceil x \rceil$ と記します．

必要な掛け算の回数は最大で k (g^{2^i} の計算) $+\,k$ (それらの掛け合わせ) $= 2k = 2\lfloor \log_2 n \rfloor$，すなわち，二分探索法と同様の効率化が計られています[9]！

---- ティータイム　**情報科学と冪乗** ----

[1] C にも Pascal にも冪乗演算の演算子はありません．これらの言語で冪乗を自分で作るには，帰納法による定義 1.5 をそのまま実現する，**再帰呼び出し**という手法が使われます．なお，Fortran には x^y に対応する演算子 x**y があります．C や Pascal にも，冪乗を答えるライブラリ関数 pow が提供されていますが，いずれも実数の場合は高速化のため $x^y = \exp(y \log x)$ で計算されます．

[2] g と g^n を与えて n を計算する問題を**離散対数問題**と呼びます．実数なら $n = \log_g g^n$ で計算できるので，この名前があります．G を巨大な巡回群，g をその生成元としましょう．例えば，p を $N = 1024$ ビット (十進で 300 桁程度) の素数とし，$G = \boldsymbol{F}_p^\times$ と取ります．(これが巡回群になることは第 4 章で証明されます.) このとき，冪乗計算 $n \mapsto g^n$ は整数の普通の掛け算をした後，p で割った余りで置き換えるという，乗除算の繰り返しとなります．n が p と同程度の大きさだと，まともにやったのでは終わりませんが，上で述べた高速計算法を使うと，高々 $2N$ 回程度の乗除算で済みます．実は N が大きいときは，1 回の乗除算は計算機の 1 命令では実行できないのですが，それでも高々 $O(N^3)$ 程度の計算で済み，結局全体として $N = \log_2 p$ の多項式程度の通常演算の回数で済みます．これを**多項式時間**の計算量[10] と言い，計算機で計算可能な目安となっています．これに対し，$g^n \mapsto n$ の方は，現在知られている最も高速なアルゴリズムを用い，スーパーコンピュータで計算しても非常に時間がかかり，実質的に終わりません．この計算時間の著しい差は暗号に利用されています．インターネットでよく使われている公開鍵暗号の概念の発明者は **Diffie-Hellman** ですが，彼らが最初に考えたのは，離散対数問題

---

[9] 二分法は方程式 $f(x) = 0$ の解を区間 $[a, b]$ で挟み，中点を取りながら解を追い込んでゆく方法ですが，同じ原理を整列した離散データの探索に適用したのが二分探索法です．
[10] 計算量は一般に，データのサイズを基準として測られます．数 n 自身でなく，その桁数である N の方に関して多項式かどうかを問題にするのは，数 n が表すデータのサイズが，n ではなく，この数を表す数字の長さに比例するからです．n と N の巨大な差は位取り記数法が実現した "データ圧縮" の元祖と言えます．

を利用した次のような**鍵共有方式**でした：

(1) Alice と Bob は巨大な有限巡回群 $F_p^\times$ とその生成元 g を合意の上で選択する．

(2) Alice, Bob, それぞれに秘密の整数 a, b を選択し，それぞれ秘密裏に g^a, g^b を計算して，その値を互いに相手に送信する．

(3) Alice, Bob は，相手から送られたデータをもとに，それぞれ，$(g^b)^a = g^{ab}, (g^a)^b = g^{ab}$ を計算し，これを共有鍵として暗号通信を行う．

(Alice, Bob は代表的な人名で，A, B という無味乾燥な記号の代わりに暗号理論でよく使われる洒落です．) 従来方式の暗号では，暗号化と復号に使われる共通の鍵を通信相手と共有するところが最も困難な過程になっていましたが，この方法は相手と直接鍵の授受を行うこと無くそれを可能にするものです．実は，g, g^a, g^b は通信を傍受する人には知られてしまうので，この方法は，これら三つからだけでは g^{ab} が容易には計算できないという前提の下に安全です．g^{ab} の計算のためには a あるいは b を計算するのと同じくらいの手間がかかるだろうと予想されていますが，まだ証明はされていません．離散対数問題自身も，多項式時間の計算法が存在しないという証明はまだされていません．

問 1.15 n 個の元の演算 $a_1 \circ a_2 \circ \cdots \circ a_n$ は，定義としては $(\cdots (a_1 \circ a_2) \circ \cdots) \circ a_n$ と，前の方から計算してゆくものとするのが普通であるが，結合法則が成り立つときは，どこから先に計算しても，i.e. 意味が有る限りどのように括弧を入れても，演算結果は同じになることを示せ．　［ヒント：n に関する帰納法を用いよ．］

今まで四則演算と言いながら，二則しか出てこなかったので，ここで残り二つの演算を定義しておきましょう．実用的には四則は同等に重要でも，抽象論から言えば，今までの議論で分かるように，残りの二つは補助的なものです．

定義 1.6 (**減法の定義**) $a + (-b)$ を $a - b$ と記し，減法，あるいは，引き算と呼ぶ．これは 1 次方程式 $x + b = a$ のただ一つの解である．この演算に対しても分配律 $c(a - b) = ca - cb, (a - b)c = ac - bc$ が成り立つ．

定義 1.7 (**除法の定義**) 乗法が可換なとき，ab^{-1} を a/b あるいは $a \div b$ と記し，除法，あるいは，割り算と呼ぶ．これは 1 次方程式 $bx = a$ のただ一つの

解である．(積が非可換なときは ab^{-1} と $b^{-1}a$ は一般には異なり，紛らわしいので割り算の記号は普通は使わない.)

🐌 b^{-1} が存在しないときは，$bx = a$ の解は一つとは限りません．例：$\boldsymbol{Z}_6$ において $2x = 4$ は $x = 2, 5$ の二つの解を持ちます．

1.6 部分代数系

部分群，部分環，部分体など，代数系の部分集合でそれ自身がまた同じ構造をしているものはよく使われます．ここではこれらをまとめて定義しましょう．

定義 1.8 代数系 X の部分集合が，もとの代数系と同じ演算に関して同じ公理を満たしているとき，部分 X と呼ぶ．$X =$ 群，環，体のとき，順に，部分群 (subgroup)，部分環 (subring)，部分体 (subfield) である．また，$X =$ 線形空間のときは，線形部分空間となる．

例 1.10 (部分群の例)

(1) 対称群 S_n の部分群を一般に**置換群** (permutation group) と呼びます．特に，偶置換全体の集合 A_n は部分群を成しますが，これを**交代群** (alternating group) と呼びます．(置換の偶奇は行列式を定義するときなどに使われる順列の偶奇と同等なものですが，第 2 章で改めて解説します.)

(2) 群 G の元 g を任意に取るとき，これの冪乗の全体は G の部分群を成します．これを g により生成される G の巡回部分群と呼びます．もし $g^n = e$ となる正整数 n が存在すれば，これは例 1.4 (1) で述べた有限巡回群ですが，そうでなければ，これは加法群 $\boldsymbol{Z}$ と同型な可換群となることが 1.5 節の議論より分かります．

(3) **特殊線形群** (special linear group) $SL(n, \boldsymbol{R})$ とは，一般線形群 $GL(n, \boldsymbol{R})$ の中で，行列式が 1 のものが成す部分群のことです．部分群を成すことは，行列式が乗法的であることから分かります．

(4) 直交行列の成す群 $O(n)$ も一般線形群 $GL(n, \boldsymbol{R})$ の部分群です．これを**直交群** (orthogonal group) と呼びます．その中で行列式の値が 1 のものはさらにその部分群を成し，**特殊直交群** $SO(n)$ と呼ばれます．

(5) ユニモデュラー群 $SL(n, \boldsymbol{Z})$ とは，特殊線形群 $SL(n, \boldsymbol{R})$ の中で，行列

の要素が整数のものが成す部分群のことです．整数要素の行列の行列式が 1 なら，逆行列も再び整数要素になることは，余因子行列による逆行列の表現公式から直ちに分かることです．この群の部分群は整数論などで重要な役割を果たします．

(6) **一般線形群** $GL(n, K)$ は任意の体 K に対して，K の元を要素とする可逆な行列全体が成す群として定義できます．これは，線形空間 K^n の可逆な線形写像の全体が成す群とみなされ，集合 K^n の変換群の中で，線形性を持つ写像だけを集めて作られた部分群です．

(7) 特に $K = \boldsymbol{C}$ が複素数体のとき，$GL(n, K)$ はユニタリ行列，すなわち ${}^t\overline{U}U = E$ を満たす行列 U の全体が成す**ユニタリ群** $U(n)$ と呼ばれる重要な部分群を含みます．この群は量子力学の基礎を成すもので，最近では量子計算機とのつながりで情報科学にも現れています．

例 1.11 （部分環の例）

(1) 有理整数環 $\boldsymbol{Z}$ の中で偶数全体は部分環を成します．ただし乗法の単位元は含まれません．

(2) 有理数体 $\boldsymbol{Q}$ を環とみなしたとき，整数の全体 $\boldsymbol{Z}$ は部分環となります．また，分母が特定の素数 p の冪だけの有理数も部分環を成します．

(3) 実係数行列環 $M(n, \boldsymbol{R})$ の中で整数を要素とする行列の全体 $M(n, \boldsymbol{Z})$ は部分環となります．

例 1.12 （部分体の例）

(1) 実数体は複素数体の部分体です．有理数体は実数体の部分体です．もちろん，有理数体は複素数体の部分体でもあります．

(2) 実係数 1 変数有理関数体 $\boldsymbol{R}(x)$ の中で実数 (を有理関数とみなしたもの) の全体は部分体を成します．これを $\boldsymbol{R}(x)$ の定数体と呼びます．

(3) 複素係数の 1 変数有理関数体 $\boldsymbol{C}(x)$ の中で実係数の 1 変数有理関数体 $\boldsymbol{R}(x)$ は部分体を成します．前者を後者の定数体拡大あるいは係数拡大と呼びます．

【部分代数系の判定条件】 代数系 X の部分集合が部分代数系となるためには，演算で**閉じている**こと，すなわち，代数系の定義に必要な演算の結果がその部分集合から飛び出さないこと，が必要かつ十分です．なぜなら，結合法則

1.6 部分代数系

や分配法則などは，より広いところでもともと成立しているからです．このことを各代数系について具体的に見てゆきましょう．

命題 1.7 群 G の部分集合 H が部分群となるためには，次の条件が成り立っていることが必要十分である：

(1) H は G の単位元 e を含む．
(2) $x, y \in H$ なら $x \circ y \in H$．
(3) $x \in H$ なら $x^{-1} \in H$．

積演算も逆元ももとの集合 G の中では常に存在していることに注意しましょう．実はもっと条件を減らして，次の一つを仮定するだけでよろしい．

命題 1.8 群 G の空でない部分集合 H が部分群となるためには，次の条件が成り立っていることが必要十分である：

(4) $\forall x, y \in H$ に対し $x \circ y^{-1} \in H$

実際，(1), (2), (3) $\Longrightarrow$ (4) は，$y \in H$ と (3) から $y^{-1} \in H$ が分かり，次いで (2) から $x \circ y^{-1} \in H$ が分かる．
(4) $\Longrightarrow$ (1), (2), (3) は，まず $\forall x \in H$ を取れば，仮定の式で $y = x$ として $x \circ x^{-1} = e \in H$ が従い，次いで $\forall y \in H$ に対して

$$e \circ y^{-1} = y^{-1} \in H$$

が分かり，従って最後に $x \circ y = x \circ (y^{-1})^{-1} \in H$ が分かる．

命題 1.9 環 A の空でない部分集合 B が部分環となるためには，次の条件が成り立っていることが必要十分である：

(1) $\forall x, y \in B$ に対し $x - y \in B$．
(2) $\forall x, y \in B$ に対し $xy \in B$．

命題 1.10 体 K の二つ以上の元を含む部分集合 L が部分体となるためには，次の条件が成り立っていることが必要十分である：

(1) $\forall x, y \in L$ に対し $x - y \in L$．
(2) $\forall x, y \in L \setminus \{0\}$ に対し $x/y \in L$．

これらは部分群の判定条件である命題 1.8 を応用すれば直ちに得られます．二つ以上の元を含むという仮定がどこで必要となるか調べてみましょう．

逆に，小さな群が先に与えられたとき，それを部分群として含むような大きな群を作ることは群の拡大と呼ばれる操作になります．環や体の拡大も同様の意味です．これについては後に第 6 章，第 7 章で詳しく論じます．

問 1.16 次の主張の中で正しいものには証明を与え，必ずしも成り立つとは限らないものには反例を与えよ．
(1) H_1, H_2 が群 G の二つの部分群なら，$H_1 \cap H_2$ も部分群となる．
(2) H_1, H_2 が群 G の二つの部分群なら，$H_1 \cup H_2$ も部分群となる．
(3) H_1, H_2 が群 G の二つの部分群なら，$H_1 H_2 := \{h_1 h_2 \mid h_1 \in H_1, h_2 \in H_2\}$ も部分群となる．
(4) B_1, B_2 が環 A の二つの部分環なら，$B_1 \cap B_2$ も部分環となる．
(5) B_1, B_2 が環 A の二つの部分環なら，$B_1 + B_2 := \{b_1 + b_2 \mid b_1 \in B_1, b_2 \in B_2\}$ も部分環となる．

体には，それぞれに応じた非常に特徴的な部分体が含まれます．それを説明するため，まず体の大きな分類に関わる次の性質を調べましょう．

命題 1.11 体 K について，次のいずれか一方が成立する．
(1) $x \in K^\times$ なら，任意の正整数 n について，$nx \neq 0$．
(2) 素数 p で，$\forall x \in K$ に対し，$px = 0$ となるようなものがただ一つ存在する．
前者のとき，体 K の**標数**は 0 であると言い，後者のときは，標数 p であると言う．また後者のような体を総称して**正標数**の体と呼ぶ．

体 K の標数を $\mathrm{Char}\, K$ で表します．これは英語 characteristic の略記です．

証明 $n \cdot 1 := \underbrace{1 + \cdots + 1}_{n \text{ 個}}$ を考えると，これが任意の正整数 n について 0 と異なるか，それともある n について 0 になるかのどちらかであることは明らか．後者の場合は，$\forall x \in K$ について $n \cdot x = n(1 \cdot x) = (n \cdot 1)x = 0 \cdot x = 0$ となる（二つ目の等号は，積の結合法則ではなく，分配法則により x を括り出したものである）．よって，このような n の最小値が素数となることを言えばよい．もし $n = pq, 1 < p, q < n$ と因数分解されたら，

$$0 = n \cdot 1 = \underbrace{(1 + \cdots + 1)}_{p \text{ 個}} \times \underbrace{(1 + \cdots + 1)}_{q \text{ 個}} = p \cdot 1 \times q \cdot 1$$

故に，$p \cdot 1 = 0$ または $q \cdot 1 = 0$．これは n の最小性に反する．このような素数がただ一つであることは，もし二つ以上有ったら，小さい方から 2 個を取り，

$p \cdot 1 = q \cdot 1 = 0$ とすれば，$(q-p) \cdot 1 = 0$ から，$q-p$ の素因子で，従って q より小さく，条件を満たすものが更に見付かり，矛盾することから分かる． □

系 1.12 体 K の標数が $p \iff K$ は $\boldsymbol{F}_p$ を部分体として含む．
体 K の標数が $0 \iff K$ は有理数体 $\boldsymbol{Q}$ を部分体として含む．
特に，有限体は必ず正標数であり，標数 0 の体は必ず無限体である．

実際，標数 0 の場合は $1, 2 = 1+1, \ldots, n, \ldots$ がすべて異なる元として K に含まれるので，これから四則演算で得られる $\boldsymbol{Q}$ の元もすべて K に含まれます．演算も一致することは明らかで，このような体は必然的に無限個の元を含みます．同様に，標数 p の場合は，$1, 2 = 1+1, \ldots, p-1$ が異なる元として K に含まれ，これらの p 倍は 0 となるので，$\boldsymbol{F}_p$ が K に含まれます．逆に $\boldsymbol{F}_p \subset K$ なら，$p \cdot 1 = 0$ なので，命題 1.11 の証明と同様，これから $\forall a \in K$ について $pa = 0$．（ここで p 倍は，命題 1.11 の証明と同様，同じものを p 個加えることの略記です．）なお，標数 p の無限体は存在することに注意してください．そのような例としては，例えば $\boldsymbol{F}_p$ の元を係数に持つ有理関数の成す体 $\boldsymbol{F}_p(x)$ などがあります．

■ 1.7 準同型写像

代数系 X のオブジェクト[11]が二つ与えられたとき，それらの間の写像で，この代数系の演算と両立するようなものが重要となります．このような写像を一般に**準同型写像** (homomorphism)，あるいは略して準同型と呼びます．以下，これを群，環，体についてそれぞれ見てみましょう．

定義 1.9 二つの群の間の写像 $\varphi: G \to H$ が群の準同型であるとは，次の条件が成り立っていることを言う：

$$\forall x, y \in G \text{ に対し，} \varphi(x \circ y) = \varphi(x) \circ \varphi(y)$$

すなわち，群の演算を，写像を施す前に行っても，後から行っても，結果が同じになることである．

---

[11] オブジェクトは厳密にはカテゴリー論の用語ですが，本書ではそこまで深入りせず，単に"対象物"という程度の意味で用いることにします．この言葉は情報系の学生にはおなじみですね．

演算の記号 ∘ は，左辺では G における演算を，右辺では H における演算を表していることに注意しましょう．神経質な人は別の記号を使ったりしますが，まあ同じでも混乱はないでしょう．

例 1.13 n 次の正則行列 A にその行列式 $\det A$ を対応させることにより定まる写像 $\det$ は，一般線形群 $GL(n, \boldsymbol{R})$ から零でない実数の乗法群 $\boldsymbol{R}^{\times}$ への群の準同型です．これは行列式のよく知られた性質

$$\det(AB) = \det A \cdot \det B$$

の言い替えに他なりません．

問 1.17 群 G の演算を ∘ で，群 H の演算を ∗ で表すとき，写像 $\varphi : G \to H$ が群の準同型であるという条件をていねいに記せ．

問 1.18 次の写像の中で，群の準同型となっているものはどれか？
(1) 加法群 $\boldsymbol{Z}$ から加法群 $\boldsymbol{Z}$ への $\varphi(n) = 2n$ で定まる写像．
(2) 加法群 $\boldsymbol{Z}$ から加法群 $\boldsymbol{Z}$ への $\varphi(n) = -n$ で定まる写像．
(3) 加法群 $\boldsymbol{Z}$ から乗法群 $\boldsymbol{Q}^{\times}$ への $\varphi(n) = 2^n$ で定まる写像．
(4) 乗法群 $\boldsymbol{Q}^{\times}$ から乗法群 $\boldsymbol{Q}^{\times}$ への $\varphi(x) = x^2$ で定まる写像．
(5) 加法群 $\boldsymbol{Z}$ から乗法群 $\boldsymbol{C}^{\times}$ への $\varphi(n) = e^{2n\pi i/7}$ で定まる写像．

準同型写像は代数系の異なるオブジェクトの間の関係を追求し，その代数系を分類する手掛かりとなります．次の主張は定義から明らかでしょう．

補題 1.13 二つの群の間の準同型写像 $\varphi : G \to H$ が同時に集合の写像として全単射，すなわち二つの集合 G, H の間の一対一対応を与えるとき，逆写像はまた準同型となる．

定義 1.10 上の補題のような場合，φ を群の同型写像と言う．また，このとき G と H は (φ により) 群として同型であると言い，$G \cong H$ と記す．

この定義は既に 1.1 節の例 1.5 で先取りして使った言葉を正当化するものです．一般の準同型よりは同型の方が分かりやすいので，先に使いました．

例 1.14 実数の加法群 $(\boldsymbol{R}, +)$ と正の実数の乗法群 $(\boldsymbol{R}^{+}, \cdot)$ は，指数写像 $\exp : x \mapsto \exp(x) := e^x$ により同型です．準同型の条件は，いわゆる指数法則に当たります：$\exp(x+y) = \exp(x)\exp(y)$．ここで指数の底は e でなくても 1 以外の正の実数なら何でもよい．

1.7 準同型写像

同型な群は同型写像によりそれらの元を同一視すれば，少なくとも群の演算に関しては全く区別がつきません．つまり，群の種類を調べる立場からは同じものと思うことができます．しかし，応用の点から見ると，二つの同型な群があるとき，常にそのどちらか一方だけを考えて他は捨ててしまえばよいかと言うと，必ずしもそうではありません．上の例でも，それぞれの表現に独自の意味が有るので，どちらも使われます．

問 1.19 次の群の中で互いに同型なペアをすべて見出せ．
$\boldsymbol{Z}, n\boldsymbol{Z}, \boldsymbol{Q}, \boldsymbol{R}, \boldsymbol{C}$ (以上は数の加法群)
$\boldsymbol{Q}^\times, \boldsymbol{R}^\times, \boldsymbol{R}^+, \boldsymbol{C}^\times$，絶対値 1 の複素数の全体 (以上は数の乗法群)
$SO(2, \boldsymbol{R}), SL(2, \boldsymbol{R}), SU(2, \boldsymbol{C})$ (以上は 2 次正方行列の成す群)

問 1.20 二つの群 $(\boldsymbol{Z}_4, +)$ と $(\boldsymbol{F}_5^\times, \cdot)$ は同型であることを示し，同型写像をすべて挙げよ．

問 1.21 加法群 $\boldsymbol{Z}$ の群の**自己同型** (自分自身への同型写像) を決定せよ．

問 1.22 自由加群 $\boldsymbol{Z}^2$ は，二つの整数の対に対し $(a, b) + (c, d) = (a+c, b+d)$ で演算を入れたもののことを言う．次の群はどれもこの群に同型であることを示せ．
(1) 有理数の部分集合 $\{2^m 3^n \mid m, n \in \boldsymbol{Z}\}$ が乗法に関して成す群．
(2) 実数の部分集合 $\{a + b\sqrt{2} \mid a, b \in \boldsymbol{Z}\}$ が和に関して成す群．

定義 1.11 二つの環の間の写像 $\varphi: A \to B$ が環の準同型であるとは，次の条件が成り立っていることを言う：

$$\forall x, y \in A \text{ に対し，} \varphi(x+y) = \varphi(x) + \varphi(y), \quad \varphi(xy) = \varphi(x)\varphi(y)$$

すなわち，和と積の演算がどちらも，写像を施す前に行っても，後から行っても，結果が同じになることである．

線形写像の定義を復習しましょう．X, Y を体 K 上の線形空間とするとき，写像 $\varphi: X \to Y$ が線形写像とは，

$$\forall x, y \in X, \forall \lambda \in K \text{ に対し，} \varphi(x+y) = \varphi(x) + \varphi(y), \quad \varphi(\lambda x) = \lambda \varphi(x)$$

が成り立つことでした．線形空間の場合は構造が複雑ですが，要するに写像 φ が線形空間の定義に現れる演算のすべてと両立していることです．この意味で，線形写像は線形空間の準同型写像で，実際，純粋数学ではしばしば線形写像のことも linear mapping という代わりに homomorphism と言います．

準同型の定義から導かれる一般的性質を調べましょう．

命題 1.14 群の準同型は単位元を単位元に写す：$\varphi(e) = e$．また逆元を逆元に写す：$\varphi(x^{-1}) = \varphi(x)^{-1}$．

証明 $\varphi : G \to H$ とし，区別のために G の単位元を e_G，H の単位元を e_H と書くことにすれば，準同型の定義により

$$\varphi(e_G) = \varphi(e_G \circ e_G) = \varphi(e_G) \circ \varphi(e_G).$$

この両辺に $\varphi(e_G)$ の逆元を掛けると，$e_H = \varphi(e_G)$ を得る．後半は

$$e_H = \varphi(e_G) = \varphi(x \circ x^{-1}) = \varphi(x) \circ \varphi(x^{-1}).$$

の両辺に左から $\varphi(x)$ の逆元を掛けると，$\varphi(x)^{-1} = \varphi(x^{-1})$． □

上の特別な場合として，次が得られます：

系 1.15 環の準同型は零元を零元に写す：$\varphi(0) = 0$．また加法の逆元を加法の逆元に写す：$\varphi(-x) = -\varphi(x)$．

環については，乗法の単位元 1 が存在するとは限らず，たまたま 1 が存在しても，単位元が単位元に写ることは準同型の定義からは出て来ません．実際，上の証明を真似してどこまで行けるかやってみると，

$$\varphi(1) = \varphi(1 \cdot 1) = \varphi(1) \cdot \varphi(1) \quad \therefore \quad \varphi(1)(\varphi(1) - 1) = 0$$

までは出ますが，ここで一般の環には零因子が存在し得るので，ここから $\varphi(1) = 0$ も $\varphi(1) = 1$ も導けないのです．しかし，もし行き先の環が整域，すなわち，零因子が存在しないものならば，$\varphi(1) \neq 0$ を仮定するだけで $\varphi(1) = 1$ が結論できます．他方，もし $\varphi(1) = 0$ なら，

$$\varphi(x) = \varphi(x \cdot 1) = \varphi(x) \cdot \varphi(1) = \varphi(x) \cdot 0 = 0$$

と，φ の行き先は零元だけになってしまいます．普通は意味のある写像を考えたいので，二つの環がともに乗法の単位元を持つ場合には，単に準同型と言えば 1 の像が 1 となることまで要請します．

1.7 準同型写像

命題 1.16 環 A, B はともに乗法の単位元を持ち，それらの間の準同型 $\varphi : A \to B$ は乗法の単位元を乗法の単位元に写すとする．このとき，A の元 x が乗法の逆元 x^{-1} を持てば，$\varphi(x)$ も乗法の逆元を持ち，$\varphi(x^{-1}) = \varphi(x)^{-1}$ が成り立つ．従って φ は A の単元群から B の単元群への群の準同型を引き起こす．

証明

$$1 = \varphi(1) = \varphi(x \cdot x^{-1}) = \varphi(x) \cdot \varphi(x^{-1})$$

および

$$1 = \varphi(1) = \varphi(x^{-1} \cdot x) = \varphi(x^{-1}) \cdot \varphi(x)$$

が成り立つから，定義により $\varphi(x^{-1})$ は $\varphi(x)$ の逆元となる．残りの主張は明らかである．(この証明は本質的には命題 1.14 の後半と同じだが，環の場合は最後の主張が始めから明らかとは言えないので，一応別途証明を要する．) □

系 1.17 二つの体 K, L の間にそれらを環とみなしたときの準同型写像 φ が有るならば，φ は K のすべての元を L の零元に写すか，さもなくば K の乗法の単位元を L の乗法の単位元に写し，必然的に単射となる．

証明 $\exists x \in K$ について $\varphi(x) \ne 0$ とすれば，

$$0 \ne \varphi(x) = \varphi(1 \cdot x) = \varphi(1) \cdot \varphi(x).$$

よって $\varphi(1) \ne 0$ であり，命題 1.16 の前で注意したように，

$$\varphi(1) = \varphi(1 \cdot 1) = \varphi(1) \cdot \varphi(1)$$

の両辺から $\varphi(1)$ を省けば $\varphi(1) = 1$ を得る．よって前命題により $\varphi : K^{\times} \to L^{\times}$ は乗法群の準同型となり，特に $\forall x \in K, x \ne 0$ に対し，$\varphi(x) \ne 0$．これから φ が単射となることをいうのは後述の補題 1.20 の特別な場合であるが，ここでは繰り返しを厭わず証明しておこう．もし $\exists x, y \in K, x \ne y$ について $\varphi(x) = \varphi(y)$ となったとすれば，$x - y \ne 0$ が $\varphi(x-y) = 0$ を満たし，不合理である． □

上の系により，体には準同型というものは本質的に存在しません．自明でないものは単射同型，すなわち，K が L の部分体に一対一に埋め込まれるような写像だけです．

問 1.23 次のような環の写像 φ の中で，環の準同型となるのはどれか？
(1) 有理整数環 $\boldsymbol{Z}$ から有理整数環 $\boldsymbol{Z}$ への，$\varphi(n) = -n$ で定まる写像．
(2) 実係数1変数多項式環 $\boldsymbol{R}[x]$ から実数体 (を環とみなしたもの) $\boldsymbol{R}$ への，$\varphi(f(x)) = f(1)$ で定まる写像．
(3) 実係数1変数多項式環 $\boldsymbol{R}[x]$ から実係数1変数多項式環 $\boldsymbol{R}[x]$ への，$\varphi(f(x)) = f(x^3)$ で定まる写像．
(4) 実係数 n 次正方行列の環 $M(n, \boldsymbol{R})$ からそれ自身への $\varphi(A) = {}^t\!A$ で定まる写像．
(5) 実係数 n 次正方行列の環 $M(n, \boldsymbol{R})$ から1次小さい行列の環 $M(n-1, \boldsymbol{R})$ への写像で，$A \in M(n, \boldsymbol{R})$ に対しその左上の $n-1$ 次小行列を対応させるもの．
(6) 複素数体 $\boldsymbol{C}$ (を環とみなしたもの) から実数体 $\boldsymbol{R}$ (を環とみなしたもの) への $\varphi(z) = \operatorname{Re} z$ で定まる写像．

問 1.24 次のような体の写像 φ の中で，体の同型となるのはどれか？
(1) 複素数体 $\boldsymbol{C}$ からそれ自身への $\varphi(z) = \bar{z}$ で定まる写像．
(2) 複素数体 $\boldsymbol{C}$ からそれ自身への $\varphi(x+iy) = y + ix$ で定まる写像．
(3) 複素数体 $\boldsymbol{C}$ からそれ自身への $\varphi(z) = z^2$ で定まる写像．
(4) 有限体 $\boldsymbol{F}_p$ からそれ自身への $\varphi(x) = x^p$ で定まる写像．

【準同型の像と核】 ここで，準同型が導く二つの重要な概念である，像 (image) と核 (kernel) を紹介しましょう．準同型の**像**は，演算とは無関係にただの写像 $\varphi: X \to Y$ の像と全く同様に定義されます：

$$\operatorname{Image} \varphi = \varphi(X) := \{y \in Y \mid \exists x \in X \text{ s.t. } y = \varphi(x)\}$$

述語論理の記号は一見して読みにくいので，これはしばしば

$$\operatorname{Image} \varphi := \{\varphi(x) \mid x \in X\}$$

と略記されます．$x \neq x'$ に対して $\varphi(x) = \varphi(x')$ となり得るので，この表現は元を無駄無く列挙したことにはなっていませんが，そのことさえ注意すれば直感的には分かりやすいですね．

これに対し，**核**の方は演算が無いと定義できない新しい概念で，一般にその代数系の最も基本的な演算に関する単位元の逆像として定義されます．

定義 1.12 二つの群の間の準同型写像 $\varphi: G \to H$ の核 $\operatorname{Ker} \varphi$ は，H の単位元 e_H に写るような G の元の全体のことである：

$$\operatorname{Ker} \varphi := \{g \in G \mid \varphi(g) = e_H\}$$

二つの環の間の準同型写像 $\varphi: A \to B$ の核とは，B の零元 0_B に写るような A の元の全体のことである：

$$\mathrm{Ker}\,\varphi := \{a \in A \mid \varphi(a) = 0_B\}$$

環の場合は加法の単位元の方で核を定義していることに注意しましょう．

命題 1.18 二つの群の間の準同型写像 $\varphi : G \to H$ があるとき，その像 $\varphi(G)$ は H の部分群となる．また，その核 $\mathrm{Ker}\,\varphi$ は G の部分群となる．

証明 像の方：まず $\varphi(e_G) = e_H$ より，$\varphi(G)$ には単位元が含まれる．また，$\varphi(x) \circ \varphi(y) = \varphi(x \circ y)$ より，像に属する二つの元の積は再び像に属する．最後に，命題 1.14 より $\varphi(x^{-1}) = \varphi(x)^{-1}$ だから，像に属する元の逆元も再び像に属する．
核の方：単位元が $\mathrm{Ker}\,\varphi$ に属することは明らか．$\varphi(x) = \varphi(y) = e_H$ なら，$\varphi(x \circ y) = \varphi(x) \circ \varphi(y) = e_H \circ e_H = e_H$ より，$\mathrm{Ker}\,\varphi$ の二つの元の積は再び $\mathrm{Ker}\,\varphi$ に属する．逆元も同様． □

実は核の方はただの部分群よりはもっと性質のよいものとなるのですが，そのことは第 4 章で取り上げます．

命題 1.19 二つの環の間の準同型写像 $\varphi : A \to B$ があるとき，その像 $\varphi(A)$ は B の部分環となる．また，その核 $\mathrm{Ker}\,\varphi$ は A の部分環となる．

証明は群の準同型の場合と全く同様です．環の準同型の核についても，ただの部分環よりは特徴のあるものとなるのですが，それも第 4 章で取り上げます．

線形写像 $\varphi : X \to Y$ の場合は，像 $\varphi(X)$ は Y の線形部分空間に，また核 $\mathrm{Ker}\,\varphi$ は X の線形部分空間になるのでした．

補題 1.20 群の準同型が一対一となるためには，その核が単位元のみより成ることが必要かつ十分である．また，環の準同型が一対一となるためには，その核が零元のみより成ることが必要かつ十分である．

証明 一対一なら，単位元に行く元は単位元だけだから，必要性は明らか．十分性を群の準同型 $\varphi : G \to H$ の場合に示す．$\varphi(x) = \varphi(y)$ とすると，準同型の性質より $\varphi(x \circ y^{-1}) = \varphi(x) \circ \varphi(y)^{-1} = e_H$．よって核が単位元のみより成るなら，$x \circ y^{-1} = e_G$. i.e. $x = y$．

環の場合はその加法群に対して今の議論を適用すればよい． □

線形写像が一対一であるための必要十分条件も，核が零ベクトル，i.e. 加法の単位元のみよりなることでした．

問 **1.25** (1) 問 1.18 における写像のうち，群の準同型となっているものについて，その像と核がそれぞれどのような群となるかを示せ．
(2) 問 1.23 における写像のうち，環の準同型となっているものについて，その像と核がそれぞれどのような環となるかを示せ．

問 **1.26** 1 変数有理関数 $f(x) = \dfrac{q(x)}{p(x)}$ の**次数** (degree) を分子の次数から分母の次数を引いたものと定義する：$\deg f := \deg q - \deg p$．ここに，1 変数多項式 $p(x)$ の次数 $\deg p$ は，p に含まれる項の中で x の冪が最大のものの冪の値であった．このとき $f(x) \mapsto \deg f$ なる対応は，乗法群 $K(x)^\times$ から加法群 $\mathbf{Z}$ への群の準同型となることを示せ．この写像の像と核は何か．

ティータイム　**我こそは代数なり**

algebra という言葉は，代数学とは別の意味でも用いられます．すなわち，体 K 上の線形空間にスカラー乗法と可換な積の構造が入っているもののことです．体 K 上の多項式環が可換な，行列環が非可換な，それぞれ代表例です．この他，**4 元数環** (quaternion algebra) と呼ばれる，$1, i, j, k$ を基底とする実数体上の線形空間に，

$$i^2 = j^2 = k^2 = -1, \quad ij = -ji = k, ki = -ik = j, jk = -kj = i$$

を線形に拡張して積を導入したものは，積が一部非可換なことを除き，体と同様に四則演算が可能なので，非可換体 (Hamilton の 4 元数体) と呼ばれることもあります．数ベクトルの概念が発見される前は，その代用として重用されましたが，今でも理論物理や数学で表現手段としてよく使われます．

algebra は昔は "**多元環**" と訳されていましたが，最近は "**代数**" と訳すことが多いので，紛らわしいですね．別に代数学は algebra だけを扱う学問ではないのに，ずいぶんいばった名前です．

なお，algebra という言葉は，Lie 環のような結合法則を満たさない同様の代数系に対しても "Lie 代数" のように使われています．

第 2 章

置換群の基礎

この章では，有限群について，基礎的なことをより細かく調べます．

■ 2.1 群の定義法

【乗積表】 有限群の場合はすべての元の対に対しそれらの演算結果を記した表(ひょう)を与えれば群が完全に定義されます．これを乗積表とか群表と呼びます．非常に繁雑な割に得られる情報がそう多くはないので，実際には小さな群について教育目的でしか使われることはありません．

例 2.1 (**3 次対称群** S_3 **の乗積表**)　左端の列の元 a と上端の行の元 b との積 ab を並べたものです．置換の積は，写像と解釈して右から順に集合 $\{1,2,3\}$ に作用したときの合成置換で定めています．例えば，簡約表の第 3 行第 2 列は $(1,3)(1,2) = (1,2,3)$ を意味し，左辺は $\{1,2,3\}$ に対する置換として右から順に作用します．

	e	$(1,2)$	$(1,3)$	$(2,3)$	$(1,2,3)$	$(1,3,2)$
e	e	$(1,2)$	$(1,3)$	$(2,3)$	$(1,2,3)$	$(1,3,2)$
$(1,2)$	$(1,2)$	e	$(1,3,2)$	$(1,2,3)$	$(2,3)$	$(1,3)$
$(1,3)$	$(1,3)$	$(1,2,3)$	e	$(1,3,2)$	$(1,2)$	$(2,3)$
$(2,3)$	$(2,3)$	$(1,3,2)$	$(1,2,3)$	e	$(1,3)$	$(1,2)$
$(1,2,3)$	$(1,2,3)$	$(1,3)$	$(2,3)$	$(1,2)$	$(1,3,2)$	e
$(1,3,2)$	$(1,3,2)$	$(2,3)$	$(1,2)$	$(1,3)$	e	$(1,2,3)$

$\xrightarrow{\text{簡約化}}$

e	$(1,2)$	$(1,3)$	$(2,3)$	$(1,2,3)$	$(1,3,2)$
$(1,2)$	e	$(1,3,2)$	$(1,2,3)$	$(2,3)$	$(1,3)$
$(1,3)$	$(1,2,3)$	e	$(1,3,2)$	$(1,2)$	$(2,3)$
$(2,3)$	$(1,3,2)$	$(1,2,3)$	e	$(1,3)$	$(1,2)$
$(1,2,3)$	$(1,3)$	$(2,3)$	$(1,2)$	$(1,3,2)$	e
$(1,3,2)$	$(2,3)$	$(1,2)$	$(1,3)$	e	$(1,2,3)$

群 G の成分を並べた 2 次元の表が乗積表になるための条件は次の通りです：

> (1) 単位元の作用が単位元の公理を満たしていること．
>   これは簡約化された表の第 1 列と第 1 行が群の元を並べたもののコピーとなっていることで確かめられます．
> (2) どの行にもどの列にも G のすべての元がちょうど一度ずつ現れること．
>   これは，$\forall g \in G$ を固定したとき，$g \circ : G \to G$ という写像が群の公理から一対一写像となるためです．これで，逆元の存在が保証されます．
> (3) 結合法則が満たされていること．
>   これは乗積表からは読み取るのが難しい．

次は明らかですね．

乗積表が可換群を定義する $\iff$ 対角線に対して対称

【生成元と関係】 3 次の対称群 S_3 は，$a = (1,2), b = (1,3)$ だけで，

$$(1,2) = a, \quad (1,3) = b, \quad e = a^2, \quad (1,2,3) = ba, \quad (1,3,2) = ab, \quad (2,3) = bab \tag{2.1}$$

と表せてしまいます．このような性質を持つ G の元の部分集合を G の**生成元**と呼びます．a, b の繰り返しを許した任意の並び (**語**，word などと呼びます) は S_3 の元を定めますが，上で列挙した以上に異なる元はもはや無いので，それらの間には**関係式** (relation) が成り立つはずです．例えば，

$$a^2 = b^2 = e, \quad aba = bab \tag{2.2}$$

など．実は S_3 の任意の語にこれらの規則を適用すると，遂には必ず (2.1) の 6 個の元のどれかに帰着されます．例えば

$$abababa = (aba)(bababa) = (bab)(bababa) = bab^2ababa = baeababa$$
$$= ba^2baba = bebaba = b^2aba = eaba = aba$$

よって，S_3 は二つの生成元 a, b と関係式 (2.2) により完全に定義されます．関係式の方も，これ以外にいろいろ有る訳ですが，すべて上のものから導かれるので，このような必要最小限の関係式を**基本関係式**と呼びます．

この方法は，乗積表を作るのに比べてすっきりしていますが，基本関係式だけから実際に群がどんな構造を持つか，群の位数がいくらかさえも見分けるのは非常に難しい．これに関連して，以下のような問題が考えられます．

2.1 群の定義法

【語の問題】 群における語の問題には次のようなものがあります．

(1) 生成元と基本関係式により定義された群の二つの語が同じ元になるかどうかを判定するアルゴリズムを与えよ．(語の一方は自明，すなわち単位元としても一般性を失わない．)
(2) 生成元と基本関係式により与えられた二つの群が同型かどうかを判定するアルゴリズムを与えよ．
(3) 生成元と基本関係式により与えられた群が有限群になるかどうかを判定するアルゴリズムを与えよ．

これらはまだどれも完全には解けていません！ 純粋数学というより計算機科学における計算可能性の観点から興味深いものです．

――― ティータイム　語の問題の現況 ―――
★ 二つの語が同じかどうかを判定するアルゴリズムは一般には存在しないことが証明されています．しかも生成元 2 個，関係式 32 個の群でそのような例が有るそうです．
★ 生成元と関係が有限個のとき，さらに各元の位数 (後出の定義 2.3 参照) が有限ならば有限群になるかという問題は Burnside の問題と呼ばれ，無条件では偽であることが分かっています．従って当然の必要条件 (後出 Lagrange の定理) として，位数がある一定の整数 r の約数という仮定の下で議論するのが普通ですが，r のいくつかの値に対して真であることが証明されているだけで，アルゴリズムを抜きにした抽象群論としても難しい問題です．

群を定義するときは生成元も基本関係式の個数もなるべく少なくしたい訳ですが，両者をともに最小にすることは一般にはできません．普通は生成元の方を最小にしたものを用います．

普通の応用で群が必要になるときは，語の問題に苦しむようなことはあまり無く，既知の群から代数的操作で作れるもので間に合うことが殆んどです．群を作り出す操作の代表は部分群，商群 (剰余群)，直積，半直積などです．部分群については既に解説しました．残りのものについてはそれぞれ第 4, 3, 6 章で学びます．

群を理解する手段として，もう一つ重要なものに，**表現** (representation) という考え方があります．これは，性質を調べたい群を対称群とか一般線形群などの計算しやすい群の部分群として実現するものです．有限群を対称群の部分群，すなわち置換群として実現することを**置換表現**と言います．また一般に群を一般線形群の部分群として実現することを**線形表現**と呼びます．

■ 2.2 置換群の復習

置換の話は線形代数で行列式を定義する必要から少し出て来ますが，群構造まではなかなかやる暇が無いのが普通です．第 1 章で群の例として少しお話ししましたが，ここで，その続きを少し詳しくやります．

n 文字の置換とは，単に元の個数が n 個の有限集合からそれ自身への一対一写像のことを言うのでした．置換が作用する集合を $\boldsymbol{N}_n := \{1, 2, \ldots, n\}$ に取れば，順列と同一視できるのでした．場合によっては作用する集合を $\boldsymbol{Z}_n = \{0, 1, 2, \ldots, n-1\}$ に取る方が便利なこともあります．第 1 章でも注意したように，実際に C 言語でプログラムを組むときは，自然に後者になります．翻訳のために番号をずらすのは非常に面倒ですが，数学的内容は同じなので，気にせず臨機に使い分けることにします．

置換 σ は $\boldsymbol{N}_n$ 上の可逆な写像なので，その全体は合成に関して群を成します．これを n 次の対称群と呼び，$\mathcal{S}_n$ で表すのでした．

【置換のいろいろ】
- ◆ **互換**：2 個の元を交換する置換．(i, j) と記して i と j だけを交換し，他は変えないような置換を表します．互換の伝統的な英語は transposition ですが，最近は情報科学により馴染み深い swap も使われるようです．
- ◆ **巡回置換**：$(i_1, i_2, \ldots, i_s)$ は $i_1 \mapsto i_2, i_2 \mapsto i_3, \ldots, i_{s-1} \mapsto i_s, i_s \mapsto i_1$ と巡回する置換を表します．英語は cyclic permutation です．s を巡回置換の長さと言います．互換は長さ 2 の巡回置換です．
- ◆ **一般の置換**：$\begin{pmatrix} 1 & 2 & \cdots & n \\ i_1 & i_2 & \cdots & i_n \end{pmatrix}$ で，$1 \mapsto i_1, \ldots, n \mapsto i_n$ というふうに，もとの元とその行き先を上下に並べて記すのでした．

補題 2.1　任意の置換は互いに素な (すなわち，作用する元に共通なものがないような) 巡回置換の積に分解される．

実際，σ を任意の置換とするとき，例えば $i_1 = 1$ から始めて σ による行き先を $i_1 \mapsto i_2, i_2 \mapsto i_3, \ldots$ と辿ってゆけば，元の個数が有限なので，いつかは既出の元に戻る．このとき，必ず最初の元 i_1 に戻ることが，σ が一対一の写像であることから容易に分かり，こうして一つの巡回置換 $(i_1, i_2, \ldots, i_s)$ を得る．まだ辿られていない元 j_1 に対して同様に繰り返せば，巡回置換 $(j_1, \ldots, j_t)$ を得るが，これは明らかに最初のものとは共通元を持たない．これを繰り返せばそのうちすべての元が尽くされる．これらの巡回置換は互いに全く別の元を動かすので，どの順に積をとっても同じであることに注意せよ．

補題 2.2 任意の置換は互換の積に分解される．

実際，一般の置換が巡回置換の積になることが分かったので，巡回置換が互換の積に分解できることさえ言えばよい．巡回置換は，

$$(i_1, i_2, \ldots, i_s) = (i_1, i_2)(i_2, i_3) \cdots (i_{s-2}, i_{s-1})(i_{s-1}, i_s)$$

と分解されることが，$i_1, i_2, \ldots, i_s$ の行き先をそれぞれ両辺で比較することにより容易に確かめられる．ここで因子は置換として右から順に集合 $\{1, 2, \ldots, n\}$ に作用するものとしている．

補題 2.3 置換 σ の互換への分解で現れる互換の個数 k は分解の選び方により変わり得るが，それが偶数個か奇数個かは一定となる．従って，$\mathrm{sgn}\,\sigma = (-1)^k$ は分解の仕方によらない，σ に固有の値である．

これから置換の偶奇，あるいは符号が定義されるのでした：

定義 2.1 上で定義された値 $\mathrm{sgn}\,\sigma$ を置換 σ の**符号**と呼ぶ．これが $+1$ のものを**偶置換**，-1 のものを**奇置換**と呼ぶ．

補題 2.3 の証明 「線形代数講義」では差積への作用を用いてこの事実を証明しました．この講義でも後でその論法を取り上げますが，ここでは情報科学らしい証明を与えておきましょう．$(1, 2, \ldots, n)$ の順列 $(i_1, \ldots, i_n)$ が有ったとき，これを互換だけを用いて正しい順序に並べ換える方法の一つにバブルソートというのが有ります．これは，右の方から順に，自分の左隣の元と比較して自分の方が小さければ交換する，という操作を行うものです (後のティータイム参照)．このときに必要な互換の回数を転倒数というのですが，これは与えられた順列によって定まっており，

$$\#\{(k,l) \mid 1 \leq k < l \leq n \text{ かつ } i_k > i_l\}$$

で与えられます．($\#E$ は有限集合 E の元の個数を表す記号です．) これは

$$= \sum_{k=2}^{n} \#\{i_1,\ldots,i_{k-1} \text{の中で} i_k \text{より大きなもの}\}$$
$$= \sum_{k=1}^{n-1} \#\{i_{k+1},\ldots,i_n \text{の中で} i_k \text{より小さなもの}\}$$

と書き直せ，このいずれかで計算できます．今，1 回互換を行うと，この転倒数の偶奇が変わることを確かめましょう．

$$\ldots, j, \ldots, k, \ldots \implies \ldots, k, \ldots, j, \ldots$$

という互換 (j,k) を考えると，j と k の大小関係がどうであれ，この二つの大小が入れ替わるので，この分で転倒数が 1 変化します ($j < k$ なら $+1$，$j > k$ なら -1)．さらに，これらに挟まれた元に関わる転倒数の変化は，

$$- \#\{j \text{より小さいもの}\} + \#\{j \text{より大きいもの}\}$$
$$+ \#\{k \text{より小さいもの}\} - \#\{k \text{より大きいもの}\}$$

となります．これは，もし $j < k$ なら

$$= (\#\{k \text{より小さいもの}\} - \#\{j \text{より小さいもの}\})$$
$$+ (\#\{j \text{より大きいもの}\} - \#\{k \text{より大きいもの}\})$$
$$= 2 \times \#\{j, k \text{の間にあるもの}\}$$

となり，非負の偶数です．$j > k$ のときは最後の結論にマイナスを付けた値となり，やはり偶数です．従って最初の 1 個と合わせ，転倒数の変化は奇数となります．

さて，与えられた順列から互換を繰り返して，整列を完成させるとき，どんな方法を用いるにせよ，元の順列の転倒数が偶数なら偶数回の互換で，また転倒数が奇数なら奇数回の互換で終わらなければなりません．これは，転倒数の総変化が前者では偶数，後者では奇数でなければならないことから明らかです．与えられた順列は，S_n の元として，上の操作に現れる互換を逆順に掛けたものと一致するので，このことから置換を互換の積に分解したときの個数の偶奇も一

定なことが分かります．　□

ティータイム　置換とソート

　上の証明の最後のところから，$j > k$ なるペアをひっくり返して小さい順にすれば，これらがどこに有っても転倒数は必ず減少することが分かります．従ってどういう手順をとっても，大小を修正するようにひっくり返し続けさえすれば，有限回の後には転倒数は 0 になります．これは任意の置換が互換の積に分解できることの別証明にもなっています．特別な場合として，バブルソート (泡立て法) の手順

```
for i = 2 to n
    for j=n downto i
            もし j 番目の要素 < j-1 番目の要素なら，入れ換える
```

を踏めば，常に隣同士で大小関係が逆になっているものをひっくり返すだけで転倒数を 0 にできるので，任意の置換は隣り合う二つのペアの互換だけの積にも書けるということも分かります．

　世の中では，大小関係を付けることができるいろんなデータを大きさの順に並べ替え (ソート) する必要がよく起こります．どんなデータでも，その要素を指す (ポインタと呼ばれる) 整数の配列を別に用意し，そちらを並べ替えることにより，結局はここで述べた N_n の場合に帰着できます．実用的な並べ替えのためには，いろいろ高速なアルゴリズムが知られています．情報科学の講義では，それらの代表的なものを必ず学ぶことでしょう．

さて，明らかに

偶置換 × 偶置換 = 偶置換，　偶置換 × 奇置換 = 奇置換 × 偶置換 = 奇置換，

奇置換 × 奇置換 = 偶置換

ですが，これを翻訳すると次のようになります：

命題 2.4　符号 sgn は S_n から 2 次の巡回群 $\{\pm 1\}$ への群の準同型を与える．その核が交代群となる．

問 2.1 次の置換を互いに独立な巡回置換の積に分解せよ．また互換の積に分解し，符号を判定せよ．

(1) $\begin{pmatrix} 1 & 2 & 3 & 4 \\ 4 & 3 & 2 & 1 \end{pmatrix}$ (2) $\begin{pmatrix} 1 & 2 & 3 & 4 & 5 \\ 4 & 5 & 1 & 3 & 2 \end{pmatrix}$ (3) $\begin{pmatrix} 1 & 2 & 3 & 4 & 5 & 6 \\ 4 & 1 & 5 & 2 & 6 & 3 \end{pmatrix}$

2.3 有限群の置換表現と剰余類

対称群の部分群のことを一般に置換群と呼ぶのでした．要するに置換の集合が置換の合成演算に関して成す群の総称です．ところが実は任意の有限群は，置換群とみなせるのです．

【有限群の置換表現】 G を位数 n の有限群とし，その元に番号を付けて $\{g_0 = e, g_1, \ldots, g_{n-1}\}$ のように並べ，集合として $\boldsymbol{Z}_n$ と同一視します．このとき，G の任意の元 g はこの元による積で次のような $\boldsymbol{Z}_n$ の置換を誘導します：

$$g \cdot : \{g_0, g_1, \ldots, g_{n-1}\} \mapsto \{gg_0, gg_1, \ldots, gg_{n-1}\}$$
$$\updownarrow \qquad \qquad \updownarrow$$
$$(0, 1, 2, \ldots, n-1) \mapsto (i_0, i_1, \ldots, i_{n-1})$$

ここに，i_k は $gg_k = g_{i_k}$ で一意に定まる番号です．この写像が一対一，すなわち，置換になっていることは，群の公理から直ちに分かります：$gg_i = gg_j \Longrightarrow g_i = g_j$．群 G の演算と，それが引き起こす G の置換の演算が対応していることも明らかです．こうして準同型 $G \to S_n$ が得られます．これを G の**左移動** (left translation) による**置換表現**と呼びます．また，容易に分かるように，準同型 $G \to S_n$ は一対一，すなわち G の異なる元は異なる置換を引き起こします．これを表現が**忠実** (faithful) であると言います．

問 2.2 3次の対称群 S_3 の元を適当な順序に並べ，これに S_3 を左移動により作用させると，S_3 から S_6 の中への群の同型写像が得られる．これがどんな写像になるかを 2.1 節で与えた S_3 の乗積表を用いて明らかにせよ．

本書では群の線形表現の理論は解説しませんが，任意の有限群は一般線形群の部分群として実現できることくらいは覚えておきましょう．それには，対称群の線形表現を与えておけば十分ですね．$\sigma \in S_n$ に対し，n 次元線形空間 $\boldsymbol{R}^n$ の座標ベクトル $\boldsymbol{e}_j = (0, \ldots, 0, \overset{j}{1}, 0, \ldots, 0)$ の置換

$$(\boldsymbol{e}_1, \ldots, \boldsymbol{e}_n) \mapsto (\boldsymbol{e}_{\sigma(1)}, \ldots, \boldsymbol{e}_{\sigma(n)})$$

を対応させると，これから $\boldsymbol{R}^n$ の線形写像，すなわち n 次正方行列 T_σ が一意に決まり，対応 $S_n \ni \sigma \mapsto T_\sigma \in GL(n, \boldsymbol{R})$ が定まります．これは容易に分かるように群の準同型となっています．上のように定義された線形写像は明らかに計量を保存するので，T_σ は直交行列になっています．有限群の左移動による置換表現や，ここで述べた対称群の線形表現，あるいはそれらを合成して得られる有限群の線形表現は，必ずしも能率がよいものとは限りませんが，必ず表現が存在することを示すには便利なものです．表現が一つ有ると，それを分解してよりよいものを見つけ出す理論もあります．

群 G の元 g による左移動が G からそれ自身への一対一対応を誘導するという，上で示した事実は，簡単ですがこれからよく使います．同じことは右移動についてももちろん成り立つので，次の形で記憶しましょう．以下，簡単のため g の左からの積が誘導する G の置換による部分集合 $A \subset G$ の像を gA と略記します．右移動についても同様です：

$$gA := \{g \circ a \mid a \in A\},$$
$$Ag := \{a \circ g \mid a \in A\}.$$

このとき，次のことは定義から明らかですね．

補題 2.5 (左移動の性質)

A を G の部分集合とするとき，

$\forall g_1, g_2 \in G$ について，$g_1(g_2 A) = (g_1 g_2) A,$ 　　特に $g^{-1}(gA) = A$.

右移動についても同様．

また，A, B を G の部分集合とするとき，$\forall g \in G$ に対して，

$$A = B \iff gA = gB \iff Ag = Bg$$

さらに，A が有限集合のときは $\#A = \#(gA) = \#(Ag)$ が成り立つ．

【部分群による剰余類】 部分群 $H \subset G$ が有ったとき，G の任意の元 g による左移動で，部分集合 H はどのように変わるかを見ます．

補題 2.6 (1) $g \in H$ の場合は $gH = H$
(2) $g \notin H$ の場合は $gH \cap H = \emptyset$
(3) 一般に $g_1, g_2 \in G$ について $g_1 H = g_2 H$ か $g_1 H \cap g_2 H = \emptyset$ かのいずれか一方が成り立つ．

証明 (1) $g \in H$ なら，H が部分群であることから，$\forall h \in H$ について $gh \in H$. また，逆に $\forall h \in H$ は $h = g \circ (g^{-1} \circ h)$ と表され，集合 gH に属する．

(2) もし $\exists h \in H$ について $gh \in H$ とすると，$g = gh \circ h^{-1} \in H$ となってしまう．よって $g \notin H$ なら $gH \cap H = \emptyset$.

(3) $g_1 H = g_2 H$ は $g_2^{-1} g_1 H = H$ と同等なので，(1), (2) から直ちに出る． □

このことから，部分群 H が有ると，G が gH の形の互いに交わらない部分集合に分割されることが分かります．

定義 2.2 gH を g を代表元とする H の (一つの) **左剰余類** (left residue class, left coset) と呼ぶ．

全く同様に，g による右移動についても，補題 2.6 と同様の性質が成り立ち，それを用いて**右剰余類** Hg が定義されます．これらの部分集合は H の一対一写像による像なので，元の個数は一定で，すべて H の位数と一致します．従って，H の左剰余類の総数を H の G における**指数**と呼び，$[G:H]$ で表すことにすれば，有限群の場合に次の等式が成り立ちます：

G の位数 $= H$ の位数 $\times H$ の指数．　　記号で　　$|G| = |H| \times [G:H]$.

これから特に，次が得られます：

定理 2.7 (**Lagrange の定理**)
部分群の位数はもとの群の位数の約数である．

群 G の部分群 H による剰余類の集合は，いわゆる同値関係による商集合ともみなせます．実際，$x, y \in G$ に対し $x \sim y \iff x^{-1} y \in H$ で **2 項関係** (すなわち，二つの元の間に関係が有るか無いか) を定めると，同値関係の公理

(i) $x \sim x$　　(反射律)

(ii) $x \sim y \Longrightarrow y \sim x$ (対称律)
(iii) $x \sim y, y \sim z \Longrightarrow x \sim z$ (推移律)

が満たされることを容易に確かめることができます．一般に，集合に同値関係があるとき，それにより集合の元を類別して**同値類** (すなわち，互いに関係が有るもの同士をグループにまとめたもの) が定義されますが，定義 2.2 の左剰余類は，この同値関係による同値類と一致します．同値類を集めて**商集合** $G/\sim$ が定義されますが，部分群による左剰余類が成す商集合は G/H と記されます．同様に，右剰余類は，同値関係 $x \sim y \Longleftrightarrow xy^{-1} \in H$ による同値類と一致し，商集合は $H\backslash G$ と記されます．この二つは一般にはもとの群の異なる部分集合より成っていますが，$Hg \longleftrightarrow gH$ という対応で，集合としては一対一に対応しています．

問 2.3 数理基礎論などで同値関係とそれによる類別を学んだ読者は，上の 2 項関係 $\sim$ が同値関係の公理を満たしていることを確かめ，それによる同値類が定義 2.2 の左剰余類と一致することを示せ．

【群の元の位数】群 G の元 g を取るとき，g の冪，すなわち，$e, g, g^2, \ldots$ を作って行くと，G が有限群ならいつかは同じものが現れます．$g^k = g^l \ (k < l)$ とすると，$g^{l-k} = e$ となるので，実は同じものが最初に現れるのは $g^m = e$ となるときです．そこで次のような定義を導入します．

定義 2.3 $g^m = e$ となる最小の正整数 m がもし存在すれば，その値を元 g の**位数**と呼ぶ．そのようなものが存在しないときは g の位数は無限大であると言う．

群の位数 (すなわち元の個数) と上で定義した意味での元の位数とは一応別の概念ですが，容易に分かるように，群 G の元 g の位数は，g が群 G の中で生成する巡回部分群の位数と一致します．この意味で両者は密接に関係しています．特に，Lagrange の定理から，次の系が得られます：

系 2.8 (群の位数と元の位数)

群の元の位数は群の位数の約数である．

無限群の場合には一般に g^k は永久にもとに戻りませんが，たまたま戻るときは g を位数有限の元と呼び，そのような元の位数は上と同様に定義します．

問 2.4　S_3 の各元の位数を調べよ．

問 2.5　群 G の元 x の位数が 12 のとき，$x^k, 1 \leq k \leq 12$ の位数を示せ．

問 2.6　S_4 において $a = \begin{pmatrix} 1 & 2 & 3 & 4 \\ 2 & 4 & 1 & 3 \end{pmatrix}$ とする．

(1) a の位数を求めよ．

(2) $x^m = a$ となるような x と m は $x = a, m = 1$ 以外に存在するか？

問 2.7　S_3 の元 $a = (1, 2, 3), b = (1, 2)$ を生成元として取ったときの基本関係式を示せ．また，S_4, A_4 の生成元と基本関係式をそれぞれ 1 組与えよ．

【巡回群と生成元】　次は巡回群となるための判定条件の基本です．

命題 2.9　有限群 G の位数と等しい位数を持つ元が G に存在すれば，G はその元を生成元とする巡回群となる．

証明　$|G| = n$ とし，$x \in G$ の位数が n ならば，位数の定義を導入するところで注意したように，$\{e, x, x^2, \ldots, x^{n-1}\}$ は G の異なる元より成る．個数が一致したので，これは G 全体と一致する．すなわち，G は x により生成される巡回群である．　□

系 2.10　位数が素数 p の群 G は巡回群であり，単位元以外の任意の元が生成元となる．

実際，$x \in G$ の位数は p の約数となり，従って 1 か p でなければならない．1 なら $x = e$ だから，単位元でなければ p である．故に上の命題により G は x で生成された巡回群となる．

系 2.11　G が位数 n の巡回群で，g がその生成元ならば，G の生成元となれる元は $\mathrm{GCD}(n, k) = 1$ なる[1])k に対する g^k の形のもので尽くされる．これ以外の元は位数が n の約数となる巡回部分群を生成する．逆に，巡回群の部分群は，それに含まれる位数が最大の元を生成元とする巡回群となる．

実際，$\mathrm{GCD}(n, k) = d > 1$ なら，$(g^k)^{n/d} = (g^n)^{k/d} = e^{k/d} = e$ となり，g^k の位数 $\leq n/d < n$ となるので，g^k は G の生成元ではない．このとき容易に分かるように g^k は位数 n/d の巡回部分群を生成する．

また，$\mathrm{GCD}(n, k) = 1$ なら，$0, k, 2k, \ldots, (n-1)k$ の $\mathrm{mod}\, n$ を取ったも

---

[1]) 記号 $\mathrm{GCD}(n, k)$ は n, k の最大公約数を表すのでした．従ってこれが 1 とは，n と k が互いに素という意味です．

のはすべて異なる元となる (どの二つの差も n で割り切れない) ので，鳩の巣原理により，集合として $1, 2, \ldots, n-1$ と一致し，従って g^k の冪で G のすべての元が表せる．

別法として，第 4 章で示す拡張 Euclid 互除法[2])を使えば，$ak + bn = 1$ なる $a, b \in \mathbf{Z}$ が存在するので，$g^n = e$ と併せて $g = (g^k)^a \cdot (g^n)^b = (g^k)^a \cdot e = (g^k)^a$ となり，これからも g^k が生成元であることが分かる．

最後の主張を示すには，G の生成元 g について，その冪乗で部分群 $H \subset G$ に含まれるもののうち，冪が最小のものを g^a とするとき，H の他の元は g^{ak} の形となることを言えばよい．もし $g^b \in H$, $b = ak + r$ で $0 < r < a$ とすると，$g^r = g^b \circ (g^a)^{-k} \in H$ となり，不合理である．

問 2.8 位数 15 の巡回群の生成元となり得る元はいくつあるか．
問 2.9 位数 24 の巡回群の部分群をすべて挙げよ．
問 2.10 (1) 群 G の二つの巡回部分群の共通部分は巡回部分群となることを示せ．
(2) 位数が互いに素な二つの巡回部分群の共通部分は単位元のみであることを示せ．

2.4 置換群とゲーム

多くのゲームでは，問題の解決に置換群の作用の仕方が決定的な鍵を握っています．ここでいくつかのゲームを紹介しましょう．この種のゲームの本格的な探求には，第 6 章で解説される内部自己同型による軌道の解析が必須です．ゲームに興味がある人は是非そこまで頑張って読み進めましょう．

【15 並べ】 4×4 の正方形の桝目に 1〜15 のコマを詰め，空いている一マスだけを利用してコマを一つずつ移動させながら，指定された配列に帰着させるゲームです (図 2.1)．途中経過についても空白を，例えば右下に置いたものと同一視できるので，適当な方法で盤面の状態を 15 元の順列 (置換) と同一視できます．この順列に対し，コマ移動の基本操作が順列の偶奇を変えないことが確かめられるので，問題が解けるためには初期配列と最終配列の順列の偶奇が一致していることが必要だと分かります．逆にその場合は必ず解けることが，やや面倒だが初等的な考察で証明できます．つまり，このゲームで許される変形はちょうど A_{15} と一致するのです．

---

[2]) この定理は整数だけの性質なので，先取りしても証明が堂々巡りに陥る恐れはありません．

問 2.11* 上で述べたことを確かめよ．また図 2.2 の (b), (c), (d) のいずれが (a) から並べ替え可能か？

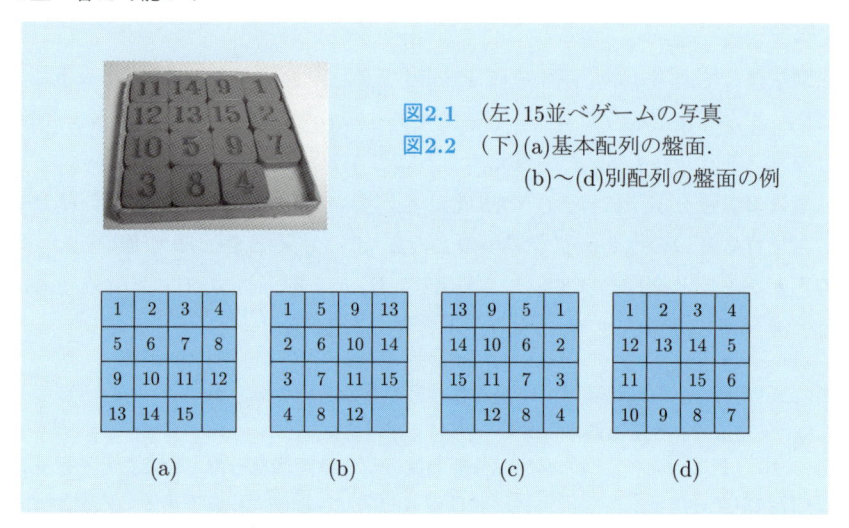

図2.1 （左）15並べゲームの写真
図2.2 （下）(a) 基本配列の盤面．
　　　　　(b)〜(d) 別配列の盤面の例

1	2	3	4
5	6	7	8
9	10	11	12
13	14	15	

(a)

1	5	9	13
2	6	10	14
3	7	11	15
4	8	12	

(b)

13	9	5	1
14	10	6	2
15	11	7	3
	12	8	4

(c)

1	2	3	4
12	13	14	5
11		15	6
10	9	8	7

(d)

【Rubik キューブ】 球殻に可動的にくっついた 26 個の小立方体をでたらめな初期位置から各面が同じ色にそろった状態に帰着させるゲームです（図 2.3 左）．角の立方体は位置を変えずに回転できるので，この問題の群作用は非常に複雑で，1980 年代に大流行し，週刊誌にまでその解法が載ったくらいです．$4 \times 4, 5 \times 5$ のものも発明されました（図 2.3 右）．発明者であるハンガリーの Rubik（ルービック）はこの回転機構の特許で大儲けしたそうです．同時に偽物も大量に出回りました．Rubik キューブに作用している群は非常に複雑ですが，置換群であることには変わりありません．群論を少し知っていると解法の意味が少し理解しやすくなります．

図2.3 左：オリジナル Rubik キューブ，　右：3種の異なるサイズの版

2.4 置換群とゲーム

下図は Rubik キューブの展開図です．実物に触りながらでないと分かりにくいかもしれませんが，キューブの各面の中心のセルは動かないので，動くセルだけに番号を付けました．各面の回転により，その面の 8 個のセルが巡回置換を受けると同時に，その面に接する各面の 3 個のセルが複合置換を受けます．例えば，前面を中心とする時計回りの $90°$ 回転は，$F = (17, 19, 24, 22)(18, 21, 23, 20)(6, 25, 43, 16)(7, 28, 42, 13)(8, 30, 41, 11)$ という，独立な巡回置換の積で表される置換を誘導します．同様にして，図の右に挙げたような置換が許容され，変換の全体はこれらにより生成される S_{48} の部分群となります．この群の位数は $2^{27} 3^{14} 5^3 7^2 11 \doteqdot 4.3 \times 10^{19}$ であることが知られています．

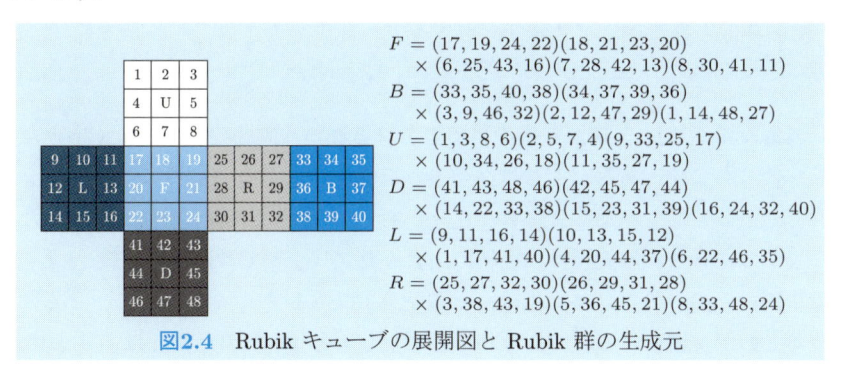

図2.4 Rubik キューブの展開図と Rubik 群の生成元

$F = (17, 19, 24, 22)(18, 21, 23, 20)$
$\quad \times (6, 25, 43, 16)(7, 28, 42, 13)(8, 30, 41, 11)$
$B = (33, 35, 40, 38)(34, 37, 39, 36)$
$\quad \times (3, 9, 46, 32)(2, 12, 47, 29)(1, 14, 48, 27)$
$U = (1, 3, 8, 6)(2, 5, 7, 4)(9, 33, 35, 17)$
$\quad \times (10, 34, 26, 18)(11, 35, 27, 19)$
$D = (41, 43, 48, 46)(42, 45, 47, 44)$
$\quad \times (14, 22, 33, 38)(15, 23, 31, 39)(16, 24, 32, 40)$
$L = (9, 11, 16, 14)(10, 13, 15, 12)$
$\quad \times (1, 17, 41, 40)(4, 20, 44, 37)(6, 22, 46, 35)$
$R = (25, 27, 32, 30)(26, 29, 31, 28)$
$\quad \times (3, 38, 43, 19)(5, 36, 45, 21)(8, 33, 48, 24)$

【Ten Billion】 任天堂が Rubik キューブよりも難しいと唱って売り出したゲームです．内側の筒が 2 段になっていて各段毎に独立に回転し，また全体を上げ下げして一緒に回すと，普通は動かない最上段と最下段の穴の中の玉も移動できるようになっており，これらの操作で玉を移動しながらすべての色を縦にそろえるゲームです (図 2.5)．場合の数が ten billion[3] だけ有るというのがゲームの名称の由来だそうですが，実際に解析してみると，とても Rubik キューブの深さには敵わないようです．ただ，Rubik キューブと違い，色の同じ珠が置換で交換されても状態は変化しないとみなさねばならないので，置換群との対応付けは少し複雑です．(同じことはサイズ 4 以上の Rubik キューブについても言えます．) このゲームの解法は本書のサポートページに載せました．

---

[3] これは billion をイギリス式に解釈しても 10×10^{12} にしかなりませんね．命名者は Rubik 群の位数を知らなかったのでしょう．(^^;

図2.5 Ten Billion

自由課題 1

置換群が基本的に関っている面白そうなゲームを探して来て，その構造を解明せよ．計算機による解法プログラムの作成でもよい．

【あみだくじ】 置換が互換の積で表されるという説明の例で，よくあみだくじが使われます．あみだくじは図のように縦線のところどころにブリッジを入れて，そこで二つの元を交換するものですが，i 番目と $i+1$ 番目にかかったブリッジで定義される置換は，最初に出会ったブリッジでは確かに互換 $(i, i+1)$ ですが，下の方のブリッジでは，その時点で i 番目と $i+1$ 番目にやって来ているものが交換されるので，それは必ずしも i と $i+1$ の互換ではありません．従って数学の表記法でこの変化を追跡するとかなりややこしいものになってしまいますが，計算機でプログラムするときは最も自然な方法で実現できます．すなわち，

(0) 配列 a[1],...,a[n] を用意する．
(1) 初期値 a[1] = 1,...,a[n] = n をセットする．
(2) ブリッジに出会う毎に，その時点での a[i] の内容と a[i + 1] の内容を交換 (swap) する．

上の方からブリッジに $1, \ldots, N$ と番号を付け (上下関係にない独立したブリッジは左から右へ番号を振る)，k 番目のブリッジは b_k と $b_k + 1$ の間に掛かっているものとします．毎度の交換が一対一写像になっていることは明らかなので，k 番目のブリッジまでを処理した結果は，ある置換 σ_k となっています．この

2.4 置換群とゲーム

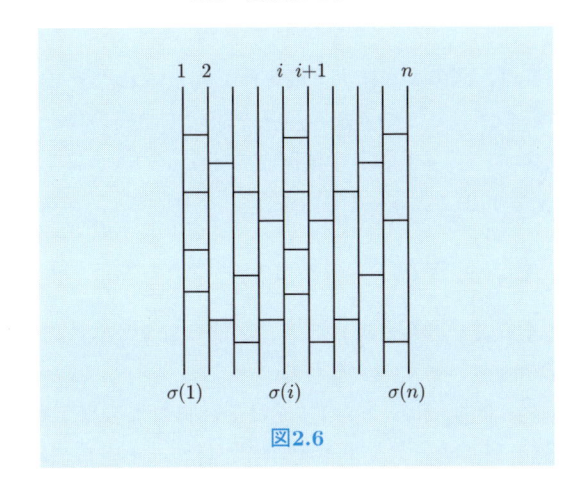

図2.6

置換も i がどの位置に行くかを表すと考えるのと，i 番目には何が来ているかと考えるのとで，互いに逆になりますが，今は上のプログラムに沿って，後者だと考えると，このとき a[i] の内容は $\sigma_k(i)$ と表すことができます．この状態で i と $i+1$ に架かっているブリッジが引き起こす互換，すなわち，この時点での a[i] と a[i+1] の swap は，$(\sigma_k(i), \sigma_k(i+1))$ という互換を引き起こします．よってあみだくじの結果は，

$$\sigma_0 = id, \quad \sigma_{k+1} = (\sigma_k(b_k), \sigma_k(b_k+1)) \circ \sigma_k,$$
$$k = 0, 1, \ldots, N \quad (\text{置換は右から左に作用する})$$

により帰納的に定義されます．かなりややこしいですが，一応互換の積にはなっていることが帰納法で容易に確かめられます．(他の実装法については 💻)

なお，任意の置換が隣り合うペアの互換の積だけで実現可能であることは，既に補題 2.3 の証明中で紹介したバブルソートに関連して注意しました．あみだくじで任意の置換を実現するには，まず下にその置換を記し，それを整列するような互換に対応するブリッジを下の方から順番に架けてゆけばよい．

【組み紐群】 組み紐群 (braid 群) は著名な整数論研究者 E. Artin が 1926 年に論文で発表したもので，後に位相幾何や理論物理等で重要な役割を演ずることが分かり，深く研究されてきました．今のところゲームにはなっていないようですが[4]，そのうち面白いゲームが登場することを期待して，ここに置い

---

[4] コンピュータゲームとしては存在するそうです．

ておきます．

　n 次の組み紐群は，図のように上下端を枠で固定された n 本の紐の絡み変形の成す群です．群の演算は二つの組み紐系を繋げて中間の枠を取り去ったものとして定義されます．$i, i+1$ 番目の隣同士の紐を正の向きに 1 回ねじって交差させる変形 $\sigma_i, i = 1, 2, \ldots, n-1$ が生成元となり，

$$\sigma_i \sigma_j = \sigma_j \sigma_i \ (|i-j| \geq 2), \quad \sigma_i \sigma_{i+1} \sigma_i = \sigma_{i+1} \sigma_i \sigma_{i+1} \ (1 \leq i \leq n-2)$$

が基本関係であることが知られています．図から分かるように，組み紐群 B_n の元は S_n の元を誘導します．すなわち，$\varphi : B_n \to S_n$ という自然な写像があります．しかし，置換では，σ_i の逆元はそれ自身なのに，組み紐としては，σ_i^2 は，紐の始点と終点の番号が同じというだけで，2 回ねじれてしまいます．φ の核は K_n と書かれます．これは，すべての紐の始点と終点が上蓋と下蓋で一致しているようなものより成るので，上下をつないで閉じた輪の絡み目の群 (pure braid group) とみなせます．

　組み紐群は Artin により語の問題の (1) (2.1 節) が既に解かれているという意味で，アルゴリズム的に注目されます (6.2 節のティータイム参照).

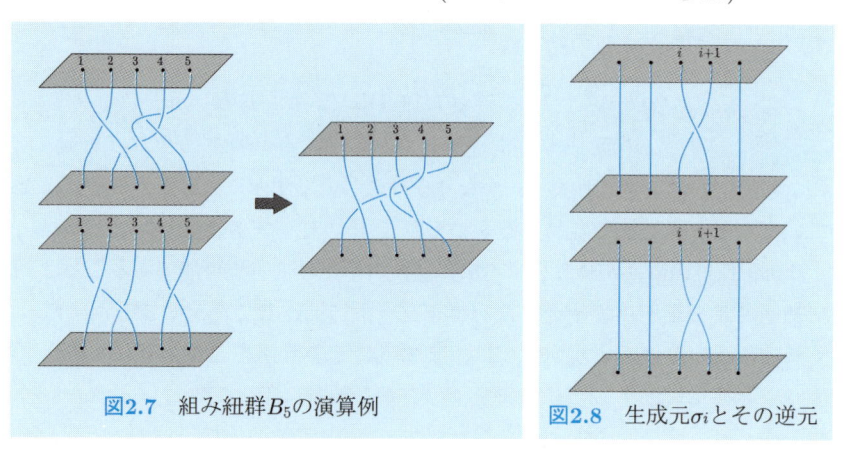

図2.7　組み紐群 B_5 の演算例

図2.8　生成元 σ_i とその逆元

問 2.12 図 2.7 の演算を確かめよ．また，これが φ により S_5 のどういう演算に写像されるかを述べよ．

第 3 章

群の作用と対称性

　この章では群が制御する対称性の話をします．純粋数学と応用とを問わず，群の最大の意義の一つは，その作用による対称性の記述です．群が簡単でも，その作用が表現する対称性は自明とは限りません．ここでまず，今まで適当に使ってきた**群の作用** (group action) の意味を明確化しましょう．

> **定義 3.1** (群の作用)
>
> 集合 X への群 G の作用とは，G の各元に X からそれ自身への写像が対応しており，それが次の公理を満たすもののことを言う：
> (1) 単位元 $e \in G$ は恒等写像に対応する．
> (2) $\forall f, g \in G, \forall x \in X$ に対し $g(f(x)) = (g \circ f)(x)$

　一言で言えば，群の作用とは，群から集合の変換群 (一対一写像の成す群) への準同型です．2.3 節で述べた有限群の置換表現も，群 G の "集合" G へのこの意味での作用の例となっています．

■ 3.1 群が表す対称性

　1 番小さな群は単位元だけの群で，さすがにこれだけは対称性に寄与しませんが，2 番目に小さな群は位数 2 の加法群 $\mathbf{Z}_2$，あるいはこれと同型な乗法群 $\{\pm 1\}$ で，その作用は既に十分な意義を持ちます．

例 3.1　乗法群 $\{\pm 1\}$ の平面への作用は，例えば $(x, y) \mapsto (-x, y)$ という y 軸に関する鏡映として実現されます．この作用で不変な図形は (y 軸を対称軸とする) **線対称**な図形に他なりません (図 3.1)．

例 3.2　正 n 角形は，左右対称になるように置いたとき，y 軸に関する鏡映 τ と，中心のまわりの $360/n$ 度の回転 σ に関して不変です．この二つから，正 n 角形の対称移動群である位数 $2n$ の **2面体群** D_n (dihedral group) が生成さ

れます．この事実は，正 n 角形の頂点に番号を振り，それがどこに行くかを見れば分かります．(これから，D_n の置換群としての表現も得られます．) 図 3.2 に正 5 角形と正 6 角形の例を示しましたが，一般に，

$$D_n = \{e, \sigma, \sigma^2, \ldots, \sigma^{n-1}, \tau, \tau\sigma, \tau\sigma^2, \ldots, \tau\sigma^{n-1}\}$$

です．図から容易に分かるように，$\tau\sigma = \sigma^{-1}\tau$ という関係があり，これと $\tau^2 = e$，$\sigma^n = e$ を合わせたものが D_n の基本関係式です．

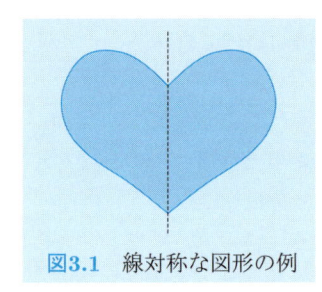

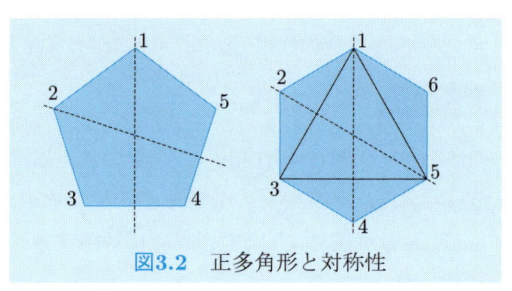

図3.1 線対称な図形の例　　**図3.2** 正多角形と対称性

D_n は基本的な群の例としてよく引用されますが，実は n が偶数で，かつ $n/2$ が奇数の場合は，本質的に $D_{n/2}$，すなわち正 $n/2$ 角形の対称性に帰着します．実際，正 6 角形の図で見ると分かるように，まず部分群 $\{e, \sigma^2, \sigma^4, \ldots, \sigma^{n-2}, \tau, \tau\sigma^2, \tau\sigma^4, \ldots, \tau\sigma^{n-2}\}$ が内接正 $n/2$ 角形を集合として不変にし，$D_{n/2}$ と同型な群となることが分かります．(以下，この部分群も $D_{n/2}$ で表すことにします．) $n/2$ が奇数なので，$\sigma^{n/2}$ はこの部分群には属さず，内接正 $n/2$ 角形を上下に対称の位置に動かすものですが，D_n の残りの元はこれと上の部分群の元との積としてすべて得られます．関係 $\tau\sigma = \sigma^{-1}\tau$ の右から σ を掛け，この関係式を適用すると，$\tau\sigma^2 = \sigma^{-1}\tau\sigma = \sigma^{-2}\tau$．以下この操作を繰り返し，$\sigma^n = e$ より得られる等式 $\sigma^{-n/2} = \sigma^{n/2}$ に注意すると，遂に $\tau\sigma^{n/2} = \sigma^{-n/2}\tau = \sigma^{n/2}\tau$ が得られるので，$\sigma^{n/2}$ は部分群 $D_{n/2}$ のすべての元と可換となり，従って

$$D_n \cong D_{n/2} \times C_2$$

という構造をしていることが分かります．ここで，C_2 は $\sigma^{n/2}$ が生成する 2 次の巡回群であり，記号 $\times$ の正確な意味は次の通りです：

定義 3.2 (直積)

二つの群の**直積** (direct product) とは，集合としての直積[1]） $G \times H := \{(a,b) \mid a \in G, b \in H\}$ に

$$(a_1, b_1) \circ (a_2, b_2) = (a_1 a_2, b_1 b_2)$$

という自然な演算を入れることにより得られる第 3 の群のことを言う．

ここで，第 1 成分の積は G のそれ，第 2 成分の積は H のそれです．$G \times H$ の単位元は (e_G, e_H)，また (a,b) の逆元は (a^{-1}, b^{-1}) であることが容易に確かめられるでしょう．こうして得られる群 $G \times H$ は，G に同型な部分群 $G \times \{e_H\}$，および H に同型な部分群 $\{e_G\} \times H$ を含み，それらの元相互の積は可換となっています．

n がこれ以外の値のときにも，D_n は位数 n の部分群と位数 2 の部分群から構成されていますが，その関係は上のように単純ではなく，少しねじれています．そのような構成の仕組みは第 6 章で取り上げます．

問 3.1 2 面体群 D_3, D_4, D_5, D_6 の置換群による表現を求めよ．

例 3.3 正 n 面体群 P_n は正 n 面体の対称移動群です．3 次元の空間では，凸な**正多面体**は $n = 4, 6, 8, 12, 20$ の五つしかないことが，既にギリシャ時代に Platon（プラトン）により証明されていました (図 3.3)．頂点と面を交換する双対性により，正 6 面体群と正 8 面体群，正 12 面体群と正 20 面体群はそれぞれ一致します．従って普通は**正 4 面体群** (tetrahedral group)，**正 8 面体群** (octahedral group)，**正 20 面体群** (icosahedral group) という名前を使います．いずれも回転だけのもの (空間の向きを保つ変換) と鏡映も許すものとが考えられますが，それぞれ次のようになることが知られています

面の数	回転のみの群	鏡映込みの群
4	A_4	S_4
8	S_4	$S_4 \times C_2$
20	A_5	$A_5 \times C_2$

---

[1]） 集合の直積は，数理基礎論などで習ったと思いますが，この式が定義です．平面を $\mathbf{R}^2 = \mathbf{R} \times \mathbf{R}$ とみなし，その点を二つの実数の対 (x,y) で表すことを考えついた DesCartes（デカルト）を記念して **DesCartes 積** (cartesian product) とも呼ばれます．

図3.3 正多面体と双対性

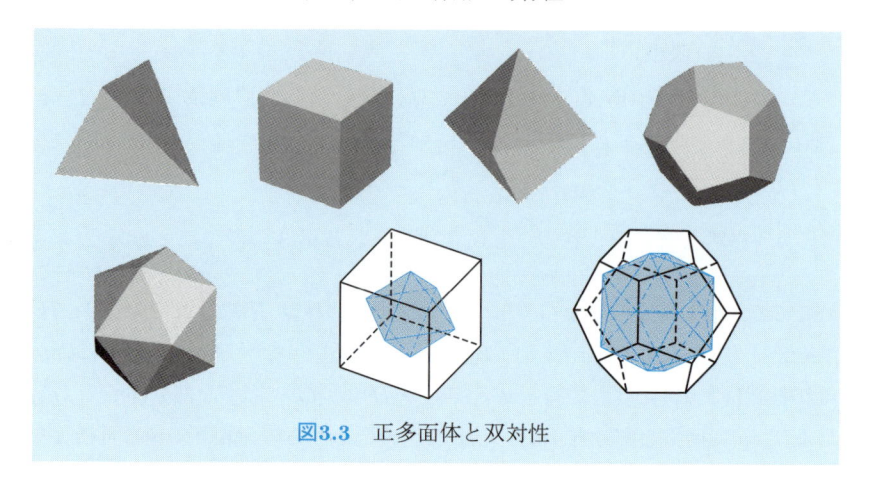

問 3.2 (1) 正4面体の対称性の群を鏡映を含む場合と含まない場合に分けて，それぞれ求めよ．
(2) 立方体を (集合として) 不変にする運動の全体 (鏡映は含めない) は S_4 に同型な群を成すことを示せ．

例 3.4 (無限次元の空間への作用の例) $\mathbf{R}$ 上の関数 $f(x)$ への乗法群 $\{\pm 1\}$ の作用は $\pm 1: f(x) \mapsto f(\pm x)$．この作用で不変な f は**偶関数**．また**相対不変性** $f(\pm x) = \pm f(x)$ を持つ f は**奇関数**と呼ばれ，一般の関数 f はこれらの和で表されます：
$$f(x) = \frac{f(x) + f(-x)}{2} + \frac{f(x) - f(-x)}{2}$$
(右辺の第1項が偶関数，第2項が奇関数となることを確かめてください.) つまり関数空間がこの群作用に関する固有空間に分解されるのです．群の無限次元空間への作用の研究は，表現論と呼ばれる解析学の一分野を成しています．

例 3.5 無限次元の作用のもう一つの例として，$\mathbf{R}^3$ 上の関数 $f(\boldsymbol{x})$ への直交群 $O(3)$ の作用を考えます．行列 $A \in O(3)$ の作用は $(Af)(\boldsymbol{x}) := f({}^t A \boldsymbol{x})$ で定めます．転置をとったので，$((AB)f)\boldsymbol{x}) = f({}^t B {}^t A \boldsymbol{x}) = (A(Bf))(\boldsymbol{x})$ となり，作用の公理が満たされるのです．この作用で不変な関数は**球対称** (spherically symmetric) あるいは**回転対称** (rotationally symmetric) と呼ばれます．

問 3.3 直交群 $O(n)$ の作用で不変な n 変数多項式は，ある1変数多項式 $f(t)$ により $f(x_1^2 + \cdots + x_n^2)$ と表されるものに限られることを示せ．

3.2 幾何学と群

幾何学と群の関係に初めて言及したのは Felix Klein (1849–1925) です．彼によれば，幾何学とは，ある群によって不変な性質を研究する学問です．例えば，

> **アフィン幾何**：アフィン変換群，すなわち，一般線形群と平行移動の作用で不変な図形の性質を研究する幾何学です．
> **Euclid 幾何**：Euclid の運動群，すなわち，回転・鏡映と平行移動で不変な図形の性質を研究する幾何学です．これは三角形の合同に基づく中学以来の伝統的な幾何学のことです．
> **射影幾何**：射影変換群，すなわち，アフィン変換と投影で不変な図形の性質を研究する幾何学です．コンピュータグラフィックスでは主役を演じます．

Euclid 幾何の座標変換は，長さと角度を変えません．三角形は合同な三角形に写ります．2 次曲線の主軸は保たれます：楕円の長径・短径の長さは不変で，従って楕円の形も大きさも変わりません．(Euclid 幾何でも相似変換を使うことがありますが，その場合は形は不変で大きさだけが変わります．)

アフィン変換は一般の線形変換を使うので，長さも角度も自由に変えられます．三角形は他のどんな三角形にでも変えられます．しかし三角形が四角形になることはありません．それは，直線が直線に写り，二つの直線が正の角度で交わっているという事実がアフィン変換で保たれるからです．また，楕円は長径・短径が自由に変えられるので，みんな円に変換できてしまいます．しかし楕円が放物線や双曲線になることはありません．それは，2 次形式の符号数が線形変換で不変 (Sylvester の慣性律) だからです．

Euclid 幾何は 3 次元のものもあります．要するに，直交群 $O(3)$ の作用と平行移動で不変な性質を研究する幾何です．昔はこれを立体幾何として教えていました．Platon の定理を現代風に言い換えると，"$O(3)$ の部分群で位数有限なものは，2 面体群と正多面体群に限られる"ということになります．

平面射影幾何学は，普通のアフィン平面に無限遠直線をくっつけた"射影平面"において図形の性質を調べるものです．アフィン変換は無限遠直線を図形として動かさないような射影変換の特別なもので，一般の射影変換は無限遠直

線を有限の直線に変換できます．その代表的なものが投影です．射影幾何では，2次曲線は区別されず，すべて円に変換できます．

無限遠点も含めた射影平面の点を厳密に表現するのに，同次座標と呼ばれる三つの成分の組 $(\xi, \eta, \zeta) \neq (0, 0, 0)$ が用いられます．ただし，

$$\lambda \neq 0 \text{ なら } (\xi, \eta, \zeta) \sim (\lambda\xi, \lambda\eta, \lambda\zeta)$$

とみなされます．この2項関係 $\sim$ は同値関係となり，それによる同値類が射影平面の点の正確な定義です．同次座標では直線の方程式は $a\xi + b\eta + c\zeta = 0$ という1次同次式となり，特に無限遠直線は $\zeta = 0$ です．無限遠直線に含まれない点は $\zeta \neq 0$，従って一斉に $1/\zeta$ を掛けて，$(\xi/\zeta, \eta/\zeta, 1) \leftrightarrow (\xi/\zeta, \eta/\zeta) \in \mathbf{R}^2$ というアフィン平面の点と同一視できます．平面射影変換群 $PGL(3, \mathbf{R})$ の元は

$$\begin{pmatrix} \xi \\ \eta \\ \zeta \end{pmatrix} \mapsto \begin{pmatrix} a & b & e \\ c & d & f \\ h & k & g \end{pmatrix} \begin{pmatrix} \xi \\ \eta \\ \zeta \end{pmatrix}$$

という3次の正則行列で表現されますが，全体に0でない定数を掛けても同じ変換を与えるので，$PGL(3, \mathbf{R}) = GL(3, \mathbf{R})/\mathbf{R}^\times$ となります．ここに，$/\mathbf{R}^\times$ は $\mathbf{R}^\times$ の元を成分に一斉に掛けたものを同一視するという意味 (同値関係による商集合) で，次章で学ぶ商群の例です．アフィン変換はこの特別な場合で，

$$\begin{pmatrix} X \\ Y \end{pmatrix} = \begin{pmatrix} a & b \\ c & d \end{pmatrix} \begin{pmatrix} x \\ y \end{pmatrix} + \begin{pmatrix} e \\ f \end{pmatrix} \iff \begin{pmatrix} X \\ Y \\ 1 \end{pmatrix} = \begin{pmatrix} a & b & e \\ c & d & f \\ 0 & 0 & 1 \end{pmatrix} \begin{pmatrix} x \\ y \\ 1 \end{pmatrix}$$

と解釈されます．CG では最後の形の3次行列がアフィン変換や Euclid 変換の表現としてよく用いられます．

無限遠の点は $(\xi, \eta, 0)$ という同次座標で表され，計算上は有限アフィン平面の点と全く同様に取り扱われますが，直感的に言えばこれは有限アフィン平面から眺めて (ξ, η) 方向にある無限遠点を表しています．

問 **3.4** 菱形 $\{|x| + 2|y| \leq 1\}$ を（集合として）不変にする線形写像の成す群を決定せよ．また，同じくこれを不変にするアフィン写像の成す群を決定せよ．写像を射影変換に一般化したとき，群は更に大きくなるか？

幾何学は 19 世紀以降に豊かな発展をしたので，Klein の基準通りに，群がすべての幾何学を完全に統制できるという訳ではありませんが，どんな幾何学においてもそれが対象とする幾何構造を不変にするような変換群が重要である

ことは間違いありません．

　古典的な幾何学で扱われる変換群は，それが働く集合の任意の点を任意の点に写すような群の元が存在するという性質を持っています．これを群の作用が**推移的** (transitive)，あるいは**可移**であると言います．更に進んで，任意に指定した n 個の点の列を，任意に指定した他の n 個の点の列に写すような元が存在するという，n 重可移性を持つことが多い．例えば，アフィン群や射影変換群は平面に 2 重可移に作用しています．実は一般の位置にある 3 点を一般の位置にある 3 点にも写せるのですが，3 点が共線の場合には条件がついてしまうので，3 重可移ではありません．

　また，作用する群にどのくらいの無駄が有るかを見るための量として，群 G が作用する集合 X の点 x に対し，

$$G_x := \{g \in G \mid gx = x\} \tag{3.1}$$

で，x の**等方群** (isotropy group) または**固定群** (stabilizer) と呼ばれるものを定義します．(3.1) が G の部分群となることは作用の公理から明らかですね．

■ 3.3 基本領域と繰り返し図形

　2 次元線形空間 $\boldsymbol{R}^2$ を加法群とみなしたものの離散部分群で，$\boldsymbol{R}$ 上一次独立な二つのベクトル $\boldsymbol{\omega}_1, \boldsymbol{\omega}_2$ により生成される加法群

$$\varGamma := \boldsymbol{Z}\boldsymbol{\omega}_1 + \boldsymbol{Z}\boldsymbol{\omega}_2 = \{n_1\boldsymbol{\omega}_1 + n_2\boldsymbol{\omega}_2 \mid n_1, n_2 \in \boldsymbol{Z}\} \tag{3.2}$$

を考えます．このような集合は平面の**格子**と呼ばれ，$\boldsymbol{\omega}_1, \boldsymbol{\omega}_2$ はこの格子の基底と呼ばれます．この群は平面図形に作用し，ある基本図形 D をその元で写したものの全体 $D + n_1\boldsymbol{\omega}_1 + n_2\boldsymbol{\omega}_2, n_1, n_2 \in \boldsymbol{Z}$ は平面の繰り返し模様を形成します．特に，D をうまく選ぶと，繰り返し模様が平面を隙間無く，かつ重ならずに埋め尽くすようにできます．このときの基本図形 D は，加法群 $\boldsymbol{R}^2$ の離散部分群 $\varGamma$ による剰余類の代表元の集まりとなっています．すなわち[2]，

$$\forall \mathrm{P} \in \boldsymbol{R}^2, \ \exists 1 \ \mathrm{Q} \in D \ \text{s.t.} \ \mathrm{P} \in \mathrm{Q} + \varGamma \ (\iff \ \mathrm{P} - \mathrm{Q} \in \varGamma)$$

---

[2] 次の式の ∃1 は "ただ一つ存在する" という意味で数学者がよく使う記号ですが，"1 が存在する" のと紛らわしいので，"∃!" と書く人も多いようです．

このような D を離散部分群 $\varGamma$ の **基本領域** (fundamental domain) と呼びます.

ところで，格子 (3.2) を作るのに，もとの $\boldsymbol{\omega}_1, \boldsymbol{\omega}_2$ 以外にも，基底の取り方はいろいろあります．ただし，線形空間の基底なら一次独立なだけでよかったのですが，今は，新しい基底 $\boldsymbol{\omega}_1', \boldsymbol{\omega}_2'$ は古い基底と同じ格子点を生成しなければなりません．このための条件は，これらが互いに整数係数の行列で変換できること，

$$[\boldsymbol{\omega}_1, \boldsymbol{\omega}_2] = [\boldsymbol{\omega}_1', \boldsymbol{\omega}_2']S, \qquad [\boldsymbol{\omega}_1', \boldsymbol{\omega}_2'] = [\boldsymbol{\omega}_1, \boldsymbol{\omega}_2]T, \qquad S, T \in M(2, \boldsymbol{Z})$$

従って，$ST = TS = E$ だから，$\det S = \det T = \pm 1$ が必要十分条件であることが余因子行列の理論から分かります．特に，平面の向きを変えないものは，ユニモデュラー群 $SL(2, \boldsymbol{Z})$ による変換であることが分かります．

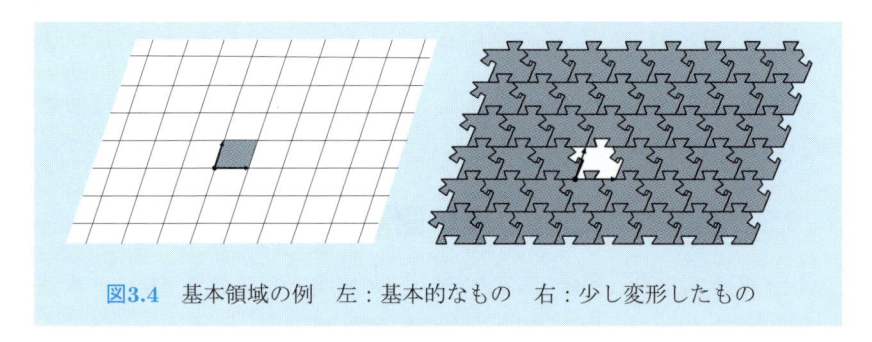

図3.4 基本領域の例　左：基本的なもの　右：少し変形したもの

ティータイム　**格子基底縮小と暗号解読**

　格子は平面だけでなく，一般次元の空間 $\boldsymbol{R}^n$ でも考えることができます．暗号解読は，しばしば，超高次元の連立 1 次方程式で定義された格子の小さな解を求める問題に帰着されます．一般に既知の格子からなるべく短いベクトルより成る基底を求める問題を格子基底縮小と言いますが，n が非常に大きくなると，そう簡単ではありません．Lenstra-Lenstra-Lovasz は，与えられた基底から，最良ではないかもしれないが，非常に短いベクトルより成る基底を多項式時間で作り出すアルゴリズムを見出しました．これは，線形代数程度の内容ですが適用範囲が広く，LLL アルゴリズムと呼ばれ，暗号解読の一手法としても利用されています．

3.3 基本領域と繰り返し図形

Γ にいくつかの回転や鏡映を含めてユークリッドの運動群の離散部分群にまで範囲を広げると，模様は更に複雑にできます．この種の群の作用は，前節で述べた推移的な場合とは対照的に，平面をこの群の作用では互いに推移できないような点を集めた部分集合に分割します．ある一つの点の群作用による移動先の全体 $\{gx \mid g \in \Gamma\}$ を Γ による**軌道** (orbit) と呼びます．各軌道から一つずつ代表元を取ってきて作った部分集合が一般の基本領域の定義です．万華鏡というおもちゃは，6 枚の鏡による鏡映の合成として，このようなパターンの例を実現したものです．

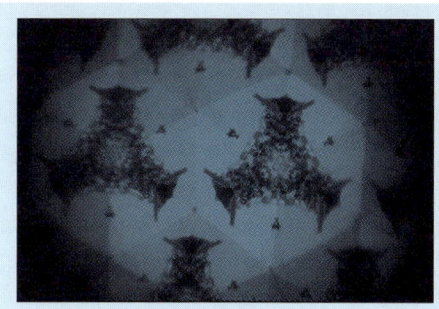

図3.5 万華鏡の外観(左)とその中を覗いたところ(右)

位相数学を学んだ人のために，ここで使っている離散という言葉の定義を少し精密化しておきましょう．$\mathbf{R}^2$ のように位相を持った集合 X の部分集合 Γ が離散的とは，Γ が X の中に集積点を持たないことです．(世の中では，自然数 (の部分集合) と一対一に対応付けられるものを離散的ということも多いのですが，ここでの意味はそれとは異なります．) 群 G の位相空間 X への作用が離散的であるとは，任意の点対 $x, y \in X$ に対し，それぞれの適当な近傍 $U \ni x, V \ni y$ で，$g(U) \cap V \neq \emptyset$ となる $g \in G$ の個数が有限個となるようなものが存在することを言います．X が $\mathbf{R}^2$ のような距離空間のときは，この条件は，
(1) $\forall x \in X$ について，x の固定群 $\{g \in G \mid gx = x\}$ が有限群．
(2) $\forall x \in X$ について，x の軌道 $\{gx \mid g \in G\}$ が X の離散部分集合．
の二つが成り立つことと同値になります．このことを，G は X の**離散変換群**であるとも言います．

平面の回転で平面 $\mathbf{R}^2$ に離散的に作用するものは 2π の整数分の一なら何でもよいので，このようなパターンは無限に有りそうに見えますが，不思議なこ

とに，平面の敷き詰め模様で使える回転角は $2\pi/n, n = 1, 2, 3, 4, 6$ の 5 種類に限られることが簡単な初等幾何学的考察から分かります (W. Barlow の定理)．これと鏡映を合わせても 10 種類だけ，さらにこれと組合せ可能な平行移動との対の総数でもたった 17 種類しかないのです．次はその 17 種に対応する模様です．すなわち，平面のどんな繰り返し模様も基本的にこれらのどれかと同じ構造をしているのです．このような模様は特にアラビア人が好んだもので，グラナダのアルハンブラ宮殿には 17 種のすべてが装飾に使われているそうです．

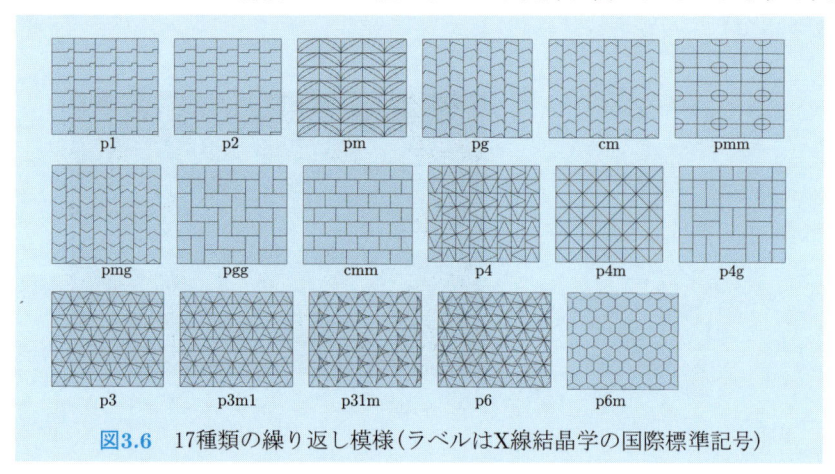

図3.6 17種類の繰り返し模様(ラベルはX線結晶学の国際標準記号)

同じような構造は 3 次元でも考えられ，一般に結晶構造を持つ物質として自然界でも頻繁に観察されるものです．対応する離散群は結晶群と呼ばれます．(3 次元では回転群の有限部分群で平面の回転に縮退しないものは 3 種類しか無いのでしたが，無限に存在する 2 面体群と組み合わせると 32 種類，さらに平行移動と組み合わせた，いわゆる空間群になると実に 230 種類も存在することが知られています．)

問 3.5 複素数の加法群の部分群 $\{a + b\sqrt{-5} \mid a, b \in \mathbf{Z}\}$ の複素平面への自然な作用における基本領域を一つ示せ．

問 3.6 2 面体群の一つ D_6 を平面に自然に作用させたときの平面の点 $(1, 0)$ の軌道を示せ．

問 3.7* 図 3.6 の各パターンについて，どんな群が作用しているか調べてみよ．

問 3.8* (1) $SL(2, \mathbf{R})$ は，行列 $\begin{pmatrix} a & b \\ c & d \end{pmatrix}$ に対応して定まる 1 次分数変換 $z \mapsto \dfrac{az + b}{cz + d}$ により，複素上半平面 $\mathbf{H} := \{z \in \mathbf{C} \mid \operatorname{Im} z > 0\}$ に推移的に作用することを示せ．また，$i \in \mathbf{H}$ の固定群は何か？

(2) $SL(2,\boldsymbol{R})$ の離散部分群 $SL(2,\boldsymbol{Z})$ は $\boldsymbol{H}$ に離散的に作用することを示し，その基本領域として，
$$\left\{z\in \boldsymbol{H} \;\middle|\; \text{``}-\frac{1}{2}<\operatorname{Re}z<0, |z|>1\text{''}, \text{ または ``}0\leq \operatorname{Re}z\leq \frac{1}{2}, |z|\geq 1\text{''}\right\}$$
が取れることを示せ．[この領域の図は解答を参照．]

ティータイム　Penrose タイル

R. Penrose という風変わりな物理研究者が 1974 年に基本領域の群作用による繰り返しでは得られない，周期性の無い模様で平面が埋め尽くせることを発見しました．このパターンは一見 5 重の対称性を持つように見えますが，正 5 角形では平面を敷き詰められないので，周期的では有り得ません．単なる数学的な遊びだと思われていたこのようなパターン構造が 1984 年に実際の物質で発見され，一躍有名になりました．このような構造は一般に準結晶と呼ばれています．自然界にこういうものが生ずるのは実に不思議なことです．

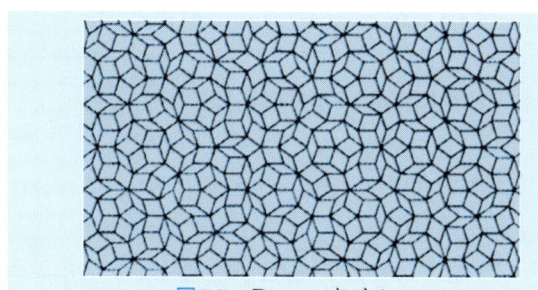

図3.7　Penroseタイル

3.4　対称式・交代式

置換群は n 変数多項式環，あるいは n 変数有理関数体に変数 $x_1,\ldots,x_n$ の添え字の置換として作用します．例えば，多項式 $f(x_1,\ldots,x_n)$ への置換 σ の作用は，
$$f(x_1,\ldots,x_n)\mapsto (\sigma f)(x_1,\ldots,x_n):=f(x_{\sigma(1)},\ldots,x_{\sigma(n)})$$
すべての置換により (i.e. 対称群の作用で) 不変な多項式を**対称式**と呼びます．また，置換の作用で高々符号だけを変えるものを**交代式**と呼びます．ただ

し，交代式というときは対称式は省くので，群の作用の公理を考えると結局次のような式を満たすことになります．

$$(\sigma f)(x_1,\ldots,x_n) = \operatorname{sgn}\sigma\, f(x_1,\ldots,x_n) \tag{3.3}$$

その証明には有限群論の知識がもう少し必要になるので，次の章まで保留し，今は (3.3) を交代式の定義としておきましょう．すなわち，交代式とは，偶置換で変わらず，奇置換で符号だけ変わるようなもののことです．

対称式の代表例：基本対称式

$$s_1 := x_1 + \cdots + x_n, \quad s_2 := x_1 x_2 + x_1 x_3 + \cdots + x_{n-1}x_n, \quad \cdots,$$
$$s_n := x_1 x_2 \cdots x_n \qquad \text{一般に} \quad s_k := \sum_{1\leq i_1 < i_2 < \cdots < i_k \leq n} x_{i_1} x_{i_2} \cdots x_{i_k}$$

交代式の代表例は**差積**です：

$$\Delta(x_1,\ldots,x_n) := \prod_{1\leq i<j\leq n}(x_i - x_j) = (x_1-x_2)(x_1-x_3)\cdots(x_1-x_n)$$
$$\times (x_2-x_3)\cdots(x_2-x_n)$$
$$\cdots\cdots\cdots$$
$$\times (x_{n-1}-x_n)$$

差積を用いると，置換の偶奇が互換への分解の仕方によらずに確定することが簡単に分かるのでした．実際，まず，差積に互換を作用させると符号が変わることが容易に確かめられます．例えば今 $i<j$ としたとき，(i,j) の作用で変化する因子は $x_i - x_j$ 自身と，それに $i<k<j$ なる添え字 k に対する $x_i - x_k$ と $x_k - x_j$ ですが，後者はこの互換により二つずつ対で符号が変わるので打ち消し合い，結局全体の符号変化は $x_i - x_j$ が $x_j - x_i$ に逆転した分 -1 だけとなります．一般の置換 σ の作用による差積の変化は，σ を互換の積に直して符号変化の回数，すなわち分解における互換の個数を調べれば分かりますが，どんな分解を用いたにせよ，σ を差積に施した結果は一定のはずなので，符号は確定，従って互換の個数の偶奇は一定でなければなりません．

一般の対称式の構造を調べるため，ここで多項式のことを復習しておきましょう．多項式とは単項式の和なのでこう呼ばれるのでした．$x_1,\ldots,x_n$ の**単項式**は $x_1^{\alpha_1}\cdots x_n^{\alpha_n}$ の形の式に係数が付いたものです．$|\alpha| := \alpha_1 + \cdots + \alpha_n$ をこの単項式の次数と呼ぶのでした．m 次の多項式 $f(x)$ は，m 次の項，$m-1$

次の項,…, 1 次の項, 0 次すなわち定数項の和に分解されます. これらを f の**同次部分**と呼びます. 置換群の多項式への作用は明らかに単項式の次数を変えないので, その作用は各同次部分に対して独立に働きます. 特に f が対称式であるためには, その各同次部分が対称式であることが必要かつ十分です.

定理 3.1 (対称式の基本定理)

任意の対称式は基本対称式の多項式として表される.

証明 今, m 次の対称多項式 $f(x)$ が与えられたとする. 上に注意したことと, 基本対称式はすべて同次式であることから, f は m 次同次, すなわち, f に含まれるすべての単項式が m 次である, と仮定して証明すれば十分である. 今, 係数は無視して, m 次の単項式たちの間に次のような指数の**辞書式順序**を入れる:

$$x_1^{\alpha_1}\cdots x_n^{\alpha_n} \succ x_1^{\beta_1}\cdots x_n^{\beta_n}$$
$$\iff \exists i \text{ について } \alpha_1=\beta_1,\ldots,\alpha_{i-1}=\beta_{i-1}, \alpha_i>\beta_i \text{ となる}$$

f に含まれるこの順序で最大の項を $c_\alpha x_1^{\alpha_1}\cdots x_n^{\alpha_n}$ とする. f は対称式だから, このときは必ず $\alpha_1 \geq \alpha_2 \geq \cdots \geq \alpha_n$ となっているはずである. (実際, もしこの順序がひっくり返っている項が f に含まれたら, 対称性によりそれを上のような順序に置換した項も f に含まれていなければならないから.) そこで今,

$$g(x) = f(x) - c_\alpha s_1^{\alpha_1-\alpha_2} s_2^{\alpha_2-\alpha_3} \cdots s_{n-1}^{\alpha_{n-1}-\alpha_n} s_n^{\alpha_n}$$

を考えると, これも対称式となり, しかも g に含まれる単項式の順序最大のものは f のそれより小さくなっている. 実際, f の順序最大の項は打ち消されており, また引き算した式を展開して出て来る単項式のこれ以外のものは x_1 の含まれる個数が明らかに α_1 より小さいからである. なお, 引き算している式の次数は

$$(\alpha_1-\alpha_2)+2(\alpha_2-\alpha_3)+\cdots+(n-1)(\alpha_{n-1}-\alpha_n)+n\alpha_n = \alpha_1+\cdots+\alpha_n$$

で, f の次数と等しいことに注意せよ. この操作を繰り返せば, 有限の手続きで項が無くなる. よって途中で引き算した基本対称式の単項式を加え合わせたものは f と一致する. □

この手続きは，実際に与えられた対称式を基本対称式で表すアルゴリズムを与えていることに注意しましょう．もちろん，手で計算する場合は，与えられた f によってはこれよりもっと効率のよい方法があるかもしれません．

例 3.6 $x_1^2 + x_2^2 + \cdots + x_n^2 = s_1^2 - 2s_2$, $\quad x_1^3 + x_2^3 + \cdots + x_n^3 = s_1^3 - 3s_1s_2 + 3s_3$ ($n=2$ のときは最後の項は不要).

問 3.9 対称式 $x_1^4 + x_2^4 + \cdots + x_n^4$ を基本対称式で表せ．ただし，$n \geq 2$ とする．[$n=2,3$ のときは例外処理が生ずる．]

系 3.2 任意の交代式は対称式と差積の積として表される．

何者，行列式の性質 (参考文献 [3]) としても論じたように交代式は $\forall i \neq j$ について $x_i = x_j$ と置くと 0 となるので，因数定理により $x_i - x_j$ で割り切れる．従って差積で割り切れる．商はもはや変数の置換で変わらないので，対称式である．

【行列式への応用例】 対称式と交代式の基本定理は，この性質を持つ文字成分の行列式を要領よく計算するのによく使われます．線形代数の復習になってしまうので，ここでは，後でよく出て来る次の一例だけにとどめましょう．

例 3.7 Vandermonde の行列式

$$\begin{vmatrix} 1 & 1 & \cdots & 1 \\ x_1 & x_2 & \cdots & x_n \\ \vdots & \vdots & & \vdots \\ x_1^{n-1} & x_2^{n-1} & \cdots & x_n^{n-1} \end{vmatrix} = \prod_{1 \leq i < j \leq n} (x_j - x_i)$$
$$= (-1)^{n(n-1)/2} \prod_{1 \leq i < j \leq n} (x_i - x_j) = (-1)^{n(n-1)/2} \Delta(x_1, \ldots, x_n)$$

実際，この行列式は x_i と x_j を交換すると第 i 列と第 j 列が交換されるので，符号が変わる．従って交代式なので，差積で割り切れ，残りは対称式である．しかるに，差積は $x_1, \ldots, x_n$ について $1 + 2 + \cdots + (n-1) = \dfrac{n(n-1)}{2}$ 次式であり，他方，行列式の方も全展開を想像すれば容易にわかるように同じ次数なので，残りの因子は定数である．行列式の主対角成分の積から $x_2 x_3^2 \cdots x_n^{n-1}$ という項の係数は 1．また差積を展開したときの同じ項の係数は $(-1)^{(n-1)+\cdots+2+1} =$

3.4 対称式・交代式

$(-1)^{n(n-1)/2}$. よって上の等式が成り立つ.

この結果として，特に，この形の行列 (Vandermonde 行列とも呼ばれる) は $x_1, \ldots, x_n$ がすべて異なるとき正則であるという事実はよく使われます.

【判別式】 基本対称式は根と係数の関係としてよく出てきます：
$$f(x) = (x-\alpha_1)\cdots(x-\alpha_n) = x^n - s_1 x^{n-1} + s_2 x^{n-2} + \cdots + (-1)^n s_n$$
ここに s_j は根 $\alpha_1, \ldots, \alpha_n$ の j 次基本対称式です. さて，
$$D = \prod_{1 \le i < j \le n} (\alpha_i - \alpha_j)^2 = \Delta(\alpha_1, \ldots, \alpha_n)^2$$
は交代式の 2 乗なので対称式で，従って定理 3.1 により f の係数の多項式として表せます. それを多項式 f の**判別式**と呼びます.

例 3.8 (1) 2 次式 $x^2 + px + q$ の判別式は，この根を α, β と置けば，
$$(\alpha - \beta)^2 = (\alpha + \beta)^2 - 4\alpha\beta = p^2 - 4q$$

(2) 3 次式 $x^3 + px^2 + qx + r$ の判別式はかなりややこしい式になるので，普通は $x^3 + qx + r$ の判別式を使います. 一般の 3 次式は $x + p/3 \mapsto x$ という変換で，いつでも容易に x^2 の項が無い形に帰着できます (第 7.3 節参照). さて，この根を α, β, γ と置けば，根と係数の関係より
$$\alpha + \beta + \gamma = 0, \quad \alpha\beta + \beta\gamma + \alpha\gamma = q, \quad \alpha\beta\gamma = -r$$
従って $q = \alpha(\beta + \gamma) + \beta\gamma = -\alpha^2 + \beta\gamma$ より
$$(\beta - \gamma)^2 = (\beta + \gamma)^2 - 4\beta\gamma = -4q - 3\alpha^2$$
同様に $(\alpha - \beta)^2 = -4q - 3\gamma^2$, $(\alpha - \gamma)^2 = -4q - 3\beta^2$ も成り立つので，
$$D = (\alpha-\beta)^2(\alpha-\gamma)^2(\beta-\gamma)^2 = (-4q-3\alpha^2)(-4q-3\beta^2)(-4q-3\gamma^2)$$
$$= -64q^3 - 48(\alpha^2+\beta^2+\gamma^2)q^2 - 36(\alpha^2\beta^2+\beta^2\gamma^2+\alpha^2\gamma^2)q - 27\alpha^2\beta^2\gamma^2$$
ここで
$$\alpha^2 + \beta^2 + \gamma^2 = (\alpha+\beta+\gamma)^2 - 2(\alpha\beta+\beta\gamma+\alpha\gamma) = -2q,$$
$$\alpha^2\beta^2 + \beta^2\gamma^2 + \alpha^2\gamma^2 = (\alpha\beta+\beta\gamma+\alpha\gamma)^2 - 2(\alpha+\beta+\gamma)\alpha\beta\gamma = q^2$$

に注意すれば
$$D = -64q^3 + 96q^3 - 36q^3 - 27r^2 = -4q^3 - 27r^2$$

定理 3.3 1 変数多項式が重根を持つための必要十分条件は判別式 $D = 0$ となることである．実係数の 2 次および 3 次の多項式については，虚根を持つための必要十分条件は $D < 0$ となることである．

証明 重根の条件は判別式の定義から明らか．虚根の判定については，2 次の場合は高校でやっているので，3 次の場合を考える．実係数の 3 次式はグラフから分かるように実根が常に一つは存在する．虚根が有るときは共役複素数となるので，根は $a \pm bi, c$ (a, b, c は実数で $b \neq 0$) と置ける．このとき判別式は
$$\{a + bi - (a - bi)\}^2 (a + bi - c)^2 (a - bi - c)^2 = -4b^2 \{(a-c)^2 + b^2\} < 0$$
となる．逆に 3 根とも実のとき $D \geq 0$ となることは D の定義から明らかである． □

対称式・交代式の理論はそれぞれ，S_n, A_n の多項式環への作用で不変な式の理論ですが，**不変式の理論**はもっと一般の線形群 $G \subset GL(n, K)$ の多項式環への作用 $f(x) \mapsto (Af)(x) = f({}^t Ax), A \in G$ に対しても拡張されています．古典的な G の場合には基本対称式の役割を果たす有限個の基本的な不変式が存在することが知られています．例として，先に述べた乗法群 $\{\pm 1\}$ の作用で不変なものとして定義される 1 変数偶多項式の場合は，x^2 が基本的な元となっています．また，問 3.3 の $x_1^2 + \cdots + x_n^2$ もこの例です．Hilbert は古典的な群の場合に基本不変式の存在を多変数多項式環に対する Hilbert の基底定理 (第 5 章 5.4 節) を用いて抽象的に証明し，多項式への一般の群作用についても成り立つかという問題を提出しました (Hilbert の 14 問題) が，これは若き日の永田雅宜先生により反例が与えられました．

問 3.10 対称群 S_4 は整数係数 4 変数多項式の集合に対し変数 x_1, x_2, x_3, x_4 の置換
$$f(x_1, x_2, x_3, x_4) \mapsto f(x_{\sigma(1)}, x_{\sigma(2)}, x_{\sigma(3)}, x_{\sigma(4)})$$
で作用するものとする．次のような多項式を不変にする S_4 の部分群を決定せよ．
(1) $x_1 + x_2$ (2) $x_1 x_2 + x_3 x_4$ (3) $x_1 x_2 x_3$
(4) x_1 (5) $x_2 + x_3 + x_4$ (6) $x_1 + x_2 + x_3 + x_4$

第 4 章

商 代 数 系

群に部分群があると，それに関して左剰余類の集合が考えられるのでした．この集合に群の構造は入るでしょうか？

■ 4.1 正規部分群と商群

群 G の部分群 H に関する左剰余類に，群 G の演算から自然に定まる演算を導入しようとすれば，

$$g_1H \circ g_2H := (g_1g_2)H \tag{4.1}$$

と定めるのが自然です．しかし，これは剰余類の代表元 g_1, g_2 に依存しているので，これらを同じ類の他の元で取り換えたときも，結果の剰余類が同じものになるかどうかを確かめなければなりません．模式的に言えば，

$$g_1H \circ g_2H = g_1 \circ (Hg_2) \circ H = g_1 \circ (g_2H) \circ H = (g_1 \circ g_2) \circ (H \circ H) = (g_1g_2)H$$

となっていればいいので，$\forall g \in G$ について $Hg = gH$ となることが条件だと想像されますが，このことをきちんと見てみましょう．今，g_1 を g_1h に取り換えると，$(g_1h)H = g_1H$ ですが，上の定義を当てはめた結果は

$$(g_1h)H \circ g_2H := (g_1hg_2)H$$

に変わるので，積の剰余類が確定するためには，$g_1hg_2H = g_1g_2H$ となること，すなわち

$$g_2^{-1}hg_2H = H$$

となることが必要十分です（補題 2.5 参照）．H には単位元が有るので，これから特に $g_2^{-1}hg_2 \in H$ という条件が得られますが，逆にこのとき左移動の性質から明らかに $g_2^{-1}hg_2H = H$ となります．$g_2 \in G, h \in H$ は任意なので，以上より次の結論に導かれます．

定理 4.1 群 G の部分群 H による剰余類に (4.1) で定めた演算で群構造が定義できるためには，次の条件 (1) が成立することが必要かつ十分である．また，これは他の (1′) 〜 (2″) の条件のいずれとも同値である．

(1) $\forall g \in G$ に対し $g^{-1}Hg \subset H$. (2) $\forall g \in G$ に対し $gH \subset Hg$.
(1′) $\forall g \in G$ に対し $g^{-1}Hg \supset H$. (2′) $\forall g \in G$ に対し $gH \supset Hg$.
(1″) $\forall g \in G$ に対し $g^{-1}Hg = H$. (2″) $\forall g \in G$ に対し $gH = Hg$.

定義 4.1（正規部分群と商群の定義）

G の部分群 H が $\forall g \in G$ について $g^{-1}Hg \subset H$（あるいは上の条件の任意の一つ）を満たすとき，**正規部分群** (normal subgroup) と呼び，この関係を記号 $G \triangleright H$ で表す．また，このとき左剰余類の集合 G/H 上に (4.1) の演算で定義される群を G の H による**商群** (quotient group, factor group) とか**剰余群**，**剰余類群** (residue class group) などと呼ぶ．

定理の証明の残り　条件 (1) が (4.1) で剰余類の間の積の定義が確定するために必要十分であることは既に示されているので，この演算が群の公理を満たすことは以下の通り形式的に確かめられる：

(1) 結合法則．G の結合法則を用いて

$$g_1H \circ (g_2H \circ g_3H) = g_1H \circ ((g_2g_3)H) = (g_1(g_2g_3))H$$
$$= ((g_1g_2)g_3)H = (g_1g_2)H \circ g_3H$$

(2) 単位元は剰余類 $eH = H$．実際 $gH \circ H = gH$．

(3) gH の逆元は $g^{-1}H$．これも $gH \circ g^{-1}H = (gg^{-1})H$ 等より明らか．

最後に上の諸条件の同値性を示す．$\forall g \in G$ に対し $g^{-1}Hg \subset H$ なら，

$$H \subset gHg^{-1} = (g^{-1})^{-1}Hg^{-1}$$

となるが，g と同様 g^{-1} も G の任意の元なので，これから (1) $\Longrightarrow$ (1′) が言える．逆も同様．従っていずれからも (1″) が言える．その逆はもちろん明らか．また $gH \subset Hg \iff g^{-1}Hg \supset H$ 等々なので，後半の同値性も前半から出る．　□

4.1 正規部分群と商群

🐸 [0] どんな群でも，$\{e\}$ と G 自身は正規部分群になります．これらは自明な正規部分群と呼ばれます．

[1] $Hg := \{hg \mid h \in H\}$ の形の集合を G の H による右剰余類と呼ぶのでした．この言葉を使うと，正規部分群とは左剰余類と右剰余類が一致するようなものとも言えます．(左と右の区別は，数学の分野によっては逆に使っているところも有るので注意しましょう．)

[2] G が有限群の場合は，ある固定した一つの元 $g \in G$ について，$g^{-1}Hg$ と H が同じ個数の元より成ることから，包含関係と等号の同等性が簡単に言えます．しかし，一般の無限群では，一つの g についてだけでは包含関係から等号は必ずしも言えません．例えば，G として $\mathbf{Z}$ からそれ自身への全単射写像の全体，H として $\mathbf{N} = \{1, 2, \ldots\}$ の各元を動かさないようなものが成す G の部分群を取り，g として右移動 $x \mapsto x + 1$ を取れば，$g^{-1}Hg$ は $\mathbf{N}$ の元に加えて 0 も動かさないようなものとなるので，$g^{-1}Hg \subsetneq H$ です．従って，無限群のときにも通用するように，上のような証明を選びました．

[3] $h \mapsto g^{-1}hg$ で定まる群 G からそれ自身への写像は，明らかに群の同型となりますが，これを群 G の元 g による**内部自己同型**と呼びます．これも G の部分集合 H を一対一に別の部分集合に写すことは明らかですが，左移動と異なり，この変換による部分群の像はいつでも部分群になります．$H' = g^{-1}Hg$ を H に**共役**な部分群と呼びます．正規部分群とは，共役がすべて自分自身と一致するような群であるとも言えます．また，正規部分群でないときは，$g^{-1}Hg \cap H$ は G の部分群となり，少なくとも単位元を共通に含むことも，左剰余類が G を互いに交わらない部分集合に分割することとは異なっています．共役部分群の相互関係については第 6 章で詳しく調べます．

問 4.1 G_1 を群 G の部分群，H を G の正規部分群とすれば，$G_1 \cap H$ は G_1 の正規部分群となることを示せ．

問 4.2 群 G が集合 X に推移的に作用しているとき，X の任意の 2 点 x, y の固定群 G_x, G_y は互いに共役となることを示せ．

命題 4.2 H が G の正規部分群なら，$g \in G$ に $gH \in G/H$ を対応させることにより，H を核とする自然な全射準同型 $\varphi : G \to G/H$ が誘導される．逆に，群の準同型 $\varphi : G \to H$ があるとき，その核 $\mathrm{Ker}\,\varphi$ は G の正規部分群となる．

証明 前半の φ が群の準同型となること，全射なこと，および H が φ の核となることは G/H の定義より明らかである．後半は，$\forall x \in \mathrm{Ker}\,\varphi, \forall g \in G$ に対し，$g^{-1}xg \in \mathrm{Ker}\,\varphi$ となることを言えばよい．命題 1.14 により準同型は逆元を逆元に写すので

$$\varphi(g^{-1}xg) = \varphi(g^{-1})\varphi(x)\varphi(g) = \varphi(g)^{-1}e_H\varphi(g) = \varphi(g)^{-1}\varphi(g) = e_H. \quad \square$$

> **定理 4.3** (準同型定理)
>
> 群の準同型 $\varphi: G \to H$ があるとき,その核を $\mathrm{Ker}\,\varphi$ とすれば,φ から定まる自然な写像に関して
> $$G/\mathrm{Ker}\,\varphi \cong \mathrm{Image}\,\varphi \tag{4.2}$$
> 特に,G が有限群のとき
> $$\varphi \text{ の像の位数} = G \text{ の位数} \div \mathrm{Ker}\,\varphi \text{ の位数},$$
> あるいは記号で
> $$|\mathrm{Image}\,\varphi| = |G|/|\mathrm{Ker}\,\varphi|.$$

証明 $H := \mathrm{Ker}\,\varphi$ と置くと,一つの剰余類 gH の元は φ によりすべて同じ元 $\varphi(g)$ に写ることは明らか.逆に,$\varphi(g_1) = \varphi(g_2)$ なら,$g_2^{-1}g_1 \in \mathrm{Ker}\,\varphi$. 従って $g_2^{-1}g_1 H = H$, i.e. $g_1 H = g_2 H$. よって等式 (4.2) の両辺は集合として φ により一対一に対応する.この対応は φ により,

$$\overline{\varphi}: gH \mapsto \varphi(g)$$

で定義できるので,これが群の準同型となることも商群の演算の定義より明らか:

$$\overline{\varphi}(g_1 H \circ g_2 H) = \overline{\varphi}((g_1 g_2)H) = \varphi(g_1 g_2) = \varphi(g_1) \circ \varphi(g_2) = \overline{\varphi}(g_1 H) \circ \overline{\varphi}(g_2 H)$$

後半は,$\mathrm{Image}\,\varphi$ の位数が G の H による左剰余類の個数 (すなわち G における H の指数) に等しいことから,Lagrange の定理のところで与えた公式による. □

[1] 位数に関するこの等式は線形代数の (線形写像に関する) **次元公式**に相当するものです.実は準同型定理自身に相当することも成り立ちますが,線形代数の講義では,普通は商空間までやる時間が無いので,教えられていないだけです.

[2] 可換群の部分群はすべて正規部分群で,左右の剰余類は区別する必要がありません.従っていつでも商群を作ることができます.特に加法群の場合は,元 g を含む剰余類を $g + H$ のように表します.

例 4.1 (1) 交代群 A_n が対称群 S_n の正規部分群であることは直接確かめるのも容易ですが,置換 σ にその符号 $\mathrm{sgn}\,\sigma$ を対応させる S_n から 2 次巡回群 $\{\pm 1\}$ への準同型 sgn を考えると,A_n はその核となっていることからも分かります.

(2) 一般線形群 $GL(n, \boldsymbol{R})$ から非零実数の乗法群 $\boldsymbol{R}^\times$ への写像 det は，例 1.13 で注意したように群の準同型ですが，この核は行列式の値が 1 の行列より成る特殊線形群 $SL(n, \boldsymbol{R})$ に他ならないので，後者が正規部分群であることが，命題 4.2 から分かります．もちろんこのことは直接確かめるのも容易です：$A \in GL(n, \boldsymbol{R}), B \in SL(n, \boldsymbol{R})$ なら，
$$\det(A^{-1}BA) = (\det A)^{-1} \det B \det A = 1$$
よって $A^{-1}BA \in SL(n, \boldsymbol{R})$．

次の事実は簡単ですがよく使われます：

命題 4.4 指数が 2 の部分群 H はすべて正規部分群である．

実際，$g \notin H$ とすれば，$G = gH \cup H$, $gH \cap H = \emptyset$ という分解が生じますが，同様に $G = Hg \cup H$, $Hg \cap H = \emptyset$ という分解も得られ，従って $gH = Hg = G \setminus H$ となるからです．

問 4.3 $\varphi : G \to H$ を群の準同型とするとき，次の主張の中で正しいものには証明を与え，必ずしも成り立つとは限らないものには反例を与えよ．
(1) H_1 が H の部分群なら，その φ による引き戻し $\varphi^{-1}(H_1)$ は G の部分群となる．
(2) G_1 が G の部分群なら，その φ による像 $\varphi(G_1)$ は H の部分群となる．
(3) H_1 が H の正規部分群なら，その φ による引き戻し $\varphi^{-1}(H_1)$ は G の正規部分群となる．
(4) G_1 が G の正規部分群なら，その φ による像 $\varphi(G_1)$ は H の正規部分群となる．

問 4.4 群 G の二つの正規部分群 H_1, H_2 が $H_1 \cap H_2 = \{e\}$ を満たせば，これらの群の元は互いに可換となることを示せ．［ヒント：$\forall x \in H_1, \forall y \in H_2$ に対し $xyx^{-1}y^{-1} \in H_1 \cap H_2$ を示せ．］

問 4.5* G を有限群とする．G から非零複素数の成す乗法群 $\boldsymbol{C}^\times$ への群の準同型 χ のことを G の**指標** (character) と呼ぶ．
(1) χ の像は絶対値が 1 の複素数となることを示せ．
(2) $\forall g \in G$ に対して $\chi(g) = 1$ なる指標を単位指標と呼び 1 で表す．次を示せ：
$$\sum_{g \in G} \chi(g) = \begin{cases} 0, & \chi \neq 1 \text{ のとき}, \\ |G|, & \chi = 1 \text{ のとき}. \end{cases}$$
［ヒント：上の値は，ある固定した $h \in G$ について $\chi(h)$ を掛けても変わらない．］

問 4.6* H, K を G の二つの部分群とするとき，$g \in G$ に対し HgK の形の G の部分集合を G の H, K による**両側剰余類** (double coset) と呼ぶ．この形の集合が，補題 2.6 における gH と同様の分割性を持つことを示せ．(両側剰余類の集合を $H \backslash G / K$ で表す．)

4.2 イデアルと剰余環

この節では，簡単のため環 A として単位可換環のみを考えることにするので，単に環 A と言えば乗法の単位元 1 を含み，積の順序は交換可能とします．ただし，A の部分環 B と言うときは 1 を含まなくてもよいものとします．

環 A の部分環 B による剰余類は，加法群と同じ $x + B$ の形で定義します．商代数系は加法群の意味ではいつでも取れ，再び加法群になりますが，一般には環にはなりません．環になるためには，積が代表元の取り方によらずに定まることが必要です．そこで登場するのがイデアルです．

定義 4.2 (イデアルの定義)

B が可換環 A の**イデアル** (ideal) とは，A の部分環であって，さらに任意の $x \in B, a \in A$ に対し $ax \in B$ となるもののことを言う．以上より必要最小限の条件を抽出すれば，

(1) $\forall x, y \in B$ に対し $x - y \in B$
(2) $\forall x \in B, \forall a \in A$ に対し $ax \in B$．

🐰 非可換環の場合は，$\forall x \in B, \forall a \in A$ に対して常に $ax \in B$ となるとき**左イデアル**，また常に $xa \in B$ となるとき**右イデアル**と，区別して扱います．また両方成り立つときは**両側イデアル**と呼ばれます．

例 4.2 (0) どんな環 A でも $\{0\}$ と A 自身は常にイデアルとなります．これらは自明なイデアルと呼ばれます．特に前者はしばしば単に 0 と記され，**零イデアル**と呼ばれます．

(1) $n\mathbf{Z} := \{nx \mid x \in \mathbf{Z}\} \subset \mathbf{Z}$ （n の倍数の全体）．イデアルの元祖です．
(2) $\langle f(x) \rangle := \{f(x)g(x) \mid g(x) \in K[x]\} \subset K[x]$．（$f(x)$ で割り切れる多項式の全体）．
(3) $\langle x, y \rangle := \{ax + by \mid a, b \in K[x, y]\} \subset K[x, y]$, $\langle x \rangle \subset K[x, y]$.

$\mathcal{I} := \langle x, y \rangle$ がイデアルとなることを定義に基づいて示してみましょう．
条件 (1) $\mathcal{I}$ の任意の 2 元 a, b は，例えば $a = f_1(x, y)x + g_1(x, y)y$, $b = f_2(x, y)x + g_2(x, y)y$ と置くことができ，

4.2 イデアルと剰余環

$$a - b = (f_1(x,y)x + g_1(x,y)y) - (f_2(x,y)x + g_2(x,y)y)$$
$$= (f_1(x,y) - f_2(x,y))x + (g_1(x,y) - g_2(x,y))y$$

で再び同じ形となるので，$a - b \in \mathcal{I}$ が確かめられた．

<u>条件 (2)</u> $\mathcal{I}$ の任意の元 a と $K[x,y]$ の任意の元 c について，$a = f(x,y)x + g(x,y)y, c = h(x,y)$ と置けば，

$$ca = h(x,y)(f(x,y)x + g(x,y)y)$$
$$= (h(x,y)f(x,y))x + (h(x,y)g(x,y))y$$

となり，$ca \in \mathcal{I}$ が確かめられた．

全く同じ計算で，一般に $f_1, \ldots, f_s \in A$ を任意に取るとき，

$$\langle f_1, \ldots, f_s \rangle := Af_1 + \cdots + Af_s = \{a_1 f_1 + \cdots + a_s f_s \mid a_1, \ldots, a_s \in A\} \tag{4.3}$$

は A のイデアルとなることが示せます[1]．これを $f_1, \ldots, f_s$ により生成されたイデアルと呼びます．$f_1, \ldots, f_s$ はこのイデアルの (1 組の) **生成元**と呼ばれます．本書では多変数の多項式環やそのイデアルは本格的には取り扱わないので，2 個以上の生成元を必要とするイデアルは出てきませんが，議論の途中では上のような表記が必要となることがあります．

補題と定義 4.5 $\mathcal{I} \subset A$ を部分環とするとき，商集合 $A/\mathcal{I}$ が A から誘導された自然な演算で再び環となるためには，$\mathcal{I}$ がイデアルであることが必要かつ十分である．こうして得られた環を A の $\mathcal{I}$ による**剰余環**あるいは**商環**[2]と呼ぶ．

証明 剰余類 $a + \mathcal{I}, b + \mathcal{I}$ に対する演算は

$$(a + \mathcal{I}) + (b + \mathcal{I}) = (a + b) + \mathcal{I}, \quad (a + \mathcal{I})(b + \mathcal{I}) = ab + \mathcal{I}$$

で定める．前者は加法群に対する商群の一般論により常に定義が代表元の取り方によらずに確定する．後者については，a と異なる代表元 $a + h \ (h \in \mathcal{I})$ を取ると，

---

[1] この記号の代わりに $(f_1, \ldots, f_s)$ と書くことも多いのですが，本書では紛らわしくないよう，尖った括弧 $\langle \ \rangle$ を用いることにします．

[2] 商環という言葉は全く別の意味で用いられることが多いので，注意してください．

$$((a+h)+\mathcal{I})(b+\mathcal{I}) = (a+h)b+\mathcal{I} = ab+\mathcal{I} \iff hb \in \mathcal{I}$$

よって $\mathcal{I}$ がイデアルなら確かにこれは成り立つ．逆に任意の $h\in\mathcal{I}, b\in A$ についてこれが成り立てば，$\mathcal{I}$ はイデアルでなければならない． □

例 4.3 元祖イデアルによる剰余環 $\mathbf{Z}_n := \mathbf{Z}/n\mathbf{Z}$ は，整数を n で割った余りで分類したもので，この剰余環における計算は，初等整数論の $\mod n$ 計算と同等です．この剰余環の性質は 4.4 節で詳しく調べます．

命題 4.6 $\mathcal{I} \subset A$ をイデアルとすれば，環の自然な準同型写像

$$\varphi : A \to A/\mathcal{I}$$

が誘導される．逆に，環の準同型写像 $\varphi: A \to B$ が有れば，核 $\mathrm{Ker}\,\varphi \subset A$ は A のイデアルとなり，**準同型定理**

$$A/\mathrm{Ker}\,\varphi \cong \mathrm{Image}\,\varphi$$

が成り立つ．

証明 前半は φ が $A \ni a \mapsto a+\mathcal{I} \in A/\mathcal{I}$ という対応で与えられることに注意すれば，商群の場合と同様．後半も同様だが，一応確かめておこう．ここで核とは 0 にゆく元のことであったことに注意せよ．$\varphi(x)=0, \varphi(y)=0$ とすれば，

$$\varphi(x-y) = \varphi(x) - \varphi(y) = 0 - 0 = 0.$$

また，$\varphi(x)=0$ なら $\forall a \in A$ に対し

$$\varphi(ax) = \varphi(a)\varphi(x) = \varphi(a)\cdot 0 = 0.$$

準同型定理は，環の加法群について定理 4.3 により既に成立が分かっているので，積の対応だけ見ればよいが，それも前半から明らかである． □

補題 4.7 $\mathcal{I} \subset \mathcal{J}$ がともに A のイデアルなら，$\mathcal{I}$ は $\mathcal{J}$ のイデアルともなり，剰余環 $\mathcal{J}/\mathcal{I}$ は剰余環 $A/\mathcal{I}$ のイデアルとなる．

実際，前半は明らかなので，後半を確かめる．$x, y \in \mathcal{J}$ とすれば，$A/\mathcal{I}$ における演算の意味で，$(x+\mathcal{I})-(y+\mathcal{I}) = (x-y)+\mathcal{I}$ となり，ここで $x-y \in \mathcal{J}$.

4.2 イデアルと剰余環

また，$a \in A$ とすれば，同様に $(a+\mathcal{I})(x+\mathcal{I}) = ax+\mathcal{I}$ で，$ax \in \mathcal{J}$ となるので，イデアルの条件が満たされる．

問 4.7 環 A の二つのイデアル $\mathcal{I}, \mathcal{J}$ に対し，それらの和および積を

$$\mathcal{I}+\mathcal{J} := \{a+b \mid a \in \mathcal{I}, b \in \mathcal{J}\}, \quad \mathcal{I}\mathcal{J} := \left\{\sum_{i=1}^n a_i b_i \;\middle|\; a_i \in \mathcal{I}, b_i \in \mathcal{J}, n \in \boldsymbol{N}\right\}$$

で定める．これらが実際に A のイデアルとなることを確かめよ．特に $\mathcal{I} = \langle f_1, \ldots, f_m \rangle, \mathcal{J} = \langle g_1, \ldots, g_n \rangle$ のときは

$$\mathcal{I}\mathcal{J} = \langle f_i g_j \mid i=1, \ldots, m, j=1, \ldots, n \rangle$$

となることを確かめよ．

問 4.8 $\varphi: A \to B$ を環の準同型とする．
(1) B のイデアル $\mathcal{I}$ の逆像 $\varphi^{-1}(\mathcal{I})$ は A のイデアルとなることを示せ．
(2) A のイデアル $\mathcal{I}$ の像 $\varphi(\mathcal{I})$ はどのような φ に対して常に B のイデアルとなるか，また，$\varphi(\mathcal{I})$ がイデアルとならない例を挙げよ．

体は環の特別なものですが，そのイデアルの構造は単純です：

補題 4.8 イデアルは，もし一つでも可逆元を含めば，1 を含み，従って環全体と一致する．特に，体は可換環として $\{0\}$ と自分自身以外にイデアルを持たない．

実際，可逆な元 a がイデアルに含まれたなら，$1 = a^{-1} \cdot a$ がイデアルに含まれ，従ってすべての元 x が $x = x \cdot 1$ によりイデアルに含まれてしまい，イデアルは全体と一致します．特に，体は 0 以外の元が皆可逆なので，後半が言えます．

問 4.9 剰余環 $K[x]/\langle x-a \rangle, K[x,y]/\langle x-a \rangle$ は，それぞれどんな環か？

ここで剰余環の性質に大きな影響を持つイデアルの重要なクラスを導入します．

定義 4.3 $\mathcal{I} \subsetneq A$ が**素イデアル**とは，$\forall f, g \in A$ について

$$fg \in \mathcal{I} \implies f \in \mathcal{I} \text{ または } g \in \mathcal{I} \tag{4.4}$$

が成り立つことを言う．

定義 4.4 $\mathcal{I} \subsetneq A$ が**極大イデアル**とは，$\mathcal{I} \subsetneq \mathcal{J} \subsetneq A$ なるイデアル $\mathcal{J}$ が存在しないことを言う．

極大イデアルの意味は明解ですね．ただ注意すべきことは，最大でなく極大なので，一般には極大イデアルが沢山存在し得るということです．素イデアルの方は最初はやや意味が分かりにくいかもしれませんが，名前から想像されるように，有理整数環 $\mathbf{Z}$ において素数 p が生成するイデアル $\langle p \rangle = p\mathbf{Z}$ を拡張した概念です．ただ，0 は素数ではないのに，零イデアルは素イデアルに含めるのが普通のようです．

以下，これらの概念の意義を見てゆきましょう．

補題 4.9 $\mathcal{I}$ が素イデアル $\iff$ $A/\mathcal{I}$ は零因子を持たない環となる．

証明 "$A/\mathcal{I}$ において $fg = 0$" $\iff fg \in \mathcal{I}$, "$A/\mathcal{I}$ において $f = 0$" $\iff f \in \mathcal{I}$ 等々であるから，素イデアルの定義 (4.4) を書き直せば直ちに得られる． □

補題 4.10 $\mathcal{I}$ が極大イデアル $\iff$ $A/\mathcal{I}$ は体となる．

証明 $\Longrightarrow$ の証明 $A/\mathcal{I}$ の 0 以外の任意の元に逆元があることを言えばよい．"$A/\mathcal{I}$ において $f + \mathcal{I} \neq 0$" $\iff f \notin \mathcal{I}$．従ってこのとき $\mathcal{I} \subsetneq \mathcal{I} + Af$ はイデアルとなる (記号の意味は問 4.7 参照)．よって極大の仮定により $\mathcal{I} + Af = A \ni 1$．従って $\exists g \in \mathcal{I}, \exists a \in A$, s.t. $g + af = 1$，すなわち $af \equiv 1 \bmod \mathcal{I}$ となる[3]が，これは $a + \mathcal{I}$ が $A/\mathcal{I}$ における $f + \mathcal{I}$ の逆元となることを意味する．

$\Longleftarrow$ の証明 $\mathcal{I} \subsetneq \mathcal{J} \subset A$ なるイデアルがあると，剰余環に移って補題 4.7 により $\{0\} \subsetneq \mathcal{J}/\mathcal{I} \subset A/\mathcal{I}$ なるイデアルを誘導するが，仮定により $A/\mathcal{I}$ は体なので $\{0\}$ と自分自身以外にイデアルを持たない．よって $\mathcal{J}/\mathcal{I} = A/\mathcal{I}$, すなわち $\mathcal{J} = A$ となるから，$\mathcal{I}$ は極大でなければならない． □

補題 4.11 極大イデアルは常に素イデアルである．

証明 $fg \in \mathcal{I}$ だが $f, g \notin \mathcal{I}$ とすると，$\mathcal{I} \subsetneq \mathcal{I} + Af \subsetneq A$ となり，極大性に矛盾することを言えばよい．前の包含関係が等号にならないことは明らかだが，もし後の包含関係が等号だと，$\exists b \in \mathcal{I}, \exists a \in A$, s.t. $b + af = 1$ となる．この式の両辺に g を掛けると $g = bg + afg \in \mathcal{I}$ となり，矛盾を生ずる． □

この補題の逆は一般には成立しません．しかし暗号や符号でよく使う二つの

---

[3] $x \equiv y \bmod \mathcal{I}$ は $x - y \in \mathcal{I}$ の略記です．この記号の元来の表現 $x \equiv y \bmod n$ は，ここでの使い方だと $x \equiv y \bmod n\mathbf{Z}$ となります．

4.2 イデアルと剰余環

環 $\mathbf{Z}$, $K[x]$ では逆が成立します．これが次の節のテーマです．

問 4.10 (1) $a \in K$ とするとき，$\langle x-a \rangle \subset K[x,y]$ は素イデアルだが極大イデアルではないことを示せ．

(2) $a, b \in K$ とするとき，$\langle x-a, y-b \rangle \subset K[x,y]$ は極大イデアルとなることを示せ．また剰余体 $K[x,y]/\langle x-a, y-b \rangle$ はどんな体か？

--- ティータイム ---　**イデアルの由来と不定方程式**

イデアルとは ideal number (理想数) の略です．ことの起こりは 17 世紀中頃に Fermat が残した予想 (Fermat の最終定理)："$n \geq 3$ なる整数 n に対し x, y, z の不定方程式 $x^n + y^n = z^n$ は非自明な整数解を持たない"で，これはみかけは簡単だが証明は恐ろしく難しい問題の典型例です．この問題を解くのに一生をかけ，死ぬときに百万マルクを賞金として提供したドイツ人のアマチュア数学愛好家まで現れたので，非常に有名になりました．Fermat から約 350 年後の 1994 年に A. Wiles が証明に成功し，この賞金を管理してきたゲッチンゲン大学から規定により論文発表の 2 年後の 1997 年に本物と認められて大学の大ホールで受賞の記念式典が行われました．ドイツの二度に渡る世界大戦の敗北による天文学的なインフレのせいで，賞金はかなり目減りしましたがそれでも数百万円はあったようです．この解決には日本人の整数論学者たちの研究も大きく貢献しています．

多くの人がこの問題に挑戦しましたが，その中で 19 世紀に生まれたアイデアの一つが，n を素数とし，方程式を因数分解するというものでした：

$$(x+y)(x+\zeta y) \cdots (x+\zeta^{n-1} y) = z^n \quad (\zeta = e^{2\pi i/n} \text{ は 1 の原始 } n \text{ 乗根})$$

もし素因数分解の一意性がこのように虚数も含めて拡張された整数 (代数的整数；第 7 章 7.5 節参照) についても成り立てば，矛盾に導かれるだろうという訳です．ところが，ことはそう単純ではありませんでした：

反例：$6 = 2 \times 3 = (1+\sqrt{-5})(1-\sqrt{-5})$．2 も 3 も $1 \pm \sqrt{-5}$ もこれ以上素因数分解されそうにない．どうしましょう？

普通の数ではこれ以上因数分解されませんが，理想数を導入すると，素因数分解の一意性が回復する，というのが Kummer による 19 世紀中頃の発見でした．今，$n \leftrightarrow n\mathbf{Z}$ と読み替えると，因数分解は $n = pq \leftrightarrow n\mathbf{Z} = (p\mathbf{Z})(q\mathbf{Z})$ と解釈されます．ここで一般に，二つのイデアル $\mathcal{I}, \mathcal{J}$ の積は

問 4.7 の意味です．そこで，$A := \mathbf{Z} + \sqrt{-5}\,\mathbf{Z}$ という環において
$$\mathcal{I} := \langle 2, 1+\sqrt{-5}\rangle = 2A + (1+\sqrt{-5})A,$$
$$\mathcal{J} := \langle 3, 1-\sqrt{-5}\rangle, \quad \mathcal{K} := \langle 3, 1+\sqrt{-5}\rangle$$
を考えると，
$$\mathcal{I}^2 = \langle 2\rangle, \quad \mathcal{IJ} = \langle 1-\sqrt{-5}\rangle, \quad \mathcal{IK} = \langle 1+\sqrt{-5}\rangle,$$
$$\mathcal{JK} = \langle 3\rangle, \quad \mathcal{I}^2\mathcal{JK} = \langle 6\rangle$$
と，見事に素因数分解の一意性が回復されました．

Fermat の問題のように，方程式の個数よりも未知数の個数が多いときに整数解を探す問題を**不定方程式**とか **Diophantus 方程式**と呼びます．Diophantus は不定方程式を初めて組織的に研究したギリシャ時代の数学者です．Hilbert は，任意に与えられた不定方程式が解を持つかどうかを有限の手続きで判定するアルゴリズムは存在するか？という問題を 1900 年パリにおける第 2 回国際数学者会議において彼の有名な 23 問題中の第 10 番目として提出しました．これについては Matiyasevich が 1970 年に否定的な解答を与え，計算機科学における計算可能性の理論にも大きな影響を与えました．もちろん数学としては具体的な方程式について解けるかどうかはこれとは別な問題で，Fermat の問題一つを取っても上のように難しかったという訳です．よく，"数学者はなぜこんなパズルのような問題に夢中になるのか？"とか，"こんな問題のどこが重要なのか？"という疑問が出されますが，多分前者に対する答は"面白いから"で，後者に対する答は，"数学に限らず理論科学では，研究とは真理の探求であり，すぐに役立つことを狙ってやっているのではないが，結果的にそこから得られたものが不思議と非常に役立って来た"というものです．Fermat の問題についても，その解決の過程に得られたもので数学が非常に進歩し，豊かになりました．イデアルの理論もその一つで，現在では幾何学や微分方程式論にまで使われています．

■ 4.3 素因子分解と Euclid の互除法

【**Euclid 環と単項イデアル環**】 暗号や符号でよく使われる二つの可換環 $\mathbf{Z}$，$K[x]$ には共通した特徴があります．それは，剰余 (余り) 付きの割り算が定義

4.3 素因子分解と Euclid の互除法

でき，素因数分解が一意的にできるという，いわゆる **Euclid 環**(ユークリッド)の性質です．

剰余付き割り算とは，f, g が勝手に与えられたとき，

$$f \div g = q \text{ 剰余 } r \quad \text{i.e.} \quad f = qg + r \text{ で，} r \text{ は除数 } g \text{ より "小さい"}$$

と表現できることです．ここで "小さい" の意味は，$\mathbf{Z}$ では絶対値が小さいということです．数学では，余りは普通，正に取りますので[4])，余りの条件は $0 \leq r < |g|$ となります．また，$K[x]$ では次数が小さいという意味で，余りの条件は $\deg r < \deg g$ となります．(このときは，0 以外の定数は 0 次で，$\deg 0 = -\infty$ と規約します．) 上の式を成り立たせるような商 q と剰余 r がこれらの条件で一意に定まるということが簡単だが重要な性質です．これを**除法定理**と呼びます．二つの例を抽象化すると，次のようになります．

> **定義 4.5** 整域 A が **Euclid 環**であるとは，$\nu : A \setminus \{0\} \to \mathbf{N} \cup \{0\}$ という写像で，
>
> $$\forall f, g \in A, \ g \neq 0 \text{ に対し } \exists q, r \in A \text{ s.t. } f = qg + r,$$
> $$\text{ここに } r = 0 \text{ または } \nu(r) < \nu(g)$$
>
> という性質を満たすものが存在することを言う[5])．

Euclid の原論は普通は幾何の教科書だと思われていますが，同書の第 7 章から第 9 章には整数論が展開されており，第 7 章には Euclid の互除法が，第 9 章には素数が無限に存在することの証明が書かれています．素因数分解の可能性と一意性については，はっきり言明した命題はありませんが，第 7 章には合成数が必ず素数を因子に持つこと，および素数が 2 数の積を割り切れば，そのどちらかを割り切ることが書かれているので，当時の数論の表現能力を考えれば同等の内容は知られていたと思ってよいでしょう．(素数が無限にあることも，

---

[4]) C 言語などで mod に相当する演算子が，負の値を返すことがあるので，プログラミングのときは十分に注意してください．

[5]) 写像 ν にさらに，$\forall f, g \in A \ (f \neq 0)$ について $g \mid f$ なら $\nu(g) \leq \nu(f)$ という条件を課している書物もありますが，主要な結果を導くには必ずしも必要ではありません．なお，無限集合論を習った人のために，$\mathbf{N} \cup \{0\}$ は任意の整列集合で取り替えることができ，それが一般の Euclid 環の定義であることを注意しておきましょう．実際，議論で必要となるのは，この環の任意の部分集合について，0 以外の元の中に ν の値が最小となるものが存在するという事実で，自然数の集合を一般化した整列集合の概念はそれを保証するものです．

三つしかないとすると四つ目が存在して矛盾，という説明の仕方で済ませています．) 以上のことを記念して，除法定理が成り立つ環のことを Euclid 環と呼ぶのです．以下では実用を考え，話を具体的にするため，主に二つの環 $\mathbf{Z}$ と $K[x]$ について説明を述べますが，同じことは任意の Euclid 環について成り立ちます．

除法定理から次の結果が直ちに導かれます：

[定理と定義 4.12] 環 $\mathbf{Z}$, $K[x]$ (一般に Euclid 環) においては，イデアルはすべて**単項生成**，すなわち，ある元 (生成元) の倍数全体の集合 $\langle f \rangle$ と一致する．この性質を持つ環を**単項イデアル環**と呼ぶ．

[証明] $\mathbf{Z}$ のとき，$\mathcal{I}$ に含まれる正の最小元 f を取る．$K[x]$ のとき，$\mathcal{I}$ に含まれる次数最小の元 $f \neq 0$ をとる．他の任意の元 $g \in \mathcal{I}$ は割り算により，$g = qf + r$ と書かれ，$\mathbf{Z}$ のとき，$0 \leq r < f$，$K[x]$ のとき，$-\infty \leq \deg r < \deg f$，かつ，いずれの場合も $r = g - qf \in \mathcal{I}$ となる．故に f を最小に選んだことより $r = 0$．従って $\mathcal{I} = \langle f \rangle$．(一般の Euclid 環の場合の証明も同様．) □

これらの環のより深遠な性質は，次の Euclid の互除法から導かれます．

Euclid の互除法

二つの元 f, g の最大公約元を求めるアルゴリズムで除法の繰り返しより成る．
($f = r_{-1}$, $g = r_0$ とみなすと以下の記号法が規則的になる．)

$\quad f = q_0 g + r_1 \quad$ このとき $\mathrm{GCD}(f, g) = \mathrm{GCD}(g, r_1)$
$\quad g = q_1 r_1 + r_2 \quad$ このとき $\mathrm{GCD}(g, r_1) = \mathrm{GCD}(r_1, r_2)$
$\quad r_1 = q_2 r_2 + r_3 \quad$ このとき $\mathrm{GCD}(r_1, r_2) = \mathrm{GCD}(r_2, r_3)$
$\quad \cdots\cdots$
$\quad r_{s-2} = q_{s-1} r_{s-1} + r_s \quad$ このとき $\mathrm{GCD}(r_{s-2}, r_{s-1}) = \mathrm{GCD}(r_{s-1}, r_s)$
$\quad r_{s-1} = q_s r_s \quad$ このとき $\mathrm{GCD}(r_{s-1}, r_s) = r_s$

以上により $d := \mathrm{GCD}(f, g) = r_s$ (割り切れる直前の余り) と求まる．

このアルゴリズムが必ず停止するのは，先に注意したように除法の度に小さくなる尺度が存在するからです．$\mathbf{Z}$ のとき，この尺度は絶対値で，具体的には余り

が $g > r_1 > r_2 > \cdots$ だから，少なくとも g 回割り算を実行すれば余りは 0 になり，停止します．(なお後述のティータイムにおける計算量の説明参照．) $K[x]$ のとき，この尺度は次数で，具体的には $\deg g > \deg r_1 > \deg r_2 > \cdots$ だから，少なくとも $\deg g + 1$ 回割り算を実行すれば余りは 0 になり，停止します．

【拡張 Euclid 互除法】 f, g が与えられたとき，Euclid の互除法は同時に $af + bg = d := \mathrm{GCD}(f, g)$ を満たす元 a, b を提供します．これらの係数は，$\mathbf{Z}$ では $|a| < |g/d|, |b| < |f/d|$ に，$K[x]$ では $\deg a < \deg(g/d)$, $\deg b < \deg(f/d)$ となるように選べます．

この事実は初等整数論の中でも特に大切なものの一つです．最初に述べた形の Euclid 互除法だけではあまり応用がありませんが，拡張形にすると，種々の不定方程式を解くのに使えるようになります．

拡張 Euclid 互除法 (extended Euclidean algorithm)

先の互除法の計算を振り返ると，

$f = q_0 g + r_1$ $r_1 = a_1 f + b_1 g$, ここに $a_1 = 1, b_1 = -q_0$
$g = q_1 r_1 + r_2$ $r_2 = a_2 f + b_2 g$, ここに $a_2 = -q_1 a_1, b_2 = 1 - q_1 b_1$
$r_1 = q_2 r_2 + r_3$ $r_3 = a_3 f + b_3 g$, ここに $a_3 = a_1 - q_2 a_2, b_3 = b_1 - q_2 b_2$
......
$r_{s-2} = q_{s-1} r_{s-1} + r_s$ $r_s = a_s f + b_s g$, ここに
$\qquad\qquad\qquad\qquad a_s = a_{s-2} - q_{s-1} a_{s-1}, b_s = b_{s-2} - q_{s-1} b_{s-1}$

よって $d = af + bg$ を満たす元が $a = a_s, b = b_s$ として求まる．a_k, b_k の計算は Euclid の互除法と平行して実行できる．3 項漸化式なので，プログラムで実装するときは二つ手前までの結果だけを記憶すればよい．

最後に，a, b のサイズ (次数) の評価をします．$\mathbf{Z}$ のとき，必ず $|a| < |g/d|$, $|b| < |f/d|$ に選べることは抽象論としては明らかです： $af + bg = d$ とすると，両辺を d で割り算することにより $d = 1$ の場合に帰着できます．ここで，もし $|a| \geq |g|$ なら，$a = q'g + a', 0 < a' < |g|$ と割り算して $a'f + b'g = 1$, ここに $b' = b + q'f$. すると $|b'g| \leq |a'f| + 1 \leq |fg|$ だが，等号は有り得ないので $|b'g| < |fg|$, i.e. $|b'| < |f|$ となります．次に，$K[x]/\langle f \rangle$ のとき，必ず $\deg a < \deg(g/d), \deg b < \deg(f/d)$ に選べることは，実は先のアルゴリズムか

ら自動的に得られます．実際，$\deg f \geq \deg g$ なら $q_0 \neq 0$ で，必ず $\deg q_1 q_0 \geq 1$ となるので，$\deg b_1 = \deg q_0, \deg b_2 = \deg(q_1 b_1) = \deg(q_1 q_0)$，以下帰納的に $\deg b_k \leq \max\{\deg q_{k-1}b_{k-1}, \deg b_{k-2}\} \leq \deg(q_{k-1}\cdots q_0), k = 3,\ldots,s$ 従って

$$\begin{aligned}\deg b_s &\leq \deg(q_{s-1}\cdots q_0) = \deg q_{s-1} + \cdots + \deg q_0 \\ &= (\deg g - \deg f) + (\deg f - \deg r_1) + \cdots + (\deg r_{s-2} - \deg r_{s-1}) \\ &= \deg g - \deg r_{s-1} < \deg g\end{aligned}$$

が言えます．$\deg f < \deg g$ のときは $b_2 = 1$ から始めればよい．a_s についても同様です．つまり素直に計算したものが上の条件を満たしています．

$\mathbb{Z}$ のときは自動的に最小の係数が得られる保証はありませんが，a_k, b_k は符号が交代するので，暗号などへの応用では常に mod 計算で符号を正に保つ必要があり，従って最後に a を mod g で上のように正規化する手間は大した負担ではありません．

拡張 Euclid 互除法の実用的利点は，

$$\forall f, g \quad \exists a, b \text{ s.t. } af + bg = d := \mathrm{GCD}(f, g) \tag{4.5}$$

の係数 a, b を具体的に計算するアルゴリズムを与えていることですが，理論上は，これらの係数の存在だけでも役立つことが多いのです．そう考えると，何も割り算に頼らなくても，一般の単項イデアル環で定義により成り立っている抽象的な等式

$$\forall f, g \quad \exists a, b \text{ s.t. } af + bg = d, \quad \text{ここに } \langle d \rangle = \langle f, g \rangle \tag{4.6}$$

で十分なことも多いのです．本書では以下，話を具体的にするため，主に環 $\mathbb{Z}$，$K[x]$ に対していろんな結果を記述しますが，単項イデアル環で読み替えが利くところはその旨注意することにします．この二つの代表例以外の単項イデアル環の典型例は，1 変数多項式環の剰余環 (下の問参照) で，誤り訂正符号の理論で重要な役割を演じます．

問 **4.11** (1) A が単項イデアル環のとき，その任意のイデアルによる剰余環 $A/\mathcal{I}$ もまた単項イデアル環となることを示せ．また，単項イデアル整域のイデアルの生成元は，単元因子を除き一意に定まることを示せ．
(2) 有理整数を係数とする多項式の成す環 $\mathbb{Z}[x]$ は単項イデアル環ではないことを示せ．

4.3 素因子分解と Euclid の互除法

> **ティータイム** **Euclid 互除法の計算量**
>
> Euclid の互除法は，人類の歴史上最初に発見されたアルゴリズムとして，情報科学においても意義の大きなものです．さて，$\mathbb{Z}$ に対する Euclid のアルゴリズムを詳しく見ると，実はさらに $r_k < \frac{1}{2} r_{k-2}$ が成り立っています．実際，もし $r_{k-1} \leq \frac{1}{2} r_{k-2}$ なら，もちろん $r_k < r_{k-1} \leq \frac{1}{2} r_{k-2}$．もし $r_{k-1} > \frac{1}{2} r_{k-2}$ なら，割り算の式 $r_{k-2} = q_{k-1} r_{k-1} + r_k$ において $q_{k-1} = 1$ でなければならないので，このときも
> $$r_k = r_{k-2} - r_{k-1} < r_{k-2} - \frac{1}{2} r_{k-2} = \frac{1}{2} r_{k-2}.$$
> 以上により，$\mathbb{Z}$ における Euclid の互除法は，高々 $2 \log_2 g$ 回で停止すること，特に，Euclid の互除法は f, g が暗号で使うような巨大な数のときもデータのビット長に関する多項式時間の計算で実行可能なことが分かります．これは暗号等の計算で非常に大切なことです．実際に $O(n)$ 程度の二つの大きな整数に対してこの計算を行うときは，個々の数を要素数 $O(\log n)$ の配列に格納していわゆる多倍長数として扱わなければならないので，1 回の掛け算・割り算の計算量も (素朴にやれば) 普通の掛け算・割り算の $O((\log_2 n)^2)$ 個分になり，従って，Euclid のアルゴリズム全体では $O((\log_2 n)^2 \times \log_2 n) = O((\log_2 n)^3)$ 程度の計算量となります．

この節の最後に，既約元・素元と素因子分解の定義をしておきましょう．

定義 4.6 $f \neq 0$ が**既約元** (irreducible element) であるとは，自分自身は単元でなく，かつ $f = gh$ と書けるのが g または h が単元のときに限ることを言う．また f が**素元** (prime element) であるとは，$\langle f \rangle$ が 0 でない素イデアルとなることを言う．

単元とは可逆元のことでした．整数論では普通，単数と呼ばれます．これは $\mathbb{Z}$ では ± 1，$K[x]$ では $K^\times$ の元，すなわち 0 でないすべての定数となります．環 $\mathbb{Z}$ の既約元は素数 (ただしマイナスを付けたものも素元となる)，環 $K[x]$ の既約元はいわゆる既約多項式のことです．素元の名称は素数の拡張概念ということから来ていますが，定義を見ると既約元の方がそれにふさわしいですね．

一般の環では両者は異なる概念ですが,次の補題が示すように,$\mathbf{Z}$ や $K[x]$ では特に両者を区別する必要はありません.

補題 4.13 整域 A においては,素元は既約元である.すなわち,$\langle f \rangle$ が素イデアルなら,f は既約元である.環 $\mathbf{Z}, K[x]$,(より一般に単項イデアル整域) においては,逆も成り立つ.すなわち,既約元は素イデアルを生成する.

4.2 節のティータイムのイデアルの由来でも記したように,逆の主張は一般の整域では成り立たないのでした.

証明 f が既約元でないと,$f = gh$ と自明でない因子分解を持つが,このとき,$gh \in \langle f \rangle$ であるにも拘らず,$g, h \notin \langle f \rangle$ となる.実際,もし一方の因子,例えば $g \in \langle f \rangle$ とすると,$\exists a \in A$ により $g = af = agh$. よって両辺から $g \neq 0$ を省けば $1 = ah$ となり,h が単元になってしまう.故に,$\langle f \rangle$ は素イデアルでない.よって対偶により前半が示された.逆に,f を既約元とし,$gh \in \langle f \rangle$ とする.もし $g \notin \langle f \rangle$ なら,$\langle f \rangle \subsetneq \langle f, g \rangle$ となるが,単項イデアル整域の仮定により $\exists f_1$ s.t. $\langle f, g \rangle = \langle f_1 \rangle$. よって $f_1 \mid f, f_1 \mid g$ となるが,仮定により f は既約元だから,f_1 は f と単元因子を除き一致するか,またはそれ自身単元となる.前者の場合は,$f \mid g$, 従って $g \in \langle f \rangle$ となって仮定に反する.後者の場合は,$\langle f_1 \rangle = A$ となり,従って $\exists a, b$ s.t. $af + bg = 1$. これから $h = ahf + bgh \in \langle f \rangle$ となる.よって $\langle f \rangle$ は素イデアルである. □

この補題の前半の主張は,零因子を持つ環では必ずしも成り立ちません.実際,例えば環 $\mathbf{Z}_6$ において $3\mathbf{Z}_6$ は,容易に確かめられるように,素イデアルの条件を満たしていますが,$3 = 3 \times 3$ で,3 は既約元ではありません.

系 4.14 環 $\mathbf{Z}, K[x]$ においては,f が既約元のとき,$f \mid gh$ なら $f \mid g$ か $f \mid h$ かのいずれかが成り立つ.より一般に,単項イデアル整域で同じことが言える.

証明 f が素元のときは,$f \mid gh$ から $f \mid g$ か $f \mid h$ かのいずれかが従うことは,定義そのものであることに注意せよ.従って,前補題により既約元 f は素元であるから,結論が従う. □

定義 4.7 環 A が**素元分解環**であるとは,任意の元 f が素元の積に次の意味で一意的に分解できることを言う:$f = p_1^{m_1} \cdots p_s^{m_s} = q_1^{n_1} \cdots q_t^{n_t}$ と素元の積で表されたとき,$s = t$ かつ,適当に並べ替えて単元により調節すると

$p_1 = q_1, \ldots, p_s = q_s, m_1 = n_1, \ldots, m_s = n_s$ となることを言う.

定理 4.15 環 $\mathbb{Z}$, $K[x]$, (より一般に単項イデアル整域) は素元分解環である.

証明 f が素元でなければ, $f = gh$ と単元でない二つの元の積に分解される. このとき g, h はいずれも f より "小さな" 元となっている. 実際, $\mathbb{Z}$ においては, もし例えば $|f| = |g|$ だと, $|h| = 1$, 従って $h = \pm 1$ となってしまい, h は単元となり矛盾である. 同様に $K[x]$ についても $\deg g, \deg h < \deg f$. 従って, 二つの因子にこの因子分解の操作を続けてゆけば, 無限に続けることは不可能で, 必ず有限個の因子で単元に到達する. これで分解の可能性が示された. 以上の証明は, 一般の Euclid 環では通用しないが, 一気に単項イデアル環に一般化して片付けよう. もし, $f = g_1 h_1, h_1 = g_2 h_2, \ldots$ とどちらも単元でない分解が無限に続いたとすると,

$$\langle h_1 \rangle \subsetneq \langle h_2 \rangle \subsetneq \cdots \subsetneq A$$

というイデアルの無限上昇列ができるが, 単項イデアル環ではこれは起こり得ない. 実際, これらすべての和集合 $\bigcup_{i=1}^{\infty} \langle h_i \rangle$ は容易に分かるように A のイデアルとなるが, それは単項生成でなければならないので, $\exists d \in A$ により $\langle d \rangle$ に等しくなり, $\forall j$ について $d \mid h_j$. 他方, $d \in \bigcup_{i=1}^{\infty} \langle h_i \rangle$ だから, $\exists i$ について $d \in \langle h_i \rangle$. すると, $j \geq i$ なる番号で $h_j \mid d$, 従って $\langle h_j \rangle = \langle d \rangle$ となる. 特に h_{i+1} と h_i は単元因子の違いしかなくなり (問 4.11 の後半参照), 仮定に反する. よって分解は有限で止まり, 素元分解が得られる.

次に, 分解の一意性については, 定理に述べられた二つの分解を仮定すると, 素元の定義により成り立つ系 4.14 の主張を繰り返し適用することにより各 p_j はどれかの q_k を割り切らねばならない. p_j と q_k は共に素元であるから, これは単元の因子を除き一致しなければならない. このとき容易に分かるように $m_j \leq n_k$ である. 同様のことは逆に各 q_j についても言えるから, 結局両者は順序と単元の因子を除き一致する. □

多変数の多項式環 $K[x_1, \ldots, x_n]$ でも, 素元の概念は存在し定理 4.15 に相当することは成り立ちます (下の問 4.12) が, イデアルは一般には単項生成でなく, 拡張 Euclid 互除法も成り立たないので, 割り算の理論も非常に深遠となり, イデアル論は 1 変数のときに比べてずっと複雑です (7.6 節参照).

問 4.12* (1) 素元分解環においても既約元は素元となることを示せ.
(2) 素元分解環においては, 二つの元 a, b の最大公約元 $d = \text{GCD}(a, b)$ が, (i) $d \mid a$, $d \mid b$, (ii) $c \mid a, c \mid b$ なら $c \mid d$, の 2 条件により単元因子を除き定まることを示せ.
(3) A が素元分解環なら, その元を係数とする 1 変数多項式環 $A[x]$ も素元分解環となり, 特に, 有理整数係数の多項式環 $\mathbf{Z}[x]$ や, 体 K 上の n 変数多項式環 $K[x_1, \ldots, x_n]$ は素元分解環であることを示せ. [ヒント:分解の一意性を示すには, $A[x]$ の 2 元の積

$$(a_0 x^m + a_1 x^{m-1} + \cdots + a_m)(b_0 x^n + b_1 x^{n-1} + \cdots + b_n)$$
$$= c_0 x^{m+n} + c_1 x^{m+n-1} + \cdots + c_{m+n}$$

において, $\text{GCD}(a_0, a_1, \ldots, a_m) \text{GCD}(b_0, b_1, \ldots, b_n) = \text{GCD}(c_0, c_1, \ldots, c_{m+n})$ となること (**Gauss の補題**) に注意せよ.]

素因数分解の話が終わりましたが, 拡張 Euclid 互除法から得られる性質をもう少し続けましょう.

補題 4.16 環 $\mathbf{Z}, K[x]$, (より一般に単項イデアル整域) では素イデアルは極大イデアルである.

証明 $\mathcal{I}$ が素イデアルなら, $\mathcal{I} = \langle f \rangle$ としたとき, 補題 4.13 により f は既約元. 従って $\forall g \notin \mathcal{I}$ に対し, $f \nmid g$ より[6] $\text{GCD}(f, g) = 1$ となる. 故に, 拡張 Euclid 互除法により $\exists a, b$ s.t. $af + bg = 1$ となるから, g と $\mathcal{I}$ をともに含むようなイデアルは 1 を含み, 従って環全体となってしまう. よって $\mathcal{I}$ は極大イデアルである. 単項イデアル整域のときも補題 4.13 は成り立つから, (4.6) を用いて議論を少し書き直せば済む. □

以上を総合して, 次のものすごく大切な結果が導けます. これは既に第 1 章の例 1.8 (7) で鳩の巣原理を用いて初等的に証明しましたが, 一般論の流れの中で見ると, その意義がより鮮明になるでしょう.

系 4.17 (**素体の定義**)
p が素数のとき, かつそのときに限り, 剰余環 $\mathbf{Z}_p = \mathbf{Z}/p\mathbf{Z}$ は体となる. これを $\mathbf{F}_p$ で表し, 標数 p の**素体**と呼ぶ.

---

[6] 記号 $a \nmid b$ は $a \mid b$ の否定で, a は b を割り切らないという意味です.

実際,

Z/pZ が体 $\iff pZ$ が極大イデアル　　　　（補題 4.10）

$\iff pZ$ が素イデアル　　　（補題 4.11 と補題 4.16）

$\iff p$ が素数　　　（補題 4.13）

問 4.13 (1) 複素数体上の 1 変数多項式環 $C[x]$ の極大イデアルはすべて $x - a$, $a \in C$ の形の元で生成されることを示せ．このとき商体 $C[x]/\langle x - a \rangle$ は何か？ ただし，代数学の基本定理 (7.6 節のティータイム参照) は仮定してよい．
(2) 実数体上の 1 変数多項式環 $R[x]$ の極大イデアルは 1 次式 $x - a, a \in R$, または実根を持たない 2 次式 $x^2 + ax + b, a, b \in R$ で生成されることを示せ．
(3) 剰余体 $R[x]/\langle x^2 + 1 \rangle$ は何か？

自由課題 2

$2n + 1$ 以下の素数を見付けるための **Eratosthenes**（エラトステネス）のふるい法というアルゴリズムは以下の通りである：

(1) 3 から 2n+1 までの奇数を表す配列 a[1],...,a[n] を用意し，それに初期値 true を設定する．(a[i] $\longleftrightarrow$ 2i+1 と対応．)
(2) Loop:　i=1 to m
(3)　　if a[i]=true then
(4)　　　　Loop: j=2i(i+1) to n step 2i+1
　　　　　　/*2i+1 の奇数倍で $(2i+i)^2$ 以降のものを消す*/
(5)　　　　　a[j]=false.
(6) 2 と a[i]=true なるすべての i に対する 2i+1 を素数として出力．

素数は 2 以外奇数なので，偶数は最初から省いた．m は $2i + 1 \leq \sqrt{2n + 1}$ なる最大の i とする．以上を適当なプログラミング言語で実装し，10 万以下の素数表を作れ．またそれを用いて 3558595517 を素因数分解せよ．

4.4 Z_n における演算と初等整数論

この節では，暗号への応用で現代の必須知識となっている初等整数論を，環論の立場で能率よく学習します[7]．

---
[7] 著者の学科では，1 年生のときに初等整数論を初等代数学という科目の中で伝統的な手法で習っている．同様のカリキュラムに従う学生は，ここでその内容を環の一般論から見直してみると理解が深まるだろうが，初めて学ぶのでも構わない．

【正整数を法とする四則演算】 $n \in \boldsymbol{N}, n \geq 2$ を固定します (modulus と呼びます). このとき $x, y \in \boldsymbol{Z}$ に対し, 記号 $x+y \bmod n, xy \bmod n$ は, 整数としての普通の演算結果を n で割った余りを表すのでした. また, $a \equiv b \bmod n$ と書いたときは, $\equiv$ の左の量と右の量の差が n で割り切れることを意味するのでした. これらをこの章で学んだ概念で見直すと, $\boldsymbol{Z}$ のイデアル $n\boldsymbol{Z} \subset \boldsymbol{Z}$ による剰余類における演算や等号を表しているのだと分かります. 余りというのは, その剰余類の標準的な代表元の意味を持ちますが, 計算結果は必ずしも余りで表す必要はありません. 4.2 節の一般論により, 剰余環 $\boldsymbol{Z}_n := \boldsymbol{Z}/n\boldsymbol{Z}$ における和や積の演算結果は代表元の選び方によらず確定することが分かっているので, 例えば, $n(n+1)(2n+1)$ がどんな整数 n に対しても 6 の倍数となることを確かめるのに, 高校生のとき指導されたように $6n+k, k=0,1,\ldots,5$ というややこしい一般的表現を代入して計算し, 結果が 6 で割り切れることを示す必要は全くありません. 単に, $\bmod 6$ の代表元 $0, 1, \ldots, 5$ に対する計算結果が 0 と同じ剰余類になること, すなわち 6 の倍数となることを見るだけで十分です.

既に注意したように, イデアル $n\boldsymbol{Z}$ は n が素数のときかつそのときに限り素イデアルかつ極大イデアルとなり, 剰余環 $\boldsymbol{Z}_n$ は n が素数のときのみ体となり, 素数でないときは零因子を持ちます. このときの単元, すなわち可逆元をまず調べましょう.

補題 4.18 $f \in \boldsymbol{Z}_n$ が乗法の逆元を持つ $\iff \mathrm{GCD}(f, n) = 1$.

証明 拡張 Euclid 互除法より, 一般に $f, n \in \boldsymbol{Z}$ に対し $\exists a, b \in \boldsymbol{Z}$ s.t. $af + bn = d := \mathrm{GCD}(f, n)$. 特に $af \equiv d \bmod n$. よって $d = 1$ なら a が f の逆元となる. 逆に $d > 1$ なら, $f \times \dfrac{n}{d} = \dfrac{f}{d} \times n \equiv 0 \bmod n$ より f は零因子となるので, 系 1.2 により逆元を持たない. □

🐰 この補題の特別な場合として, $n = p$ が素数なら, すべての元は p と互いに素で, 従って逆元を持ちます. これは先の一般論で $\boldsymbol{F}_p$ が体となることから抽象的には明らかですが, 拡張 Euclid 互除法を用いると逆元が具体的に (しかも p が巨大でも p のビット長の多項式回数で) 計算できる点が応用上大切です.

例 4.4 $\boldsymbol{Z}_{12}$ においては, $2 \times 6 = 0, 3 \times 4 = 0$ 等で, 零因子が存在します. 乗法の可逆元は $\{1, 5, 7, 11\}$ の 4 個です. それぞれの逆元は, 自分自身に等しい.

4.4 Z_n における演算と初等整数論

与えられた正整数 n に対し，$1, 2, \ldots, n$ のうちで n と互いに素なものの個数を $\varphi(n)$ で表し，Euler の関数と呼びます．上に述べたことから，一般に Z_n の乗法の可逆元の全体を Z_n^* で表すとき，これは命題 1.4 により乗法に関して位数 $\varphi(n)$ の可換群をなすことが分かります．

定理 4.19 (**Euler の定理**)　$x \in Z_n^*$ なら $x^{\varphi(n)} \equiv 1 \bmod n$

これは，群の元の位数が群の位数の約数であるという Lagrange の定理の系 2.8 の適用例に過ぎません．ここで特に，$n = p$ を素数とすれば，$\varphi(p) = p - 1$ に注意して，次の超有名定理が得られます：

定理 4.20 (**Fermat の小定理**)

p が素数なら　$\forall x \neq 0$ に対し $x^{p-1} \equiv 1 \bmod p$

ちなみに，この定理の名前が"小定理"となっているのは，4.2 節のティータイムで紹介した Fermat 予想の方が大定理と考えられていたからです．

$\varphi(n)$ の値は非常に重要なので，計算公式が知られています：

定理 4.21　$n = p_1^{e_1} \cdots p_s^{e_s}$ で，$p_1, \ldots, p_s$ は互いに異なる素数なら，

$$\varphi(n) = \prod_{i=1}^{s}(p_i^{e_i} - p_i^{e_i - 1}) = n \prod_{i=1}^{s}\left(1 - \frac{1}{p_i}\right) \quad (\text{ただし } \varphi(1) = 1 \text{ は例外とする})$$

証明　次の二つに分けて行う：

(1) $\varphi(p^e) = p^e - p^{e-1}$.
(2) $\mathrm{GCD}\,(n_1, n_2) = 1$ のとき $\varphi(n_1 n_2) = \varphi(n_1)\varphi(n_2)$.

<u>(1) の証明</u>：　p^e と共通因子を持つ数 $= \{p, 2p, 3p, \ldots, p^{e-1}p\}$，その総数 $= p^{e-1}$ となる．よって，p^e と共通因子を持たない数の総数 $= n - p^{e-1} = p^e - p^{e-1}$．

<u>(2) の証明</u>：　$n = n_1 n_2$ と置き，次のような写像 φ を考える：

$$\begin{array}{ccc} \varphi: Z_n^* & \longrightarrow & Z_{n_1}^* \times Z_{n_2}^* \\ \cup & & \cup \\ x & \mapsto & (x \bmod n_1, x \bmod n_2) \end{array}$$

ここに $\times$ は群の直積 (定義 3.2) を表す．φ の定義が正当 (well-defined) なこ

と, すなわち, $x \in \mathbb{Z}_n^*$ なら $x \bmod n_1 \in \mathbb{Z}_{n_1}^*$ 等々は明らかであろう. φ が一対一かつ全射なことは, 下記の中国人剰余定理の $s=2$ の場合に他ならない. よって直積集合の要素数の公式 $|A \times B| = |A| \cdot |B|$ より (2) が導かれる.

(2) を繰り返し使えば $\varphi(p_1^{e_1} \cdots p_s^{e_s}) = \varphi(p_1^{e_1}) \cdots \varphi(p_s^{e_s})$ が得られ, (1) と合わせれば φ の計算公式が示される. □

定理 4.22 (中国人剰余定理 (Chinese remainder theorem))

$n_1, n_2, \ldots, n_s \in \mathbb{Z}$ はどの二つも互いに素とするとき
$\forall a_1, a_2, \ldots, a_s \in \mathbb{Z}$ に対し, $\exists x \in \mathbb{Z}$ s.t. $x \equiv a_j \bmod n_j, j = 1, \ldots, s$.
さらに, 解の一つを x とすれば, 一般の解は $x + kn, n = n_1 \cdots n_s, k \in \mathbb{Z}$
の形となる. 従って特に, 解は $\bmod n$ で一意に定まる.

以上は $\mathbb{Z}$ を一般の単項イデアル整域としても成り立つ.

証明 $N_j := n_1 \cdots \not{n}_j \cdots n_s$ と置く[8]. 仮定より $\mathrm{GCD}(N_j, n_j) = 1$ となるので, 補題 4.18 より, $\exists b_j$ s.t. $b_j N_j \equiv 1 \bmod n_j$. そこで
$$x \equiv \sum_{i=1}^{s} a_i b_i N_i \bmod n_1 n_2 \cdots n_s$$
と置くと, これが解となることが, 各 j について $\bmod n_j$ で
$$x = \sum_{i=1}^{s} a_i b_i N_i \equiv a_j b_j N_j \bmod n_j \equiv a_j \bmod n_j$$
より分かる. 次に, もし y も解だとすると, $x - y$ は $n_1, \ldots, n_s$ の各々で割り切れるが, これらに対する仮定により, $x - y$ は積 $n_1 n_2 \cdots n_s$ でも割り切れることが s に関する帰納法で示せる. よって $x \equiv y \bmod n$ となる. □

中国人剰余定理は中国で 5 世紀ごろに書かれた孫子算経という著者不詳の数学書に載っていたのを 19 世紀中ごろに宣教師 A. Wylie が発見してヨーロッパに紹介したことからこのような名前が付きました. (ヨーロッパでは 19 世紀初に Gauss が与えたのが最初です.) このため孫氏の定理と呼ぶ人もいます. 次はその孫子算経に載っていたオリジナルな問題です:

---

[8] $\not{n}_j$ は, "この元だけ除きすべてを掛け合わせる" という意味の板書での書き方です. 昔, 小平邦彦先生が講義のとき, "板書では便利だが出版社が使わせてくれない" と仰っていましたが, 今は TeX のお蔭で可能になりました.

問 4.14 今，物が有り，その総数は不明だが，これを 3 個ずつに分けると 2 個余り，5 個ずつに分けると 3 個余り，7 個ずつに分けると 2 個余ると言う．物の総数はいくつか？ 解答も含んだ原文は以下の通り：今有物不知其数．三三数之剰二，五五数之剰三，七七数之剰二，問物幾何．答曰二十三．術曰，三三数之剰二置一百四十，五五数之剰三置六十三，七七数之剰二置三十，併之得二百三十三，以二百十減之，即得．[剰の字は原文では同じ発音・同じ意味の別の文字が使われていますが unicode でしか存在しないので換えました．なお，上記原文の解は最小のものしか与えていませんが，皆さんはこの条件に当てはまる数を一般形で答えてください．]

ティータイム　RSA 暗号

RSA 暗号は今流行りの公開鍵暗号の代表的な例です．初等整数論の講義で簡単な解説を聞いた人もいると思いますが，そのプロトコル (段取り) は以下の通りです：

(1) Alice は二つの巨大な素数 p, q を選び，$n = pq$ を計算し，d, e を $de \equiv 1 \bmod \varphi(n)$ となるように選び，ブロック長 n と暗号化鍵 e を公開する．(この n に対しては，定理 4.21 より $\varphi(n) = (p-1)(q-1)$ である．)

(2) Bob は，平文を適当にブロックに分けてコード化し，n より小さな整数とみなしたもの m から暗号文 $c = m^e \bmod n$ を計算して Alice に送る．

(3) Alice は暗号文 c を秘密鍵 d を用いて $m = c^d \bmod n$ により復号し，もとの平文を得る．

最後の結果が m になる理由は，次の通りです：仮定からある k について $de = 1 + k\varphi(n)$ と書けているので，もし $m \in \mathbb{Z}_n^*$ なら，Euler の定理から
$$c^d = m^{ed} = m^{1+k\varphi(n)} = m \cdot \{m^{\varphi(n)}\}^k \equiv m \cdot 1 \equiv m \bmod n$$
ただし，送られた平文が p や q を因子に持つような偶然も有り得るので，実際にはもう少し丁寧に見なければなりません (下の問 4.15 参照)．この原理に必要な巨大数の計算は，既に紹介したように，拡張 Euclid 互除法とバイナリ法で高速に行うことができます．実際に暗号を作るには，巨大な素数 p, q を用意するための数学も必要になります．

問 4.15 RSA 暗号の正当性を以下のように拡張して示せ：(i) 公開鍵と秘密鍵の対 d, e は $de \equiv 1 \bmod \mathrm{LCM}(p-1, q-1)$ となるように選ぶ[9]．(ii) 平文 m は必ずしも

---
[9] $\mathrm{LCM}(a, b)$ は二つの数 a, b の最小公倍数を表す．

n と互いに素とは限らない． ［ヒント：Euler の定理でなく Fermat の小定理の方を使う．］

次の結果は初等整数論で重要です：

補題 4.23 $\sum_{m|n} \varphi(m) = n.$

和は $1 \leq m \leq n$ で n の約数となっているものすべてに渡り，特に 1 と n も含まれます．例えば，$n = 12$ なら，

$$\varphi(1) + \varphi(2) + \varphi(3) + \varphi(4) + \varphi(6) + \varphi(12) = 1 + 1 + 2 + 2 + 2 + 4 = 12.$$

証明 今 $n = p_1^{e_1} \cdots p_s^{e_s}$ と置けば，n の約数は $p_1^{k_1} \cdots p_s^{k_s}$，$0 \leq k_1 \leq e_1, \ldots, 0 \leq k_s \leq e_s$ の形だから，φ が互いに素な因子について乗法的なことと，素数冪に対して $\varphi(p^e) = (p-1)p^{e-1}$ であったことを用いて，

$$\sum_{m|n} \varphi(m) = \sum_{0 \leq k_1 \leq e_1, \ldots, 0 \leq k_s \leq e_s} \varphi(p_1^{k_1} \cdots p_s^{k_s})$$
$$= \sum_{k_1=0}^{e_1} \cdots \sum_{k_s=0}^{e_s} \varphi(p_1^{k_1}) \cdots \varphi(p_s^{k_s}) = \sum_{k_1=0}^{e_1} \varphi(p_1^{k_1}) \cdots \sum_{k_s=0}^{e_s} \varphi(p_s^{k_s})$$
$$= \left\{ 1 + (p_1 - 1) \sum_{k_1=1}^{e_1} p_1^{k_1-1} \right\} \cdots \left\{ 1 + (p_s - 1) \sum_{k_s=1}^{e_s} p_s^{k_s-1} \right\}$$
$$= \left\{ 1 + (p_1 - 1) \frac{p_1^{e_1} - 1}{p_1 - 1} \right\} \cdots \left\{ 1 + (p_s - 1) \frac{p_s^{e_s} - 1}{p_s - 1} \right\}$$
$$= p_1^{e_1} \cdots p_s^{e_s} = n. \quad \square$$

【乗法群 Z_n^* の構造】 以上の準備の下に乗法群 Z_n^* の構造が解明できます．

定理 4.24 p が素数なら，乗法群 F_p^* は位数 $p-1$ の巡回群となる．

証明 各 $m \mid p-1$ に対し $\psi(m) := \#\{x \in F_p^\times \mid x \text{ の位数は } m\}$ と置く．

(1) 位数がちょうど m の元 g が存在するとき，$1, g, g^2, g^3, \ldots, g^{m-1}$ はすべて異なり，いずれも $x^m = 1$ を満たす．F_p は体なので，命題 1.5 によりこの代数方程式の根の個数は $\leq m$．よって位数 m の元はすべてこのどれかと一致する．しかしこの中で $d = \mathrm{GCD}(k, m) > 1$ なる k に対応する g^k は $(g^k)^{m/d} = (g^m)^{k/d} = 1$ で，位数 $\leq m/d < m$．よって $\psi(m) \leq \varphi(m)$．

(2) 位数がちょうど m の元が一つも存在しなければ $\psi(m) = 0 \leq \varphi(m)$. 以上より

$$p - 1 = \sum_{m|(p-1)} \psi(m) \leq \sum_{m|(p-1)} \varphi(m) \underset{\text{上の補題より}}{=} p - 1$$

よって各 m について $\psi(m) = \varphi(m)$. 特に $\psi(p-1) = \varphi(p-1) > 0$. つまり $p-1$ 次の巡回群としての生成元がこれだけ存在することになる. □

巡回群 $\boldsymbol{F}_p^\times$ の生成元のことを初等整数論では有限体 $\boldsymbol{F}_p$ の**原始元**, あるいは p を法とする**原始根**と呼びます. 従って上の定理は原始根の存在定理です.

これから先は, $p = 2$ と $p \geq 3$ で状況が異なります. 2 は偶数で素数となるただ一つの数なので, それ以外の素数のことを**奇素数** (odd prime) と呼びます.

命題 4.25 n が奇素数 p の冪のときも, $\boldsymbol{Z}_{p^e}^*$ は巡回群となる.

証明 命題 2.9 によれば位数が $|\boldsymbol{Z}_{p^e}^*|$ の元を一つ見付ければよい. $a \in \boldsymbol{Z}$ を $\boldsymbol{F}_p^\times$ の生成元とする. $a^{p-1} \equiv 1 \bmod p$ だが, 一般には $a^{p-1} \not\equiv 1 \bmod p^2$ かどうか不明. しかし, もし $a^{p-1} \equiv 1 \bmod p^2$ なら, a の代わりに $a + p$ を考えると

$$(a+p)^{p-1} = a^{p-1} + \frac{p(p-1)}{2}a^{p-2} + Cp^2 \equiv 1 + \frac{p(p-1)}{2}a^{p-2} + Cp^2 \not\equiv 1 \bmod p^2$$

故に, 始めから上のような a が存在するとしてよい. 以下, この a が $\boldsymbol{Z}_{p^e}^*$ を生成することを示す. a の $\boldsymbol{Z}_{p^e}^*$ での位数は $p^{e-1}(p-1)$ の約数, 従って

$$p^{kc}, \qquad c \mid (p-1),\ 0 \leq k \leq e$$

の形のはずだが, 実は $c = p - 1$ でなければならない. なぜなら, もし $a^{p^k c} \equiv 1 \bmod p^e$ なら, もちろん $a^{p^k c} \equiv 1 \bmod p$. よって $a^p \equiv a \bmod p$ を繰り返し使うと, これより

$$a^{p^k c} = (a^p)^{p^{k-1}c} \equiv a^{p^{k-1}c} \equiv \cdots \equiv a^c \equiv 1 \bmod p.$$

これは $c = p - 1$ のときしか成り立たない.

最後に $k < e - 1$ では $a^{p^k(p-1)} \equiv 1 \bmod p^e$ は成り立たないことを示す. $a^{p-1} = 1 + cp, p \nmid c$ と仮定したから,

$$a^{p^k(p-1)} = (1+cp)^{p^k} = \{(1+cp)^p\}^{p^{k-1}} = (1+cp^2+C_1p^3)^{p^{k-1}}$$
$$= (1+cp^3+C_2p^4)^{p^{k-2}} = \cdots = 1+cp^{k+1}+C_k p^{k+2}$$

よって $k = e-1$ でなければ，$a^{p^k(p-1)} - 1$ は p^e で割れない．以上より，a の位数は $p^{e-1}(p-1) = |\mathbf{Z}_{p^e}^*|$ に等しいことが分かった． □

命題 4.26 $e \geq 3$ のとき $\mathbf{Z}_{2^e}^* \cong C_{2^{e-2}} \times C_2$．ここで一般に，$C_n$ は n 次の巡回群を表しており，× は二つの群の直積を表す．

この構造定理から，特に $\mathbf{Z}_{2^e}^*$ のどの元の位数も 2^{e-2} 以下となり，従って $e \geq 3$ なら巡回群とはなり得ないことが分かります．なお，$\mathbf{Z}_{2^2}^* = \{\pm 1\}$ は例外で，2 次の巡回群となります (上の公式はこの場合も含んでいると言えなくもありません)．

証明 $\mathbf{Z}_{2^n}^* = \{1, 3, 5, \ldots, 2^n - 1\}$ で考えると，元は一般に $1 + 2c$ と書け，

$$(1+2c)^2 = 1+4c(c+1) = 1+2^3 c_1 \equiv 1 \bmod 2^3, \qquad c_1 = c(c+1)/2.$$

従って

$$(1+2c)^{2^2} = (1+2^3 c_1)^2 = 1+2^4 c_1 + 2^6 c_1^2 = 1+2^4 c_2 \equiv 1 \bmod 2^4$$

となり，これから先は規則的に

$$(1+2c)^{2^{n-2}} = (1+2^3 c_1)^{2^{n-3}} = \cdots = (1+2^{n-1} c_{n-3})^2$$
$$= 1+2^n c_{n-3} + 2^{2n-2} c_{n-3}^2 = 1+2^n c_{n-2} \equiv 1 \bmod 2^n.$$

しかもこの計算から分かるように，c_1 が奇数なら以下の c_k もすべて奇数となり，そのときは位数はぴったり 2^{n-2} となる．ここで

$$c_1 = \frac{c(c+1)}{2} \text{ が奇数} \iff c \equiv 1, 2 \bmod 4.$$

よって位数が maximal な元は $3, 5, 11, 13, 19, 21, \ldots$．特に 3 は常に位数 2^{n-2} の巡回部分群を生成し，その $\mathbf{Z}_{2^n}^*$ における指数は $2^{n-1} \div 2^{n-2} = 2$ なので，$\mathbf{Z}_{2^n}^* = C_{2^{n-2}} \times C_2$ が一般的構造となる． □

例 4.5 $n=8$ のとき $\mathbf{Z}_8^* = \{1, 3, 5, 7\}$ で，どの元も位数 2 であり，群の構造は $\mathbf{Z}_2 \times \mathbf{Z}_2$ となります．具体的な対応は，例えば順に

$$
\begin{array}{ccc}
\mathbf{Z}_2 \times \mathbf{Z}_2 & \longrightarrow & \mathbf{Z}_8 \\
\cup & & \cup \\
(1,1), (-1,1), (1,-1), (-1,-1) & \mapsto & 1, 3, 5, 7
\end{array}
$$

でよろしい．

最後は蛇足のようなものですが，一般の n に対する $\mathbf{Z}_n^*$ の構造を述べておきましょう．

命題 4.27 n が一般の合成数のとき，$n = p_1^{e_1} \cdots p_s^{e_s}$ を n の素因数分解とすれば，$\mathbf{Z}_n^* \cong \mathbf{Z}_{p_1^{e_1}}^* \times \cdots \times \mathbf{Z}_{p_s^{e_s}}^*$ となる．これが巡回群になるのは，$n=4$ か，あるいは n が奇素数冪またはその 2 倍のときに限られる．

前半は Euler の関数 φ の計算のとき中国人剰余定理を用いて示した一対一対応：

$$\text{GCD}(n_1, n_2) = 1 \quad \text{のとき} \quad \mathbf{Z}_{n_1 n_2}^* \cong \mathbf{Z}_{n_1}^* \times \mathbf{Z}_{n_2}^* \tag{4.7}$$

が，容易に分かるように実は群の同型ともなっていることに注意し，これを繰り返し適用すれば得られます．後半は，p が奇素数のとき $p-1$ は必ず 2 を因子に持つことに注意すれば次の一般的補題から出ます：

補題 4.28 G_1, G_2 が巡回群で，それぞれの位数 $n_1 = |G_1|$ と $n_2 = |G_2|$ が互いに素なら，$G_1 \times G_2$ は位数 $n_1 n_2$ の巡回群となる．また，互いに素でなければ，それらの最小公倍数が $G_1 \times G_2$ の元の位数の最大値となる．

証明 $\text{GCD}(n_1, n_2) = 1$ のときは，それぞれの生成元を g_1, g_2 とするとき，$(g_1, g_2) \in G_1 \times G_2$ が位数 $n_1 n_2$ となることを言えばよい．直積の定義により

$$(g_1, g_2)^k = (g_1^k, g_2^k) = (e_1, e_2)$$

となったとすれば，$n_1 \mid k, n_2 \mid k$ でなければならない．仮定により n_1, n_2 は互いに素だから，これより $n_1 n_2 \mid k$．よって (g_1, g_2) の位数は $\geq n_1 n_2$．逆の不等式は明らか．$\text{GCD}(n_1, n_2) > 1$ のときも同じ論法で，(g_1, g_2) は位数が n_1 と n_2 の最小公倍数となり，これが $G_1 \times G_2$ の元の位数の最大値となることが容易に分かる． □

例 4.6 $\mathbf{Z}_{15}^* = \{1, 2, 4, 7, 8, 11, 13, 14\} \cong \mathbf{Z}_3^* \times \mathbf{Z}_5^*$. この例では $3-1=2$ と $5-1=4$ が共通因子を持ち，どの元の位数も ≤ 4 です．

(4.7) の同型は $\varphi(n_1) = |\mathbf{Z}_{n_1}^*|$ と $\varphi(n_2) = |\mathbf{Z}_{n_2}^*|$ が互いに素でなくても成り立つので，整数論的な特殊事情です．一般には可換群 G の位数が互いに素な n_1, n_2 の積に等しいときは G は位数がそれぞれ n_1, n_2 の二つの群 G_1, G_2 の直積に同型となることが，後に習う有限可換群の構造定理から分かりますが，n_1, n_2 が互いに素でないと必ずしもそうはなりません．

問 4.16 二つの巡回群の直積 $C_4 \times C_4$ は位数 16 の群だが，位数が 2 の群と位数が 8 の群の直積には成り得ないことを示せ． [ヒント：位数 4 の元の個数を比較せよ．]

【平方剰余】 1 次の合同方程式は中国人剰余定理により，連立方程式も込めて解法が分かりました．平方剰余の理論は 2 次の合同方程式の可解性を論ずるものです．たかが 2 次方程式と思われるかも知れませんが，その研究は整数論の著しい発展の基礎となりました．

定義 4.8 $x^2 \equiv a \bmod p$ が解を持つような a は p を法として**平方剰余** (quadratic residue) であると言い，解を持たない場合は平方非剰余であると言う．これを，それぞれ $\left(\dfrac{a}{p}\right) = 1$ あるいは -1 で表し，**Legendre** の記号と呼ぶ．

問 4.17 対応 $a \mapsto \left(\dfrac{a}{p}\right)$ は $\mathbf{F}_p^\times$ から $C_2 = \{\pm 1\}$ への群の準同型となり，その核である平方剰余の全体は $\mathbf{F}_p^\times$ の部分群となり，位数 $\dfrac{p-1}{2}$ を持つことを示せ．

平方剰余の計算には，相互法則と呼ばれるものが重要ですが，これについては本ライブラリの『暗号理論講義』の方で必要となったときに解説しましょう．

4.5 商環と商体

この節では，今までとはやや異なった商環と商体の概念を導入します．実はこちらの方が初等数学になじみのあるもので，有理整数環から有理数体を作ったり，多項式環から有理関数体を作ったりする操作を抽象化するものです．

補題と定義 4.29 A を単位可換整域とする．このとき，$\dfrac{q}{p}, p \neq 0$ の形の元の全体に $\dfrac{q}{p} \sim \dfrac{s}{r} \iff ps = qr$ という同一視をなして得られる集合を K と置

く．K に
$$\frac{q}{p}+\frac{s}{r}=\frac{qr+ps}{pr}, \qquad \frac{q}{p}\cdot\frac{s}{r}=\frac{qs}{pr}$$
で，加法および乗法を入れたものは体となる．もとの A の元 q は "分母" が 1 の元 $\frac{q}{1}$ として K に自然に含まれ，これにより A は K の部分環となる．この K を A の**商体**と呼ぶ．

上の定義は，小学校で分数を習ったときの約分，通分の定義と分数の計算規則そのままですね．あの手続きは，まさに，ここで述べた意味で Z から Q を作り出すものだったのです．$\frac{q}{p}$ という記号は，未定義の割り算を暗に用いているようであまり論理的でないと思われるかもしれませんが，これは実は (q,p) と書いても同じことなのです．このように捉えると，分数をコンピュータで処理できるようにもなります．K の定義が確定した後は，$\frac{q}{p}$ は A の二つの元 q,p を自然に K の元とみなしたものの K における割り算の結果と一致します．

例 4.7 (1) 有理数体 Q は有理整数環 Z の商体です．1 変数有理関数体 $K(x)$ は 1 変数多項式環 $K[x]$ の商体です．

(2) 体 K 上の**形式的冪級数環** $K[[x]]$ とは，
$$\sum_{k=0}^{\infty}a_kx^k=a_0+a_1x+\cdots+a_nx^n+\cdots, \qquad a_k\in K$$
の形の元の全体に，多項式と類似の計算規則
$$\begin{aligned}\sum_{k=0}^{\infty}a_kx^k+\sum_{k=0}^{\infty}b_kx^k&=\sum_{k=0}^{\infty}(a_k+b_k)x^k,\\ \sum_{k=0}^{\infty}a_kx^k\sum_{k=0}^{\infty}b_kx^k&=\sum_{k=0}^{\infty}\left(\sum_{l=0}^{k}a_{k-l}b_l\right)x^k\end{aligned} \qquad(4.8)$$
を入れたもののことです．無限和にびっくりしてはいけません．これは代数だし，係数体 K は実数体のように位相を持つとは限らないので，無限和は単なる抽象的記号の意味しかありません．実際，無限和の代わりに，$(a_0,a_1,\ldots,a_k,\ldots)$ という無限列に上の計算規則を入れても全く同等のものが得られます．環 $K[[x]]$ の商体は，$K((x))$ で表され，冪級数に加えてさらに，有限次の分母を許した**形式的 Laurent 級数**

$$\sum_{k=-m}^{\infty} a_k x^k = \frac{a_{-m}}{x^m} + \cdots + \frac{a_{-1}}{x} + a_0 + a_1 x + \cdots + a_n x^n + \cdots, \quad a_k \in K$$

の全体に (4.8) と同様の演算を入れたものとなります.

(3) 記号 $\boldsymbol{Z}_p$ は,整数論では,前節で論じた剰余環ではなく,**$\boldsymbol{p}$-進整数**と呼ばれる形式的冪級数環

$$\sum_{k=0}^{\infty} a_k p^k = a_0 + a_1 p + \cdots + a_n p^n + \cdots, \quad a_k \in \{0, 1, \ldots, p-1\}$$

の成す環を表すのが普通です. 今度は, x でなく p に関する展開なので,係数の演算で p の因子が現れたら, それは繰り上げて上位の冪の係数に足し込みます. 通常の有理整数環は部分環として $\boldsymbol{Z}_p$ に含まれますが, 負の数は無限和になります. 例えば, $-1 = (p-1) + (p-1)p + \cdots + (p-1)p^n + \cdots$ など. $\boldsymbol{Z}_p$ の商体は, 上の和を形式的 Laurent 級数にしたものより成り, **$\boldsymbol{p}$-進体**と呼ばれ, $\boldsymbol{Q}_p$ で表されます.

最後に商体の概念をもう少し一般化しておきましょう.

定義 4.9 環 A の**乗法的部分集合** S とは, A の非零因子より成る部分集合で, $\forall x, y \in S$ に対し $xy \in S$ という条件を満たすもののことを言う. このとき, A の S による**商環** A_S を, $\left\{ \dfrac{a}{s} \mid a \in A, s \in S \right\}$ の形の元の集合に, 商体のときと同様の同一視と演算を導入したものとして定義する.

先にイデアルによる剰余類の集合として剰余環を定義したときは, もとの環より "小さく" なる感じでしたが, 今度は, 外にはみ出して大きくなる感じで, 同じ商と言っても全く別の概念です. このような商環の例としては, S として A の素イデアル $\mathfrak{p}$ の補集合 $A \setminus \mathfrak{p}$ を取ったときの商環が有名で, 記号の濫用でこれを $A_\mathfrak{p}$ と記し, A の素イデアル $\mathfrak{p}$ による**局所化**と言います. この言葉は, 代数方程式で定義された図形の性質を研究する代数幾何学 (代数学と幾何学ではありません!) という分野で, 図形をある点において局所的に調べるときに, 有理関数をその点において Taylor 展開したものを用いた手法の抽象化としてこの概念が導入されたことから来ています.

問 4.18[*] $A \setminus \mathfrak{p}$ が乗法的部分集合となることを示せ. また, 商環 $A_\mathfrak{p}$ は $\mathfrak{p} A_\mathfrak{p}$ をただ一つの極大イデアルとして持つことを示せ.

第 5 章

加群とその構造

　この章では**加法群 (加群)**，すなわち Abel 群 (可換群) の演算を加法的に書いたもの，を取りあげます．応用を考えて少し一般化し，作用環 A を持つ加群，いわゆる A-加群を考察することとし，A が Euclid 環，あるいは単項イデアル整域の場合にその構造を解明します．普通の Abel 群は作用環が $\boldsymbol{Z}$ という特別の場合です．抽象論が苦手な人は，まずは $A = \boldsymbol{Z}$ だと思って，書かれていることを理解すればよいでしょう．

■ 5.1 作用環を持つ加群

　A を乗法の単位元を持つ可換環とします．また A は整域，すなわち，零因子は無いものとします．M が $\boldsymbol{A}$-**加群** (A-module) とは，以下の性質を満たすことを言います．

> **定義 5.1** ($\boldsymbol{A}$-加群の公理)
>
> (1) M には演算 $+$ が有り，普通の意味で加法群になっている．
> (2) A の元の M への作用が定義されており，以下の**作用の公理**を満たす：
>   (a) $\forall a \in A$ の M への作用は加法群の準同型になっている，すなわち，
> $\forall m, n \in M$ に対し $a(m+n) = am + an$．従って特に $a0 = 0$．
>   (b) A の演算は M の準同型の演算と両立する，i.e.
> $\forall a, b \in A, \forall m \in M$ に対し $(a+b)m = am + bm, \ a(bm) = (ab)m$
>   (c) $1 \in A$ は M に恒等写像として作用する．

🐌 上では A を最初から可換環と仮定しましたが，一般には非可換な環の作用する加群もよく使われます．A が非可換環の場合には，上で述べた性質は M への**左作用** (left action) の公理に相当し，これを満たす M は左 A-加群と呼ばれます．

問 5.1 (毎度のことですが (^^;)，$0 \in A$ に対し $0m = 0$ が成り立つことを示せ．ただし右辺の 0 は加群 M の零元である．また $(-a)m = -(am)$ が成り立つことを，両辺の意味を説明しつつ示せ．

普通の Abel 群 M には $\mathbb{Z}$ が上の意味で作用しています．すなわち，任意の Abel 群は $\mathbb{Z}$-加群です．$a \in \mathbb{Z}$ の $m \in M$ への作用を詳しく書けば次の通りです：

> (1) $a > 0$ なら $am := \underbrace{m + \cdots + m}_{a \text{ 個}}$．
> (2) $a = 0$ なら $am := 0$．
> (3) $a < 0$ なら $am = -((-a)m)$．ここに，右辺の一番外側の $-$ は加群 M における加法の逆元を表す．内側の $(-a) > 0$ の作用は (1) で定義されたもののこととする．

もう一つの特別な場合として，A が体 K のときは，K-加群とはすなわち K を係数体とする線形空間 (ベクトル空間) のこととなります．このときは $a \neq 0$ には逆元 a^{-1} が有り，その作用は a の作用の逆写像となります．従って零元と異なる M の元 m に $a \neq 0$ を掛けても零元となることはありません．しかし一般の環の作用では，$a \neq 0, m \neq 0$ でも $am = 0$ となることがあります．

補題 5.1 $m \in M$ を固定したとき，

$$\mathrm{Ann}(m) := \{a \in A \mid am = 0\} \tag{5.1}$$

は A のイデアル (A が非可換のときは左イデアル) となる．これを元 m の**零化イデアル** (annihilator) と呼ぶ．また，このイデアルが $\{0\}$ と異なるとき，m は**ねじれ元** (torsion) であると言う．

証明は簡単です．$a, b \in \mathrm{Ann}(m)$ なら，$am = bm = 0$ なので，$(a-b)m = a + (-b)m = am - bm = 0$．よって $a - b \in \mathrm{Ann}(m)$．また $a \in \mathrm{Ann}(m)$ なら，$c \in A$ が何であっても $(ca)m = c(am) = c0 = 0$．よって $ca \in \mathrm{Ann}(m)$．

A-加群の最も単純な例は A 自身です．A が体 K のとき，すなわち線形空間のときは，これは係数体自身を 1 次元の線形空間とみなしたものに相当します．従って次に簡単な例は，線形空間の場合の n 次元数ベクトル空間 K^n に相当する A^n で，これは階数 n の自由 A-加群と呼ばれます．線形空間の場合も無限次元は難しいので普通は有限次元のものしか扱いませんでした．A-加群のときにこれに対応する概念は，有限生成です．

定義 5.2 A-加群 M が**有限生成** (finitely generated) とは，M の有限個の元 $m_1, \ldots, m_n$ を適当に取るとき，M の任意の元 m がある $a_1, \ldots, a_n \in A$ により $m = a_1 m_1 + \cdots + a_n m_n$ の形に書けることを言う．このときの $m_1, \ldots, m_n$ を M の生成元の系 (system of generators)，あるいは略して**生成系**と呼ぶ．

生成系は線形空間の場合の基底に相当するものですが，一般の A-加群にはねじれが存在するので，基底のときのように "1 次結合" の係数 $a_1, \ldots, a_n \in A$ が m により一意に定まるとは限りません．しかし A^n の場合は，単位ベクトルに相当する自然な生成系によりこの空間の元が一意に表現されます．この例のように，M の任意の元をそれらの "1 次結合" として一意に表すことのできる生成系は**基底**と呼ばれ，基底を持つ A-加群が**自由 A-加群**の抽象的な定義です．基底を成す元の個数を n としたとき，これは結局 A^n と同型になることを，線形代数のときと同様に示すことができます．さらに，このような n が M により一意に定まることも示せますが，これを次元の代わりに M の**階数** (rank) と呼ぶ習慣です．基本変形で割り算が使えないので，その証明は線形代数の場合と全く同様という訳にはゆきません．そこで必要となる工夫は，自由でない一般の A-加群の構造の解明にも使えます．この節の残りではこのための基本的な補題の準備をしましょう．

まず次のことに注意しましょう．これは既に Euclid の原論にも載っているものです．

補題 5.2 A が $\mathbf{Z}$ や $K[x]$ (あるいは一般の素元分解環) のとき，

$$\mathrm{GCD}\,(a_1, a_2, \ldots, a_n) = \mathrm{GCD}\,(\ldots(\mathrm{GCD}\,(a_1, a_2), a_3), \ldots, a_n)$$

が成り立つ．一般に $d_1 = a_1$, $d_j = \mathrm{GCD}\,(a_1, \ldots, a_j)$, $j = 2, \ldots, n$ と置けば，$d_j = \mathrm{GCD}\,(d_{j-1}, a_j)$, $j = 2, \ldots, n$ となる．単項イデアル整域でこれに相当する等式のイデアル版は，

$$\langle a_1, a_2, \ldots, a_j \rangle = \langle d_j \rangle, j = 1, \ldots, n \implies \langle d_{j-1}, a_j \rangle = \langle d_j \rangle, j = 2, \ldots, n$$

証明は簡単です．$d_j = \mathrm{GCD}\,(a_1, \ldots, a_j)$ は任意の d_{j-1} と a_j を割り切ることは明らかですし，逆に d_{j-1} と a_j の両方を割り切るような元は $a_1, \ldots, a_j$ のすべてを割り切るからです．最初の主張は，ここで $j = n$ に取ったものです．

なお，単項イデアル整域を含む素元分解環においても GCD の概念が自然に拡張できることは問 4.12(2) で注意した通りです．

補題 5.3 Euclid 環 A において $\mathrm{GCD}(a_1,\ldots,a_n) = d$ のとき，$b_1,\ldots,b_n \in A$ を適当に取れば $b_1 a_1 + \cdots + b_n a_n = d$ とできる．のみならず，A の元を要素に持つ可逆な行列 S で

$$S \begin{pmatrix} a_1 \\ a_2 \\ \vdots \\ a_n \end{pmatrix} = \begin{pmatrix} d \\ 0 \\ \vdots \\ 0 \end{pmatrix} \tag{5.2}$$

なるものが存在する．単項イデアル整域でも対応する主張が成り立つ．

証明 前半の主張：$n = 2$ のときは拡張 Euclid 互除法そのものである．$n-1$ 個の元については成立しているとして，$\mathrm{GCD}(a_1,\ldots,a_{n-1}) = d'$ と置けば，帰納法の仮定により $b'_1,\ldots,b'_{n-1} \in A$ が存在して $b'_1 a_1 + \cdots + b'_{n-1} a_{n-1} = d'$ となる．前補題より $\mathrm{GCD}(d', a_n) = d$ なので，拡張 Euclid 互除法により b', b_n を適当にとれば $b' d' + b_n a_n = d$ とできるから，$b_j = b' b'_j, j = 1,\ldots,n-1$ と置けば $b_1 a_1 + \cdots + b_n a_n = d$ が成り立つ．

後半の主張：$n = 2$ のとき，Euclid の互除法の操作を思い出すと，最初のステップの $(a_1, a_2) \mapsto (a_2, r_3)$ は a_1 を a_2 で割り算して，その余り r_3 で a_1 を置き換え，最後に二つの成分を交換するという操作である．ここで，割り算は a_1 から a_2 を繰り返し引き算すれば達成でき，a_1 が自然に r_3 に変わる．よって，1 回の引き算と交換が左からの可逆行列の作用で実現できればよいが，引き算は

$$\begin{pmatrix} a_1 - a_2 \\ a_2 \end{pmatrix} = \begin{pmatrix} 1 & -1 \\ 0 & 1 \end{pmatrix} \begin{pmatrix} a_1 \\ a_2 \end{pmatrix}$$

で実現できる．また，交換は

$$\begin{pmatrix} a_2 \\ r_3 \end{pmatrix} = \begin{pmatrix} 0 & 1 \\ 1 & 0 \end{pmatrix} \begin{pmatrix} r_3 \\ a_2 \end{pmatrix}$$

で実現できる．Euclid の互除法はこれらの操作の繰り返しであり，可逆行列の積は可逆だから，これで $n = 2$ の場合が証明された．（なお $a_2 = 0$ なら割り算はできないが，この場合は a_1 は仮定 $\mathrm{GCD}(a_1, a_2) = d$ よりある可

5.1 作用環を持つ加群

逆元 ε を以て $a_1 = \varepsilon d$ と書けているから，行列 $\begin{pmatrix} \varepsilon_1^{-1} & 0 \\ 0 & 1 \end{pmatrix}$ で (5.2) の形にできる．）一般の単項イデアル環の場合は，Euclid 互除法の過程が明らかではないので，$\langle a_1, a_2 \rangle = \langle d \rangle$ より導かれる等式 $s_{11}a_1 + s_{12}a_2 = d$ を満たす元 s_{11}, s_{12} の抽象的存在を用いると，$a_1 = b_1 d, a_2 = b_2 d$ と書けるので，これより $(s_{11}b_1 + s_{12}b_2)d = d$，すなわち，$s_{11}b_1 + s_{12}b_2 = 1$．よって $\begin{pmatrix} s_{11} & s_{12} \\ -b_2 & b_1 \end{pmatrix}$ は求める条件を満たし，しかも行列式が 1 なので可逆行列となる．

帰納法により，長さ $n-1$ のベクトルまで証明されたとすれば，$n-1$ 次の可逆行列 S' で

$$S' \begin{pmatrix} a_1 \\ a_2 \\ \vdots \\ a_{n-1} \end{pmatrix} = \begin{pmatrix} d' \\ 0 \\ \vdots \\ 0 \end{pmatrix}$$

を満たすものが存在する．ここに $d' = \mathrm{GCD}(a_1, \ldots, a_{n-1})$ である．S' の後に対角成分 1 のブロックを直和して n 次の可逆行列に拡張したものを $\widetilde{S'}$ と置くと，上は

$$\widetilde{S'} \begin{pmatrix} a_1 \\ a_2 \\ \vdots \\ a_{n-1} \\ a_n \end{pmatrix} = \begin{pmatrix} d' \\ 0 \\ \vdots \\ 0 \\ a_n \end{pmatrix}$$

と書き直せる．ところで $n=2$ のときに示したところにより，2 次の可逆行列 S'' で

$$S'' \begin{pmatrix} d' \\ a_n \end{pmatrix} = \begin{pmatrix} d \\ 0 \end{pmatrix}, \qquad d = \mathrm{GCD}(d', a_n) = \mathrm{GCD}(a_1, a_2, \ldots, a_n)$$

となるものがある．このとき，S'' の成分を第 $(1,1), (1,n), (n,1), (n,n)$ 成分のところに，またその他の対角線に 1 を置き，残りの成分を 0 として得られる n 次行列 $\widetilde{S''}$ は

$$\widetilde{S''} \begin{pmatrix} d' \\ 0 \\ \vdots \\ 0 \\ a_n \end{pmatrix} = \begin{pmatrix} d \\ 0 \\ \vdots \\ 0 \\ 0 \end{pmatrix}$$

を満たす．よって $S = \widetilde{S''}\widetilde{S'}$ が求める変換行列である．帰納法部分の単項イデア

ル整域の場合への書き直しは自明 (以下，この種の断り書きは省略する)． □

この補題を繰り返し使って，Euclid 環 (単項イデアル整域) の元を要素とする行列の基本変形を行うのですが，その説明はけっこう面倒なので，まず練習として次を証明してみましょう．

> **命題 5.4**
>
> 自由 A-加群はねじれ元を持たない．逆に A が Euclid 環 (単項イデアル整域) のときは，ねじれ元を持たない有限生成 A-加群は自由 A-加群となる．

証明 まず前半を示そう．基底 $m_1, \ldots, m_n$ に対し，もし $m = a_1 m_1 + \cdots + a_n m_n$ がねじれ元となるなら，ある $c \in A$ により $0 = cm = ca_1 m_1 + \cdots + ca_n m_n$．よって基底の定義により $ca_1 = \cdots = ca_n = 0$．仮定により A は零因子を持たないから，$c \neq 0$ なら $a_1 = \cdots = a_n = 0$，従って $m = 0$ となってしまう．よってねじれ元は存在しない．

後半を示すため，M の生成系で，元の個数が最小のもの $m_1, \ldots, m_n$ を 1 組選ぶ．このとき，M の任意の元がこれらの"1 次結合"として一意に表されることを示そう．もし M のある元について 2 通りの表現が存在したら，差をとることにより，$a_1 m_1 + \cdots + a_n m_n = 0$ という式が，少なくとも一つは 0 でないものを含んだ係数 $a_1, \ldots, a_n$ について成立することになる．もし $\mathrm{GCD}(a_1, \ldots, a_n) = d > 1$ なら，$m = (a_1/d)m_1 + \cdots + (a_n/d)m_n$ は $dm = 0$ を満たし，従って M はねじれ元を持たないから $m = 0$ でなければならない．よって最初からこの m を考察すればよいので，以下 $d = 1$ と仮定する．このとき，補題 5.3 で述べたように，A の元を要素とする可逆な n 次正方行列 S で

$$S \begin{pmatrix} a_1 \\ a_2 \\ \vdots \\ a_n \end{pmatrix} = \begin{pmatrix} 1 \\ 0 \\ \vdots \\ 0 \end{pmatrix}$$

を満たすものが存在する．S は可逆なので，"基底の変換"

$$[\tilde{m}_1, \ldots, \tilde{m}_n] = [m_1, \ldots, m_n] S^{-1}$$

が考えられる (すなわち，$[m_1, \ldots, m_n]$ の A-係数"1 次結合"で表されるものは，$[\tilde{m}_1, \ldots, \tilde{m}_n]$ の A-係数"1 次結合"でも表され，逆も然り)．なお，ここ

で,『線形代数講義』で用いたのと同様の, 基底に対するベクトル記法を用いている. 例えば

$$[m_1,\ldots,m_n]\begin{pmatrix} a_1 \\ a_2 \\ \vdots \\ a_n \end{pmatrix} = a_1 m_1 + \cdots + a_n m_n$$

の意味であり, 右からの行列の積も同様に解釈する. さて, この新しい基底は

$$[\tilde{m}_1,\ldots,\tilde{m}_n]\begin{pmatrix} 1 \\ 0 \\ \vdots \\ 0 \end{pmatrix} = [m_1,\ldots,m_n]S^{-1}\begin{pmatrix} 1 \\ 0 \\ \vdots \\ 0 \end{pmatrix} = [m_1,\ldots,m_n]\begin{pmatrix} a_1 \\ a_2 \\ \vdots \\ a_n \end{pmatrix} = 0$$

を満たす. すなわち, $\tilde{m}_1 = 0$ である. これは M が $n-1$ 個の元より成る生成系 $[\tilde{m}_2,\ldots,\tilde{m}_n]$ を持つことを意味し, 不合理である. □

補題 5.5 A が Euclid 環 (単項イデアル整域) のとき, n 個の元で生成される A-加群 M において任意の $n+1$ 個の元 $m_1,\ldots,m_{n+1}$ の間には自明でない "1次関係式" が存在する. すなわち, 少なくとも一つは 0 と異なる係数 $a_1,\ldots,a_{n+1} \in A$ が存在して, $a_1 m_1 + \cdots + a_{n+1} m_{n+1} = 0$ となる.

証明 M の生成系 $[u_1,\ldots,u_n]$ により m_j を表したものを $m_j = \sum_{i=1}^n c_{ij} u_i$ とする.『線形代数講義』で用いたのと同様の形式的表記では,

$$[m_1,\ldots,m_{n+1}] = [u_1,\ldots,u_n]\begin{pmatrix} c_{11} & \cdots & c_{1,n+1} \\ \vdots & & \vdots \\ c_{n1} & \cdots & c_{n,n+1} \end{pmatrix}$$

となる. この補題の主張の線形代数版はこの係数行列の基本変形を用いると初等的に示すことができる. 今の場合も同じ方針が使えるが, 割り算ができない点だけ注意が必要である. すなわち, 係数行列 $C = (c_{ij})$ に対して許される演算は,

(1) C のある行に一斉に可逆な元を掛ける.
(2) C のある行の何倍かを他の行に加える.
(3) C の二つの行を交換する

の三つである．見たところ線形代数と同じに見えるが，(1) において A の 0 以外の元は必ずしも可逆な元ではないので，一斉に割り算するというのは許されないという点が異なる．このような基本変形を表現する行列は A の元を要素とする行列の範囲で逆行列を持つことに注意せよ．よって以後これらの基本変形を"可逆な基本変形"と呼ぶことにしよう．後の節で，可逆な基本変形だけを用いたときの行列の標準形を調べるが，ここでは簡単のため当座の議論に必要な上 3 角化だけを目標としよう．

既に補題 5.3 で示したように，可逆な正方行列 S_1 を適当に選べば，

$$S_1 C = C_1 := \begin{pmatrix} d_1 & * & * & * \\ 0 & c'_{22} & * & * \\ \vdots & \vdots & \vdots & \vdots \\ 0 & c'_{n2} & * & * \end{pmatrix}$$

の形にできる．ここに $d_1 = \mathrm{GCD}\,(c_{11},\ldots,c_{n1})$ である．もし $c'_{22},\ldots,c'_{n2}$ がすべて 0 ならここで操作を打ち切る．そうでなければ，同様に $n-1$ 次の可逆な正方行列 S'_2 で C_1 の右下の $n-1$ 次小行列に作用するとその第 1 列の成分を $d_2,0,\ldots,0$ に帰着するものがあるから，S'_2 の左上に 1 を直和して n 次の可逆行列にしたものを S_2 とすれば，

$$S_2 S_1 C = S_2 C_1 = \begin{pmatrix} d_1 & * & * & * & * \\ 0 & d_2 & * & * & * \\ 0 & 0 & c'_{33} & * & * \\ \vdots & \vdots & \vdots & \vdots & \vdots \\ 0 & 0 & c'_{n3} & * & * \end{pmatrix}$$

とできる．以下この操作を繰り返すと，途中である列において対角成分を込めてそこから下がすべて 0 となるか，そうでなければある可逆な行列 $S = S_{n-1} \cdots S_1$ を用いて

$$SC = \begin{pmatrix} d_1 & * & \cdots & * & b_1 \\ 0 & d_2 & \ddots & \vdots & b_2 \\ \vdots & \ddots & \ddots & * & \vdots \\ 0 & \cdots & 0 & d_n & b_n \end{pmatrix}$$

の形に変形できる．前者の場合は，それ以降の x_j 成分を 0 と置き，それ以前の部分だけに以下の議論を適用すれば同様に処理できるので，以下後者の場合

を考える．さて，A における斉次連立 1 次方程式

$$\begin{pmatrix} d_1 & c'_{12} & \cdots & c'_{1n} & b_1 \\ 0 & d_2 & \ddots & \vdots & b_2 \\ \vdots & \ddots & \ddots & c'_{n-1,n} & \vdots \\ 0 & \cdots & 0 & d_n & b_n \end{pmatrix} \begin{pmatrix} x_1 \\ x_2 \\ \vdots \\ x_{n+1} \end{pmatrix} = \begin{pmatrix} 0 \\ 0 \\ \vdots \\ 0 \end{pmatrix}$$

は自明でない解を持つ．実際，$D = d_1 d_2 \cdots d_n$ と置けば，$x_{n+1} = D$, $x_n = -b_n(D/d_n)$. 以下，$x_{n-1} = -b_{n-1}D/d_{n-1} + c'_{n-1,n}b_n(D/d_{n-1}d_n)$ 等々と具体的に求まる．(これは $x_{n+1} = 1$ と置いて形式的に普通に計算して得た解の共通分母を払ったものである．) こうして得られた A の元を要素とするベクトル $\boldsymbol{x} = {}^t(x_1, \ldots, x_{n+1})$ は明らかに $C\boldsymbol{x} = S^{-1}SC\boldsymbol{x} = \boldsymbol{0}$ を満たし，従って

$$[m_1, \ldots, m_{n+1}] \begin{pmatrix} x_1 \\ \vdots \\ x_{n+1} \end{pmatrix} = [u_1, \ldots, u_n] C \begin{pmatrix} x_1 \\ \vdots \\ x_{n+1} \end{pmatrix} = \boldsymbol{0}$$

を満たす．すなわちこの x_j が求める"1 次結合"の係数である． □

系 5.6 A が Euclid 環 (単項イデアル整域) のとき，自由 A-加群の階数は基底の取り方によらず一定の値を持つ．

実際，基底の一つが n 個の元より成るものとすれば，上の補題によりそれより多くの元は必ず"1 次従属"となるので，n は"1 次独立"な元の最大個数と一致します．

5.2 部分加群と商加群

A-加群も代数系の一つなので，A-部分加群や A-商加群の定義が形式的に適用できます．

A-加群 M の部分集合 N が **A-部分加群**であるとは，M の演算と A の作用で N が再び A-加群となることを言います．

補題 5.7 部分集合 $N \subset M$ が A-部分加群となるためには，次が必要十分である：

(1) $m_1, m_2 \in N$ ならば $m_1 - m_2 \in N$.
(2) $m \in N, a \in A$ ならば $am \in N$.

実際，これらの条件の必要性は明らかなので，十分性をみればよいが，A の作用の公理などはより広い M において成り立っているので，結局は部分群のときと同じ論法で済みます．

A が体 K のとき，K-部分加群はまさに線形部分空間のことです．次の補題も A-部分加群の特殊な例を与えます．

補題 5.8 A 自身を A-加群とみなしたとき，部分集合 $B \subset A$ が A-部分加群であることと環 A のイデアルであることとは同じことである．

問 5.2 両方の定義を復習するため，上の補題を丁寧に証明してみよ．

命題 5.9 A が Euclid 環 (単項イデアル整域) のとき，階数 n の自由 A-加群の A-部分加群は階数 n 以下の自由 A-加群となる．

証明 もとの A-加群 M はねじれ元を持たないので，その部分加群 N ももちろんねじれ元を持たない．よって N が有限生成であることさえ言えば，命題 5.4 により N は自由加群となる．

M に基底 $[m_1, \ldots, m_n]$ を導入し，その部分加群 N の元をこれらの 1 次結合で表したとき，A が Euclid 環の場合は，m_1 の係数が 0 でない "最小の" もの v_1 (無ければ飛ばす)，同じく m_1 の係数が 0 のもののうちで m_2 の係数が 0 でない "最小の" もの v_2 (同)，$\ldots$，同じく $m_1, \ldots, m_{n-1}$ の係数がすべて 0 のもののうちで m_n の係数が 0 でない "最小の" もの v_n (同) を選ぶと，N の任意の元はこれらの 1 次結合で書ける．実際，$v_1 = s_{11} m_1 + \cdots + s_{1n} v_n$ の取り方により，$\forall m \in N$ について，$m = c_1 m_1 + \cdots + c_n m_n$ と書いたとき，除法 $c_1 = q_1 s_{11} + r_1$ において $r_1 = 0$ でなければ，$m - q_1 v_1$ は m_1 の係数 r_1 が s_{11} より "小さな" N の元となり，不合理．よって，$m - q_1 v_1 = c_2' m_2 + \cdots + c_n' m_n$ と書ける．以下，同じ議論を繰り返せば，$m - q_1 v_1 - \cdots - q_n v_n = 0$ とできる．

A が一般の単項イデアル整域の場合は，$m \in N$ を M の基底で表示したときの m_1 の係数を集めたものが A のイデアルとなるので，その生成元 s_{11} を m_1 の係数に持つ N の元を v_1 とする．次に，m_1 の係数が 0 であるような $m \in N$ の元を考えると，それらの m_2 の係数が A のイデアルを成すので，その生成元を m_2 の係数とする元を v_2 とする．以下これを繰り返せば，N の生成系が作れる．

5.2 部分加群と商加群

最後に，N の階数が n 以下であることは，M の $n+1$ 個以上の元が補題 5.5 により必ず 1 次関係式を持ってしまうことから分かる． □

A-加群 M に A-部分加群 N があると，必ず**商加群** M/N が定義でき，これは環 A の自然な作用で再び A-加群となります．実際，同じ記号で，単なる可換群としての商群は既に定義されています．これが自然に A-加群ともなることは，剰余類 $m+N$ に対する $a \in A$ の作用が $a(m+N) := am+N$ で定まることを見れば十分です．m を別の代表元 m' で置き換えたときは，$m-m' \in N$ なので，N が A-加群ということから $a(m-m') \in N$，従って $am+N$ と $am'+N$ は同じ剰余類を与えます．

$\mathcal{I} \subset A$ をイデアルとするとき，商環 $A/\mathcal{I}$ はこの方法で得られた A-加群の例となっていることを味わってください．

部分，商と来たら次は準同型ですね．二つの A-加群 M, N の間の写像 φ が A-加群の準同型 (A-homomorphism) であるとは，φ が A-加群の演算と両立すること，すなわち，

$$\forall m_1, m_2 \in M \text{ に対し } \varphi(m_1 + m_2) = \varphi(m_1) + \varphi(m_2),$$
$$\forall m \in M, \forall a \in A \text{ に対し } \varphi(am) = a\varphi(m)$$

が成り立つことを言います．このような考え方はもうおなじみになったので，将来，さらに新しい代数系が現れても，その準同型を自分で適当に定義できますね．特に A が体 K のときは，これは線形写像の定義そのものです．いつものように次の定理が成り立ちます：

定理 5.10 (準同型定理) $\varphi : M \to N$ を A-加群の準同型とするとき，$\operatorname{Ker} \varphi := \varphi^{-1}(0_N)$ は M の A-部分加群，$\operatorname{Image} \varphi$ は N の A-部分加群となり，

$$M/\operatorname{Ker} \varphi \cong \operatorname{Image} \varphi.$$

A-加群 M から N への A-準同型写像の全体を $\operatorname{Hom}_A(M, N)$ と記します．Hom は homomorphism の頭 3 文字です．これは自然に定義された演算で A-加群となります：$f, g \in \operatorname{Hom}_A(M, N)$，$\lambda, \mu \in A$ に対し，$\lambda f + \mu g \in \operatorname{Hom}_A(M, N)$ は

$$M \ni m \mapsto (\lambda f + \mu g)(m) := \lambda f(m) + \mu g(m) \in N$$

で定義されます．これは二つの線形写像の 1 次結合の定義と同じですね．特に $N = A$ のときが重要で，$M' = \mathrm{Hom}_A(M, A)$ を M の**双対加群**と呼びます．線形空間のとき，これは双対線形空間，すなわち，1 次同次関数の集合です．1 年の線形代数では双対空間の概念まではなかなかやれませんが，誤り訂正符号の理論などでは重要な役割を果たします．

5.3 加群の構造と単因子

この節では A は再び Euclid 環あるいは単項イデアル環とします．また，A-加群としては有限生成のものだけを考えます．さて，5.1 節において A-加群 M のねじれ元を定義しましたが，ねじれ元の全体 T_M は容易に分かるように M の A-部分加群を成します．これを M の**ねじれ部分** (torsion part) と呼びます．M の部分群 F_M で自由 A-加群となるものを見付けて M を T_M と F_M の**直和**に分解できます．ここで，群の直和とは，直積を加群の場合に言い替えたもので，$G_1 \times G_2$ の代わりに $G_1 \oplus G_2$ と記します．もう一つの使い方として，線形部分空間の場合と同様，加群 G がその部分加群により

$$G = G_1 + G_2 := \{g_1 + g_2 \mid g_1 \in G_1, g_2 \in G_2\}, \quad G_1 \cap G_2 = \{0\}$$

と表されるとき，G は G_1 と G_2 の直和に分解されると言います．これは $G \cong G_1 \oplus G_2$ と同等です．さて，自由加群 F_M の方は一意には定まりませんが，とりあえず M の**自由部分** (free part) と呼ぶことにしましょう．これは次のようにして構成できます：商加群 M/T_M は自由 A-加群となります．実際，もし $m + T_M$ に対し 0 と異なる $a \in A$ が有って $am + T_M$ が零元になったら，$am \in T_M$ となり，従って 0 と異なるある $b \in A$ により $0 = b(am) = (ba)m$. ところで環 A は零因子を持たないので，$b \neq 0, a \neq 0$ より $ba \neq 0$ だから，これは $m \in T_M$ を意味します．以上により M/T_M はねじれ元を持たないので，命題 5.4 より自由 A-加群となります．この自由加群の基底を選び，その代表元を $m_1, \ldots, m_n \in M$ とすれば，これらは T_M には属しません．これらの A-係数 "1 次結合" の全体を F_M と置けば，M の A-部分加群で $m_1, \ldots, m_n$ を基底とする自由加群が得られます．実際，もし $a_1 m_1 + \cdots + a_n m_n = 0$ なら，商群 M/T_M に移れば m_j が定める剰余類 $\overline{m}_j$ たちの "1 次独立性" により $a_1 = \cdots = a_n = 0$ となるからです．

5.3 加群の構造と単因子

補題 5.11 上のように定めた T_M, F_M は M の直和分解を与える．自由加群 F_M の取り方は一意ではないが，その階数は M により一意に定まる．これを M の**階数**[1)]と呼ぶ．

実際，任意の元 $m \in M$ について，その剰余類 $\overline{m} \in M/T_M$ は $\overline{m} = a_1\overline{m_1} + \cdots + a_n\overline{m_n}$ と1次結合で表され，$t := m - (a_1 m_1 + \cdots + a_n m_n)$ は零剰余類，すなわち T_M の元となるので，$m = (a_1 m_1 + \cdots + a_n m_n) + t \in F_M + T_M$. また，$m \in T_M \cap F_M$ とすれば，$m \in T_M$ より 0 と異なるある $a \in A$ について $am = 0$. 他方，$m \in F_M$ よりこの式から $m = 0$ でなければなりません．F_M の選び方は代表元 m_j の選び方によるので，一意ではありませんが，$\operatorname{rank} F_M = \operatorname{rank}(M/T_M)$ であり，後者は系 5.6 により M だけで定まるので一定です．

以上により，有限生成 A-加群の構造を調べるには，ねじれ部分のみを解明すればよろしい．そこで今，ねじれ A-加群，すなわち，ねじれ元のみより成る有限生成の A-加群 M を考えます．この生成系 $m_1, \ldots, m_n$ を一つ選べば，

$$\begin{array}{ccc} \varphi: & A^n & \longrightarrow & M \\ & \cup & & \cup \\ & (a_1, \ldots, a_n) & \mapsto & a_1 m_1 + \cdots + a_n m_n \end{array}$$

という A-加群の全射準同型が得られます．この核 $\operatorname{Ker}\varphi$ は自由 A-加群 A^n の A-部分加群なので，命題 5.9 により階数 n 以下の自由加群となります．

さて，$\operatorname{Ker}\varphi$ の基底 $u_1, \ldots, u_m$ を一つとりましょう．これは A^n の標準基底 $e_1, \ldots, e_n$ により

$$[u_1, \ldots, u_m] = [e_1, \ldots, e_n]C$$

と "1次結合" で表されます．ここで実は $m = n$ です．なぜなら，$e_1, \ldots, e_n$ を商加群 M に持って行くとすべてねじれ元となることから，$d_1, \ldots, d_n \neq 0$ を適当に取れば M において $d_1 \varphi(e_1) = 0, \ldots, d_n \varphi(e_n) = 0$. 従って A^n において $d_1 e_1, \ldots, d_n e_n \in \operatorname{Ker}\varphi$ となり，従って $d_j e_j = \sum_{i=1}^m a_{ij} u_i$ の形に書けます．よってもし $n > m$ なら，補題 5.5 により自明でない1次関係 $\sum_{j=1}^n b_j d_j e_j = 0$ が生じますが，標準基底の定義により，これは $b_j d_j = 0, j = 1, \ldots, n$ を意味

[1)] これが加群の階数の伝統的な定義ですが，書物によっては，M をねじれ部分も込めて巡回群の直和で表したときの必要な因子の最小個数としているものもあるので，注意してください．

するので，$b_j \neq 0$ なる番号で矛盾を生じます．

以上により，有限生成のねじれ A-加群は

$$[u_1, \ldots, u_n] = [e_1, \ldots, e_n]C \tag{5.3}$$

という基底により生成された A^n の部分加群による商加群と同型であることが分かりました．最後にこの係数行列 C の行と列の基本変形による標準形を求めます．これには補題 5.5 の証明でやったものよりはもう少し精密な議論が必要です．さて，補題 5.5 の証明から，とにかく可逆な基本変形だけで上 3 角型にできることは分かっています．今度は基底同士の表現なので，必ず

$$PC = \begin{pmatrix} d_1 & c'_{12} & \cdots & c'_{1n} \\ 0 & d_2 & & \vdots \\ \vdots & \ddots & \ddots & c'_{n-1,n} \\ 0 & \cdots & 0 & d_n \end{pmatrix} \tag{5.4}$$

という上 3 角型まで変形できます．実際，もしも行基本変形の途中である列の対角成分を込めてそこから下の成分がすべて 0 になってしまったら，補題 5.5 の証明中の議論と同様にして，$u_1, \ldots, u_n$ の 1 次関係式を生じ，不合理だからです．

最後に，列基本変形も使って上を対角型に変形します．そのため，可逆な基本変形の不変量を抑えておきましょう．

補題 5.12 Euclid 環 A の元を要素とする行列 C に可逆な基本変形を施して C' に変形したとき，

(1) 行列式 $\det C'$ は単元の因子を除き $\det C$ に等しい．
(2) C' の全要素の最大公約数も単元の因子を除き C のそれに等しい．

単項イデアル整域の場合は，(2) で"最大公約数"を"全要素が生成するイデアルの生成元"と読み替えれば（あるいは問 4.12(2) の意味に解釈すれば）成り立つ．

実際，可逆な基本変形は行列式が可逆元，すなわち単元となるような行列による左あるいは右からの積に等しいので，行列式の不変性がただちに分かります．（可換環の元を要素とする行列に対しては，体上のときと全く同様にして，行列式が行列の積と両立するように，すなわち $C \mapsto \det C$ が積を積に写すように定義できることに注意しましょう．）次に，C' の各要素は C の要素の 1 次

結合で書けているので，C のすべての要素の最大公約数で割り切れ，さらに，変形が可逆なので逆も言えます．

我々の目標は次の定理です．

> **定理 5.13**
>
> Euclid 環 (単項イデアル整域) A の元を要素とする正則行列は，可逆な行列を左右から掛けることにより，
> $$\begin{pmatrix} d_1 & 0 & \cdots & 0 \\ 0 & d_2 & \ddots & \vdots \\ \vdots & \ddots & \ddots & 0 \\ 0 & \cdots & 0 & d_n \end{pmatrix}, \qquad d_j \mid d_{j+1},\ j=1,\ldots,n-1 \tag{5.5}$$
> の形にできる．

次の補題はこの標準形を作る操作の核心部分を成しますが，答を具体的に書くのはなかなか難しいのです．しかし次の補題の証明では，とにかく必ず停止するアルゴリズムは与えています．

補題 5.14 Euclid 環 A の元を要素とする 2 次正方行列 $\begin{pmatrix} a & c \\ 0 & b \end{pmatrix}$ は行と列の可逆な基本変形で $\begin{pmatrix} d & 0 \\ 0 & D \end{pmatrix}$ の形に変形できる．ここに，$d = \mathrm{GCD}\,(a,b,c)$，また $D = ab/d$．単項イデアル整域の場合は d をイデアル $\langle a,b,c \rangle$ の生成元と解釈すれば同じことが言える．

証明 $\begin{pmatrix} a & c \\ 0 & b \end{pmatrix} = d \begin{pmatrix} a' & c' \\ 0 & b' \end{pmatrix}$ であり，$a'b' = \dfrac{ab}{d^2}$，$\mathrm{GCD}\,(a',b',c') = 1$．よって最後の条件を満たす行列 $\begin{pmatrix} a' & c' \\ 0 & b' \end{pmatrix}$ が可逆な基本変形で $\begin{pmatrix} 1 & 0 \\ 0 & a'b' \end{pmatrix}$ に変換できることを言えばよい．記号を簡単にするため，最初から $\mathrm{GCD}\,(a,b,c) = 1$ として論ずる．c が a で割り切れるという特別な場合は，単に列基本変形で対角型

$$\begin{pmatrix} a & 0 \\ 0 & b \end{pmatrix}, \qquad \mathrm{GCD}\,(a,b) = 1 \tag{5.6}$$

に帰着する．最後の条件は仮定 $\mathrm{GCD}\,(a,b,c) = 1$ の結論である．(5.6) に対しては，拡張 Euclid 互除法により $ax + by = 1$ なる x, y が存在するので，行と

列の基本変形で第 $(1,2)$ 成分に 1 を作ることができ，従ってそれを利用して，可逆な基本変形だけで

$$\longrightarrow \begin{pmatrix} a & 1 \\ 0 & b \end{pmatrix} \longrightarrow \begin{pmatrix} 0 & 1 \\ -ab & b \end{pmatrix} \longrightarrow \begin{pmatrix} 0 & 1 \\ -ab & 0 \end{pmatrix} \longrightarrow \begin{pmatrix} 1 & 0 \\ 0 & ab \end{pmatrix}$$

に帰着できる．

次に $a \nmid c$ の場合は，補題 5.3 の議論で S を左からではなく右から掛けることにより，$a' = \mathrm{GCD}\,(a,c)$ として，行列を $\begin{pmatrix} a' & 0 \\ d' & b' \end{pmatrix}$ の形に変形できる．ここで仮定により a' は a より真に "小さい"，すなわち，$\boldsymbol{Z}$ のときは絶対値が小さく，$K[x]$ のときは次数が小さいことに注意しよう．以下簡単のため，これらの意味で "小さい" ことを通常の不等号 $<$ で表す．さらに補題 5.12 より，単元因子を無視して $a'b' = ab$ かつ $\mathrm{GCD}\,(a',b',d') = \mathrm{GCD}\,(a,b,c) = 1$ が成り立っている．ここでもし d' が a' で割り切れるなら，行基本変形でこれを消し去り (5.6) と同じ形にでき，既に証明された場合に帰着する．そうでなければ，$a'' = \mathrm{GCD}\,(a',d') < a'$ として，補題 5.3 により行列を $\begin{pmatrix} a'' & c'' \\ 0 & b'' \end{pmatrix}$ の形にできる．こうして行列の第 $(1,1)$ 成分は 1 ラウンドの変形で必ず小さくなるので，いずれにしても有限のステップで第 $(1,1)$ 成分は 1 に帰着する．このとき行列は常に非対角成分を消して (5.6) の形にできる．対角成分は変化しているが，それらの積である行列式は最初の値に等しく，またそれらの最大公約数は 1 であることに注意せよ．よってこの場合も証明された．

最後に単項イデアル整域の場合の修正法を述べておく．前半の証明はそのまま通用する．後半も a' を $\langle a,c \rangle$ の生成元に取るという読み替えを行えば，変形は全く同様に行える．ただし，今度は $a > a' > a'' > \cdots$ という主張は使えないので，停止条件を別に用意しなければならない．手順から明らかにイデアルの上昇列

$$\langle a,c \rangle \subset \langle a',d' \rangle \subset \langle a'',d'' \rangle \subset \cdots$$

ができるので，定理 4.15 の証明で用いた論法により，これは有限ステップで一定となるか，環 A 全体に到達する．前者は，例えば $\langle a,c \rangle = \langle a',d' \rangle$ は $\langle a,c \rangle = \langle a' \rangle$ に注意すると，$a' \mid d'$ を意味するので，途中で割り切れて (5.6) に帰着する場合に相当する．後者は，例えば $\langle a,c \rangle = A$ は $\langle a' \rangle = A$，すなわち 第 $(1,1)$ 成

分が 1 に帰着される場合に相当する． □

今示した補題を (5.4) の第 1, 2 行，第 1, 2 列の小行列から始めて次々に適用して行くと，行列は，$d_1, \ldots, d_n$ を別の値として

$$\begin{pmatrix} d_1 & 0 & \cdots & 0 \\ 0 & d_2 & \ddots & \vdots \\ \vdots & \ddots & \ddots & 0 \\ 0 & \cdots & 0 & d_n \end{pmatrix}, \qquad d_j \mid d_{j+1}, \; j = 1, \ldots, n-1 \qquad (5.7)$$

の形にできます．実際，非対角成分を左上の方から消してゆけることは明らかであり，各ステップの結果において左上の対角成分が右下の対角成分を割り切るようになることも明らかですが，最後の結果が次々に割り算できるようになっているのを見るのは面倒です．そこで，まず対角化できたとして，その後で基本変形によりこの条件が満たされるようにできることを示しましょう．基本変形により対角成分を小さい方から順に並べ直したとき，もし d_1 が d_2 以下を割り切っていなければ，その二つの行と列に補題 5.14 を適用して対角成分を修正すれば，d_1 はさらに小さくできます．この操作は有限回で停止し，いつでも d_1 は他の元をすべて割り切るところまで持って行けます．そこで，(5.7) を d_1 で割り，得られた第 2 行以下に同じ操作を行えば，また d_2 が残りの成分を割り切るようにできます．この操作を最後まで行った後，くくり出した因子を行列の中に戻してやれば，最終的に (5.7) のような対角成分の列 d_j を持った行列が得られます．(定理 5.13 の証明終り．)

🐰 上の議論で用いた行列の変形は，ちょうど整数係数の行列式を計算するのに，型通りの基本変形ではなく，分数が現れないように少し無駄をして交互に行を引き合いながら成分を小さくしてゆく計算の原理と全く同じものです．そういう計算は，しっかりと見通しを持って行わないと堂々巡りに陥ってしまう恐れがありますが，手順よくやれば必ず分数を生じずに行列式の計算が整数の範囲で行えることが保証されるのです．例えば，$\mathrm{GCD}(7,5) = 1$ を利用して

$$\begin{vmatrix} 7 & 4 & 1 \\ 5 & 2 & 3 \\ 4 & 3 & 3 \end{vmatrix} \xrightarrow{\text{第 1 行から第 2 行を引く}} \begin{vmatrix} 2 & 2 & -2 \\ 5 & 2 & 3 \\ 4 & 3 & 3 \end{vmatrix} \xrightarrow{\text{第 1 行×2 を他の行から引く}} \begin{vmatrix} 2 & 2 & -2 \\ 1 & -2 & 7 \\ 0 & -1 & 7 \end{vmatrix} = \cdots$$

というふうにしてゆけばよいのですね．これで線形代数の演習のときのもやもやがすっきりしたでしょう．(*^_^*)

問 5.3 上の行列式の値を最後まで分数を使わずに計算してみよ．

以上の結果を最初のねじれ加群の構造に応用すれば次の基本定理が得られます．

定理 5.15 (A-加群の構造定理)

Euclid 環 (単項イデアル整域) 上の有限生成 A-加群 M は，有限個の自由加群 A の直和 (自由部分) と $A/\langle d_j \rangle$ の形の有限個のねじれ加群の直和 (ねじれ部分) の直和に同型である．ねじれ部分は

$$d_j \mid d_{j+1}, \quad j = 1, \ldots, n-1$$

となるように選べる．

証明 既に注意したように M は自由加群 F_M とねじれ加群 T_M の直和に分解され，また後者は $\varphi: A^n \to T_M$ という全射準同型により，A^n の中で (5.3) の形の元 $u_1, \ldots, u_n$ が生成する部分加群 $\mathrm{Ker}\,\varphi$ による商加群と同型になるのであった．さらに，そこでの行列 C は左右から可逆な行列を掛けることにより (5.7) の形にできることが示されたが，これらは線形代数で学んだのと同様，それぞれ A^n および $\mathrm{Ker}\,\varphi$ の基底の取り替えに対応するので，結局，最初から C は (5.7) の形であるとしてよい．このとき (5.3) は

$$d_1 e_1, \; d_2 e_2, \; \ldots, \; d_n e_n$$

が $\mathrm{Ker}\,\varphi$ の基底を成すことを意味する．よって $\mathrm{Ker}\,\varphi$ による剰余類の代表元は

$$a_1 e_1 + a_2 e_2 + \cdots + a_n e_n$$

の形にできる．ここで，各 a_j, $j = 1, \ldots, n$ はそれぞれ d_j, $j = 1, \ldots, n$ よりも "小さい" 元であって，具体的には $\mathbf{Z}$ のときは $0 \le a_j < d_j$, $K[x]$ のときは $\deg a_j < \deg d_j$ である．この形の代表元が一意に定まることも明らかである．(一般の単項イデアル整域では，a_j は抽象的に $A/\langle d_j \rangle$ の代表元としか言いようがないが，定理の証明にはそれで十分である．) 以上により集合として

$$A^n/\mathrm{Ker}\,\varphi \cong A/\langle d_1 \rangle \oplus \cdots \oplus A/\langle d_n \rangle, \quad d_j \mid d_{j+1}, j = 1, \ldots, n-1 \quad (5.8)$$

が示された．両辺の加群の演算も対応していることは明らかである． □

5.3 加群の構造と単因子

上の定理の特別な場合として，目標であった **Abel 群の構造定理** が得られます．群演算を積で書いている場合は，直和でなく直積という言葉が使われます．

系 5.16 有限生成 Abel 群 G は有限個の自由 Abel 群 $\mathbf{Z}$ と巡回群 $\mathbf{Z}_n$ の直和に同型である．

【単因子】上の構造定理に現れた対角成分 d_j は，$d_j \mid d_{j+1}$, $j = 1, \ldots, n-1$ という条件の下で単元因子を除き一意に定まることが以下の証明で分かります．従ってこれが A の元を要素とする正則行列 C の可逆な基本変形による標準形であり，d_j はこの変形の不変量となります．体の元を要素とする行列の場合は，d_j がすべて 1 にできるのでした．$d_1, \ldots, d_n$ を行列 C の **単因子** (elementary divisor) と呼びます．

以下単因子の一意性を証明しておきましょう．

補題 5.17 Euclid 環 (単項イデアル整域) A の元を要素とする正則行列 C を可逆な行列による基本変形で (5.7) の形にしたときの対角成分 d_j は単元の因子を除き C により一意に定まる．

証明 環 A 上の行列の等式

$$\begin{pmatrix} s_{11} & \cdots & s_{1n} \\ \vdots & & \vdots \\ s_{n1} & \cdots & s_{nn} \end{pmatrix} \begin{pmatrix} d_1 & 0 & \cdots & 0 \\ 0 & d_2 & \ddots & \vdots \\ \vdots & \ddots & \ddots & 0 \\ 0 & \cdots & 0 & d_n \end{pmatrix} \begin{pmatrix} t_{11} & \cdots & t_{1n} \\ \vdots & & \vdots \\ t_{n1} & \cdots & t_{nn} \end{pmatrix}$$
$$= \begin{pmatrix} d'_1 & 0 & \cdots & 0 \\ 0 & d'_2 & \ddots & \vdots \\ \vdots & \ddots & \ddots & 0 \\ 0 & \cdots & 0 & d'_n \end{pmatrix}$$

において，両辺を $\bmod d_1$ で考えると，左辺は明らかに零行列になるので，$d_1 \mid d'_j$, $j = 1, \ldots, n$ が分かる．次に両辺を $\bmod d_2$ で考え，第 2 行，第 2 列以下の成分を見ると，左辺はすべて 0 なので，これから $d_2 \mid d'_j$, $j = 2, \ldots, n$ を得る．以下同様にして $d_i \mid d'_j$, $j = i, \ldots, n$ が $i = 1, 2, \ldots, n$ について成り立つ．従って特に $d_i \mid d'_i$, $i = 1, \ldots, n$ が成り立つ．同じことは d_j と d'_j を交換しても言えるから，単元の因子を除き $d_i = d'_i$, $i = 1, \ldots, n$ が言える． □

系 5.18 有限生成ねじれ A-加群 M を $A/\langle d_j \rangle$, $d_j \mid d_{j+1}$, $j = 1, 2, \ldots, n-1$ の形の加群の直和に表したときの d_j は M により一意に定まる．

単因子は，複素係数の行列の Jordan 標準形を決定するのにも使うことができます．一年生の線形代数では，分かりやすさを考えて Jordan 標準形の存在を不変部分空間への分解を用いて示すことが多いのですが，時間を節約するときは単因子を使う方法もよく用いられます．ここでは Jordan 標準形と単因子の関係を注意するだけにとどめましょう．

定理 5.19 複素数を要素とする n 次正方行列 C は重複度がそれぞれ ν_i の固有値 λ_i, $i = 1, \ldots, s$ を持ち，かつ各固有値 λ_i に対応する Jordan ブロックのサイズは，大きい方から順に μ_{ij}, $j = 1, \ldots, m_i$ であるとする．（ただし，同じサイズのものはその個数だけ繰り返し書くものとする．従って $\sum_{j=1}^{m_i} \mu_{ij} = \nu_i$.）また，固有値の番号は $m := m_1 \geq m_2 \geq \cdots \geq m_s$ となるように付けてあるとし，簡単のため $j > m_i$ に対する μ_{ij} は 0 と規約する．このとき，E を C と同じサイズの単位行列として，行列 $C - xE$ を多項式環 $C[x]$ 上の行列とみなして可逆な基本変形により定理 5.13 の形に変形したときの対角成分，すなわち単因子は

$$\underbrace{1, \ldots\ldots\ldots, 1}_{n-m \text{個}}, \prod_{i=1}^{s}(x-\lambda_i)^{\mu_{im}}, \ldots, \prod_{i=1}^{s}(x-\lambda_i)^{\mu_{i1}} \tag{5.9}$$

となる．最後の因子は行列 C の最小多項式となる．

証明 $C[x]$ においては，0 でない複素数はすべて単元であり，従って行列 C の相似変換に用いられる普通の意味での正則行列 S はすべて許される基本変形となることに注意しよう．従って，C の Jordan 標準形 J の存在を既知とすれば，$C - xE$ と $J - xE = S^{-1}(C - xE)S$ は同じ単因子を持つが，後者は各 Jordan ブロック毎に補題 5.14 を繰り返し用い，肩の 1 を利用して，$C[x]$ 上の可逆な基本変形により

$$\begin{pmatrix} \lambda_i - x & 1 & 0 & 0 \\ 0 & \lambda_i - x & \ddots & 0 \\ \vdots & & \ddots & 1 \\ 0 & \cdots & 0 & \lambda_i - x \end{pmatrix} \longrightarrow \begin{pmatrix} 1 & 0 & \cdots & 0 \\ 0 & \ddots & \ddots & \vdots \\ \vdots & \ddots & 1 & 0 \\ 0 & \cdots & 0 & (x-\lambda_i)^{\mu_{ij}} \end{pmatrix}$$

とできる．よって同一の固有値に対応するすべてのブロックの分を集めたものは，サイズに対応した冪で小さい方から順に並び

$$\underbrace{1,\ldots\ldots\ldots,1}_{\sum_{j=1}^{m_i}(\mu_{ij}-1)\text{個}}, (x-\lambda_i)^{\mu_{im_i}},\ldots,(x-\lambda_i)^{\mu_{i1}}$$

の形となる．次に，異なる固有値に対応する因子は互いに素なので，合わせると補題 5.14 により対角成分は 1 と両者の積に変形できる．これを冪の一番高い方から順に繰り返すと結局対角成分は定理に述べた形となる．これは定理 5.13 の条件を満たしているので，一意性により単因子に他ならない． □

逆に，環 $C[x]$ において定理 5.13 が成り立つことを仮定すると，その結果を見て上の定理 5.19 の証明を逆にたどって，最後に $x=0$ と置けば，Jordan 標準形とそれへの変形のための変換行列が求まります．これで Jordan 標準形の存在証明にもなっていますが，具体的な計算はなかなか大変です．

例 5.1 相異なる固有値から成る場合は，単因子は

$$\underbrace{1,\ldots,1}_{n-1\text{個}}, (x-\lambda_1)\cdots(x-\lambda_n)$$

となる．この場合，最後の因子は固有多項式である．

問 5.4 環 $\mathbf{Z}$ 上の次の行列の標準形，すなわち，$\mathbf{Z}$ 上の可逆な行列（行列式 ± 1 の行列で，この全体を $GL(n,\mathbf{Z})$ と記す）による左右の基本変形での標準形を計算せよ．

(1) $\begin{pmatrix} 3 & 1 \\ 0 & 5 \end{pmatrix}$ (2) $\begin{pmatrix} 3 & 2 \\ 5 & 4 \end{pmatrix}$ (3) $\begin{pmatrix} 3 & 2 & 1 \\ 0 & 4 & 0 \\ 0 & 0 & 5 \end{pmatrix}$

(4) $\begin{pmatrix} 3 & 2 & 1 \\ 2 & 4 & 4 \\ 2 & 1 & 5 \end{pmatrix}$ (5) $\begin{pmatrix} 1 & 2 & 1 \\ 2 & -2 & 5 \\ 2 & 7 & -4 \end{pmatrix}$ (6) $\begin{pmatrix} 3 & 2 & 1 & 4 \\ 0 & 2 & 1 & 1 \\ 2 & 2 & 1 & -1 \\ 2 & 3 & 1 & 3 \end{pmatrix}$

問 5.5 環 $\mathbf{R}[x]$ 上の次の行列の標準形を計算せよ．

(1) $\begin{pmatrix} 3-x & 1 \\ 0 & 5-x \end{pmatrix}$ (2) $\begin{pmatrix} 3-x & 1 \\ -1 & 5-x \end{pmatrix}$ (3) $\begin{pmatrix} 3-x & 2 & 1 \\ 0 & 4-x & 0 \\ 0 & 0 & 5-x \end{pmatrix}$

(4) $\begin{pmatrix} 1-x & 3-2x & 1-x \\ 1-x & 1 & 2-2x \\ 0 & 1-x & x-1 \end{pmatrix}$ (5) $\begin{pmatrix} 3-x & -1 & 2 \\ 2 & -1-x & 7 \\ 1 & -1 & 4-x \end{pmatrix}$

問 5.6 Abel 群 $\mathbf{Z}_{12} \oplus \mathbf{Z}_8$ の元のうちで 6 倍すると 0 となるものより成る部分群の

構造を述べよ．

問 5.7 四つの巡回群 の直和 $Z_2 \oplus Z_3 \oplus Z_5 \oplus Z_6$ を定理 5.15 で述べられた形の巡回群の直和に書き直せ．

問 5.8 (1) 位数 12 の Abel 群の可能な形をすべて挙げよ．またそれぞれの群について位数 2 の元が何個あるかを調べよ．
(2) 位数 24 の Abel 群の可能な型を列挙せよ．またそれぞれの群について位数 2 の元が何個あるかを調べよ．

問 5.9 (1) Abel 群 Z_{24}^* の構造を決定せよ．
(2) Abel 群 Z_{96}^* の構造を決定せよ．
［ヒント：命題 4.25 ～ 4.27 を用い，得られた結果を単因子の規則に従い書き直せ．］

■ 5.4 加群に関する補遺

この節では，加群に関してより進んだお話を駆け足で紹介しておきましょう．将来，これらの概念に出会ったとき，本格的に勉強する場合はともかく，ちょっと知りたいというときの参考になれば幸いです．

【**テンソル積と係数拡大**】 二つの A-加群 M, N が有ったとき，それからテンソル積 $M \otimes_A N$ というものが定義されます．直感的には，これは

$$\left\{ \sum_{\text{有限和}} m \otimes_A n \mid m \in M, n \in N \right\}$$

という集合ですが，次のような元は同じものとみなします：$a, b \in A$ に対し

$$(am_1 + bm_2) \otimes_A n = a(m_1 \otimes_A n) + b(m_2 \otimes_A n),$$
$$m \otimes_A (an_1 + bn_2) = a(m \otimes_A n_1) + b(m \otimes_A n_2),$$
$$a(m \otimes_A n) = (am) \otimes_A n = m \otimes_A (an)$$

零元は $0_M \otimes_A 0_N$ であること，また，$0_M \otimes_A n = m \otimes_A 0_N = 0$ となることが定義から容易に分かります．なお，A が非可換環のときは，M は右 A-加群，N は左 A-加群として，A の元を作用する方向を区別しなければなりません．

加群のテンソル積は，次のような**普遍性** (universal property) により定義されます．$M \otimes_A N$ は次の性質を満たす A-加群として同型を除き一意に定まる：
(1) $\varphi : M \times N \to M \otimes_A N$ という A-双線形な写像，すなわち，

$$\varphi(a_1 m_1 + a_2 m_2, n) = a_1 \varphi(m_1, n) + a_2 \varphi(m_2, n),$$
$$\varphi(m, a_1 n_1 + a_2 n_2) = a_1 \varphi(m, n_1) + a_2 \varphi(m, n_2)$$

を満たす写像が存在する．

(2) $\psi : M \times N \to L$ を任意の A-双線形な写像とするとき，次の図式を可換にするような A-加群の写像 χ が定まる．

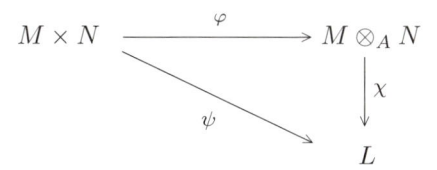

$$\begin{array}{ccc} M \times N & \xrightarrow{\varphi} & M \otimes_A N \\ & \searrow{\psi} & \downarrow{\chi} \\ & & L \end{array}$$

普遍性は本書では用いていませんが，抽象代数では非常によく使われる方法です．

$B \supset A$ をより大きな環とするとき，B を A-加群とみなして，A-加群 M とのテンソル積を取ったもの $B \otimes_A M$ は，M に作用する元を A から B に増やすという操作の数学的厳密化となります．これを**係数拡大**と呼びます．特に，通常の加法群，すなわち $\mathbf{Z}$-加群 M を，$\mathbf{Z}$ を含む体 $K = \mathbf{Q}$，あるいは $\mathbf{R}$ に係数拡大すると，$K \otimes_{\mathbf{Z}} M$ は K-加群，すなわち，体 K 上の線形空間となってしまいます．従って M が有限生成の場合は，結果は K^n と同型になりますが，このときの次元 n は M に含まれる因子 $\mathbf{Z}$ の個数，すなわち，M の階数と一致します．テンソル積によりねじれ部分が無くなってしまったのです．このことは，

$$K \otimes_{\mathbf{Z}} (\mathbf{Z}/p\mathbf{Z}) = \frac{1}{p} K \otimes_{\mathbf{Z}} p(\mathbf{Z}/p\mathbf{Z}) = \frac{1}{p} K \otimes_{\mathbf{Z}} 0 = 0$$

という形式的な計算から納得できるでしょう．

問 5.10* 有限 Abel 群 M に対してテンソル積 $\mathbf{Z}_p \otimes_{\mathbf{Z}} M$ を取ったものは何になるか？

【**Noether 環上の加群**】 今まで扱って来た単項イデアル環はイデアルがすべて単項生成ですが，これを "イデアルはすべて有限生成" という条件に一般化したものを **Noether**(ネーター) **環**と呼びます[2]．今までの議論で，単項イデアル環においてイデアルの上昇列 (昇鎖) が必ず途中で切れる，すなわち一定となってしまい，それ以上大きなものは無くなる，という事実がしばしば鍵となりましたが，この性質 (**昇鎖条件**) は Noether 環でも成り立つ (実は Noether 性と同等な条件である) ことが容易に確かめられます．

---

[2] E. Noether (1882 – 1935) はドイツのエルランゲン大学で正規に入学を許可され学位を取った最初の女性数学者です．その後も女性であるため職を得るのに苦労しました．

Noether 環の典型例は多変数の多項式環 $K[x_1,\ldots,x_n]$ です．より一般に，Noether 環 A の上に有限生成される環 $A[a_1,\ldots,a_n]$ も Noether 環です．これを **Hilbert の基底定理** と呼びます．Noether 環については，剰余環もまた Noether 環となります．しかし部分環は必ずしも Noether 環にはなりません（例えば，1 変数の収束冪級数全体が成す環 $C[x]$ は Noether 環ですが，収束半径 ≥ 1 のものが成すその部分環は Noether 環ではありません）．単項イデアル環は明らかに Noether 環なので，$Z[x_1,\ldots,x_n]$，あるいはこの剰余環なども Noether 環です．

Noether 環 A のイデアルの概念を一般化すると，有限生成 A-加群の概念に到ります．Noether 環 A 上の有限生成 A-加群については，部分加群も商加群も再び有限生成となります．

Noether 環 A で素元分解の代わりをするのが，準素イデアルによるイデアルの分解です．A のイデアル $\mathfrak{q}$ が**準素イデアル**とは，$fg \in \mathfrak{q}, f \notin \mathfrak{q}$ なら $\exists k$ について $g^k \in \mathfrak{q}$ となるようなもののことで，Z のイデアル $p^k Z$ に相当するものです．一般にイデアル $\mathcal{I}$ に対して

$$\mathfrak{r}(\mathcal{I}) := \{f \in A \mid \exists\, k \in N \text{ s.t. } f^k \in \mathcal{I}\}$$

を $\mathcal{I}$ の**根基** (radical) と言いますが，$p^k Z$ の例からも想像されるように，準素イデアル $\mathfrak{q}$ の根基 $\mathfrak{p} = \mathfrak{r}(\mathfrak{q})$ は A の素イデアルとなり，これを $\mathfrak{q}$ に同伴した素イデアルと呼びます．"Noether 環 A の任意のイデアル $\mathcal{I}$ は，有限個の準素イデアルの共通部分として表すことができる，しかも，無駄を省いたときの準素成分は一意に定まる"，というのが，イデアルの準素分解の基本定理です．

以上は Noether 環 A 上の加群 M に一般化され（より正確には，M を $A/\mathcal{I}$ の一般化と考えて），A-加群 M の準素分解というものが定義されます．Noether 環上の加群のお話としては，この後にホモロジー代数の名で総称される重要な理論が続くのですが，それについては適当な参考書で勉強してください．

なお，多変数の多項式環については，第 7 章の末尾にもう少し解説の続きがあります．

第6章

有限群の構造

　可換群の構造は前章でほぼ明らかとなったので，この章では，非可換な群についての基本的な事項をまとめます．これで群論の解説はおしまいですが，この章の内容は次章で利用されます．

■ 6.1 群の拡大 ■

　【半直積】 いくつかの既知の群から新しい群を作る方法としては，まず今までも度々使って来た直積の操作があります：二つの群 H, K の直積 $H \times K$ とは，集合としての直積 $H \times K := \{(h, k) \mid h \in H, k \in K\}$ に，

$$(h_1, k_1) \circ (h_2, k_2) := (h_1 h_2, k_1 k_2)$$

という演算を入れたものでした．これは単純すぎてあまり新しい構造の群は得られません．そこでこれをもう少しひねった概念を導入しましょう．

定義 6.1　二つの群 H, K において，K の H への作用 φ で，各 $k \in K$ に対して φ_k が H からそれ自身への群の同型となっているようなものが与えられているとき，集合としての直積 $H \times K$ 上に演算

$$(h_1, k_1) \circ (h_2, k_2) := (h_1 \varphi_{k_1}(h_2), k_1 k_2) \tag{6.1}$$

で定まる新しい群を**半直積** (semi-direct product) と呼び，$H \rtimes K$ で表す．

　半直積の記号は恐らく，直積の記号 $H \times K$ と正規部分群の記号 $H \triangleleft K$ を組み合わせたものでしょう．$K \ltimes H$ と書かれることもあります．実は最近はどちらもあまり使われておらず，単に HK で表すことが多いようです．これは，H, K がともにある群 G の部分群で，かつ H が G の正規部分群のとき，$\varphi_k(h) = khk^{-1}$ という内部自己同型写像[1]で定まる半直積が典型例となってい

---

[1] 先に内部自己同型を $h \mapsto g^{-1}hg$ で定義しましたが，これからは $h \mapsto ghg^{-1}$ の方を主に用います．

るからで，このときの積

$$(h_1k_1)\cdot(h_2k_2) = h_1(k_1h_2k_1^{-1})k_1k_2$$

が，上の定義の起源です．実際には，半直積はこれで尽きるのです：

命題 6.1 半直積に関して以下のことが成り立つ：
(1) $H \rtimes K$ は上の演算で群となる．
(2) H, K の単位元をそれぞれ e_H, e_K で表すとき，$H \rtimes K$ の部分集合

$$H' := \{(h, e_K) \mid h \in H\}, \qquad K' := \{(e_H, k) \mid k \in K\}$$

は，それぞれ H, K に同型な部分群となり，特に H' の方は正規部分群である．
(3) 集合の意味での等式 $H'K' = H \rtimes K$, $H' \cap K' = \{(e_H, e_K)\}$ が成り立つ．従って $H \rtimes K$ の元は H' の元と K' の元の積として一意的に表される．また $(H \rtimes K)/H' \cong K'$ も成り立つ．
(4) φ_k の H への作用は K' の元 $k' = (e_H, k)$ が定める内部自己同型の H' への作用 $h' \mapsto k'h'k'^{-1}$ と一致する．

証明 (1) 群の作用の定義と，各 φ_k が H の群準同型であることより

$(h_1, k_1)\circ(h_2, k_2) = (h_1\varphi_{k_1}(h_2), k_1k_2)$,

∴ $\{(h_1, k_1)\circ(h_2, k_2)\}\circ(h_3, k_3)$

$= (h_1\varphi_{k_1}(h_2), k_1k_2)\circ(h_3, k_3) = (h_1\varphi_{k_1}(h_2)\varphi_{k_1k_2}(h_3), k_1k_2k_3)$

$= (h_1\varphi_{k_1}(h_2)\varphi_{k_1}(\varphi_{k_2}(h_3)), k_1k_2k_3) = (h_1\varphi_{k_1}(h_2\varphi_{k_2}(h_3)), k_1k_2k_3)$

$= (h_1, k_1)\circ(h_2\varphi_{k_2}(h_3), k_2k_3) = (h_1, k_1)\circ\{(h_2, k_2)\circ(h_3, k_3)\}$

よって結合法則が成り立つ．容易に分かるように (e_H, e_K) は単位元となる．また (h, k) の逆元は $(\varphi_{k^{-1}}(h^{-1}), k^{-1})$ でよいことも直ちに確かめられる．以上により $H \rtimes K$ は群の公理を満たす．

(2) $(h_1, e_K)\circ(h_2, e_K) = (h_1\varphi_{e_K}(h_2), e_Ke_K) = (h_1h_2, e_K)$．ここで，$K$ の H への作用の定義により φ_{e_K} は恒等写像となることを用いた．また $(e_H, k_1)\circ(e_H, k_2) = (e_H\varphi_{k_1}(e_H), k_1k_2) = (e_He_H, k_1k_2) = (e_H, k_1k_2)$．ここで準同型 φ_{k_1} が単位元を単位元に写すことを用いた．よってこれらの形の元

の集合である H', K' はそれぞれ H, K と同型な部分群となっている. 最後に H' が正規部分群となることは,
$$(h_1, k_1) \circ (h, e_K) = (h_1 \varphi_{k_1}(h), k_1) = (h_1 \varphi_{k_1}(h) h_1^{-1}, e_K) \circ (h_1, k_1)$$
より分かる.

(3) $(e_H, k) \circ (\varphi_{k^{-1}}(h), e_K) = (h, k)$ となるので, $H'K'$ は $H \rtimes K$ のすべての元を含む. $H' \cap K' = (e_G, e_H)$ は明らか. よって集合として $(H \rtimes K)/H' \cong K'$ となる. 半直積における積の定義 (6.1) を見ると, 左剰余類の積は $(e_H, k_1)H' \circ (e_H, k_2)H' = (e_H, k_1 k_2)H'$ となることが容易に分かるので, 群としても $(H \rtimes K)/H' \cong K'$ となる.

(4) $(e_H, k)^{-1} = (\varphi_{k^{-1}}(e_H), k^{-1}) = (e_H, k^{-1})$ だから,
$$(e_H, k) \circ (h, e_K) \circ (e_H, k)^{-1} = (\varphi_k(h), k) \circ (e_H, k^{-1})$$
$$= (\varphi_k(h) \varphi_k(e_H), e_K) = (\varphi_k(h), e_K). \quad \square$$

例 6.1 $H = \boldsymbol{R}^n$ (平行移動の成す加群), $K = O(n)$ (直交群) とし, φ として $O(n)$ のベクトル空間 $\boldsymbol{R}^n$ への行列としての作用を取るとき, $\boldsymbol{R}^n \rtimes O(n)$ は $\boldsymbol{R}^n$ の Euclid 運動群となる. 実際, $P \in O(n), \boldsymbol{b} \in \boldsymbol{R}^n$ とし, $\boldsymbol{R}^n \rtimes O(n)$ の $\boldsymbol{R}^n$ への作用を
$$\boldsymbol{R}^n \ni \boldsymbol{x} \mapsto (\boldsymbol{b}, P)\boldsymbol{x} := P\boldsymbol{x} + \boldsymbol{b}$$
で定義するとき, $(\boldsymbol{c}, Q)$ を別の元とすれば
$$(\boldsymbol{c}, Q)\{(\boldsymbol{b}, P)\boldsymbol{x}\} = Q(P\boldsymbol{x} + \boldsymbol{b}) + \boldsymbol{c} = QP\boldsymbol{x} + Q\boldsymbol{b} + \boldsymbol{c} = \{(\boldsymbol{c}, Q) \circ (\boldsymbol{b}, P)\}\boldsymbol{x}$$
となっている. ベクトル $\boldsymbol{b}$ による平行移動を $T_{\boldsymbol{b}}$ と書き, $P, T_{\boldsymbol{b}}$ を通常の Euclid 変換と同一視すれば,
$$(\boldsymbol{b}, P) = T_{\boldsymbol{b}} P = P T_{P^{-1}\boldsymbol{b}}$$
の関係にある. 最後の等式から平行移動の部分が正規部分群を成すことが直接見てとれる.

同様に, Affine 変換群は半直積 $\boldsymbol{R}^n \rtimes GL(n, \boldsymbol{R})$ に等しい.

問 6.1 2 面体群 D_n において, 回転 σ が生成する位数 n の巡回群 C_n は正規部分群であり, y 軸に関する鏡映 τ が生成する位数 2 の巡回群 C_2 とともに半直積 $D_n = C_n \rtimes C_2$ の構造を持つことを示せ.

次の定理は半直積の場合の $HK = G, H \cap K = \{e\}$ を一般化したものです：

命題 6.2 (**第 2 同型定理**) H を G の正規部分群とするとき，G の任意の部分群 K について
$$HK := \{hk \mid h \in H, k \in K\}$$
は H を含む G の部分群となり，$H \triangleleft HK, K \cap H \triangleleft K$ はそれぞれの正規部分群となって
$$HK/H \cong K/(K \cap H).$$

証明 H が正規部分群という条件から，$\forall h \in H, \forall k \in K$ に対し $\exists h' \in H$ が有って $hk = kh'$ となる．これを用いると HK の元の逆元や二つの元の積が再びこの集合に含まれることが容易に示せる．それぞれが正規部分群となることも容易に確かめられる (二つ目については問 4.1 参照)．最後に，$k \in K$ に $kH = Hk$ を対応させる写像は K から HK/H への群の全射準同型となることが同様にして確かめられ，この写像の核は明らかに $K \cap H$ であるので，準同型定理により上の同型が言える． □

ついでに第 3 同型定理も紹介しておきましょう．なお，第 1 同型定理は準同型定理 (定理 4.3) の別称です．

命題 6.3 H, K を G の正規部分群で $K \subset H$ を満たすものとする．このとき，H/K は G/K の正規部分群となり，**第 3 同型定理**
$$(G/K)/(H/K) \cong G/H$$
が成り立つ．

証明 $xK \in G/K$ に xH を対応させる写像は明らかに G/K の代表元 x の取り方によらずに確定する．群の準同型となることも明らか．その核はもちろん H/K，すなわち，代表元を H の中に持つ剰余類の全体であり，これは自然に G/K の部分群とみなせるので，準同型定理により正規部分群であって，上の同型が成り立つ． □

【群の拡大】 最も一般な群の拡大は，正規部分群を用いた拡大です．$H \subset G$ を正規部分群とするとき，商群 $K = G/H$ が定義でき，群の準同型の列
$$\{e\} \longrightarrow H \xrightarrow{\iota} G \xrightarrow{\rho} K \longrightarrow \{e\} \tag{6.2}$$

6.1 群の拡大

が得られます．ここで最初の矢印は単位元を単位元に写す自明な写像，次の写像 ι は自然な埋め込み写像，次の ρ は自然な全射準同型で，最後の矢印はすべての元を単位元に写す自明な写像です．この列においては，ある写像の核が一つ前の写像の像に一致しているという性質がどの項においても成り立っています．そのような列を準同型の**完全列** (exact sequence) と言います．この式は，群 G が二つのより小さな群 H, K を貼り合わせてできていると思えなくもありません．そこで G を H の K による**拡大**と言います．この場合の拡大の構造は半直積のときより更に複雑です．一般に (6.2) のような列が有ると，G/H の各剰余類の代表元の集合 K' を G の中に取れば，集合としては $G \cong K \times H$ となることは明らかですが，一般には K' が G の部分群となるようには代表元を選べません．実はそのように選べるのは，(6.2) が半直積 $G \cong H \rtimes K$ に帰着するとき，かつそのときに限るのです．K から K' への自然な対応は，もとの写像 $\rho : G \to K$ に対して，$\rho \circ \varphi = id_K$ を満たすような写像 $\varphi : K \to G$ となっています．このような φ は一般にもとの写像 ρ の**右逆** (right inverse) と呼ばれます．$K' = \mathrm{Image}\, \varphi$ なので，上の条件は ρ の右逆が群の準同型として取れることと同値です．この条件が満たされるとき，列 (6.2) は**分裂** (split) すると言われます．

問 **6.2*** (1) 上に述べられた半直積の判定条件を証明せよ．
(2) 一般に準同型写像 $\iota : H \to G$ に対し，$\varphi \circ \iota = id_H$ となる準同型 $\varphi : G \to H$ を ι の**左逆** (left inverse) と言う．列 (6.2) の写像 ι に左逆が存在することは，(6.2) が群としての直積 $G \cong K \times H$ に帰着するための必要十分条件であることを示せ．
(3) **一般 4 元数群** Q_t は二つの生成元 x, y とそれらの間の基本関係式 $x^t = y^2$, $yx = x^{-1}y$ で定義される．($t = 2$ のときが元来の **4 元数群** (quaternion group) Q で，第 1 章のティータイムで述べた 4 元数環において $\pm 1, \pm i, \pm j, \pm k$ が成す乗法群と一致する．) Q_t は位数 $4t$ で，$\langle x \rangle \cong C_{2t}$ を指数 2 の正規部分群として含むが，$t \geq 2$ のときには半直積 $Q_t \cong \langle x \rangle \rtimes C_2$ とはならないことを示せ．

【**中心・冪零群・可解群**】 正規部分群の中で最も顕著なものは，群 G の**中心** (center) と呼ばれるものです．これは，G の元のうちで G の他の任意の元と可換なものの集合で，Z_G などと書かれます．Z は center に当たるドイツ語の頭文字なのでしょう．Z_G は明らかに G の正規部分群です．以下の記号を規則的にするため，これを Z_1 と置きましょう．G/Z_1 は再び単位元以外にす

べての元と可換な元を含み得ます．これを自然な全射準同型 $G \to G/Z_1$ で引き戻したもの Z_2 は，容易に分かるように再び G の正規部分群となります (問 4.3 の (3) 参照)．G/Z_2 以下について同じ操作を繰り返せば，

$$\{e\} \subset Z_1 \subset Z_2 \subset \cdots \subset Z_n \tag{6.3}$$

という列ができます．ただし G/Z_n の中心が単位元のみになったところで止めます．無限群の場合はいつまでも増大し続けることがありますが，有限群なら必ずどこかで止まります．これを G の **昇中心列** (ascending central series) と呼びます[2]．もし，最後の $Z_n = G$ となるときは，G は可換群を積み重ねてできている，比較的に構造が単純な群だということになります．このような群を **冪零群** (nilpotent group) と呼びます．

中心と並んで重要な正規部分群に交換子群というものがあります．G の **交換子群** (commutator subgroup) $[G,G]$ は G の二つの元の **交換子** (commutator) と呼ばれる，$[g,h] := ghg^{-1}h^{-1}$ (この記号の定義は文献により微妙に異なる) の形の元で生成される G の部分群です．交換子については次のような性質があります．これらの確認は単なる計算だけなので，問としておきます．

補題 6.4 (1) $[x,y]^{-1} = [y,x]$.
(2) $[xy,z] = x[y,z]x^{-1}[x,z]$, $[z,xy] = [z,x]x[z,y]x^{-1}$.
(3) $x[y,z] = [xy,z][z,x]x$, $xy[y^{-1},x^{-1}] = yx$.

問 6.3 上の諸性質を確かめよ．

系 6.5 (1) $[G,G]$ は G の正規部分群となり，商群 $G/[G,G]$ は可換群となる．
(2) H を G の正規部分群とするとき，G/H が可換群 $\iff$ $H \supset [G,G]$.

証明 (1) $[x,x] = e$ なので，$[G,G]$ は単位元を含む．補題 6.4 の (1) により，交換子の逆元は再び交換子となるので，$[G,G]$ は逆元を含む．よって $[G,G]$ は部分群となる．補題 6.4 の (3) の一つ目の等式を繰り返し使うと，$\forall h \in [G,G]$ に対し $\exists k \in [G,G]$ s.t. $xh = kx$ が示せ，正規部分群であることが分かる．同じく二つ目の等式から，xy と yx が $[G,G]$ の同一の剰余類に属することが言え，$G/[G,G]$ が可換群となることが分かる．

(2) $H \supset [G,G]$ なら，第 3 同型定理により $G/H \cong (G/[G,G])/(H/[G,G])$

---
[2] 列の代わりに鎖 (chain) を用いる文献もあります．

となり,可換群の商群は明らかに可換群なので,$\Longleftarrow$ が示された.逆に,$\varphi:G \to G/H$ という自然な写像で $[G,G]$ の行き先を見ると,$\varphi([x,y]) = \varphi(x)\varphi(y)\varphi(x)^{-1}\varphi(y)^{-1} = e$. よって,$[G,G] \subset \mathrm{Ker}\,\varphi = H$. □

より一般に,G の二つの部分群 H, K の交換子群 $[H, K]$ を $[h, k] := hkh^{-1}k^{-1}$, $h \in H$, $k \in K$ の形の元で生成される部分群として定義します.そして,$G_1 = [G, G]$, $G_k = [G, G_{k-1}]$, $k = 2, 3, \ldots$ で定義される部分群の列

$$G \supset G_1 \supset G_2 \supset \cdots \supset G_m$$

を G の**降中心列** (descending central series) と呼びます.ただし,交換子を取ってももう変化しなくなったところで止めるものとします.無限群の場合はどこまでも続くことがありますが,有限群ならどこかで一定となります.冪零の判定は,こちらを用いてもできるのです:

命題 6.6 昇中心列がどこかで G に達する $\Longleftrightarrow$ 降中心列がどこかで $\{e\}$ に達する.

証明 G に達する昇中心列 (6.3) があると,定義により Z_{k+1}/Z_k は G/Z_k の中心なのだから,各 k について $[G/Z_k, Z_{k+1}/Z_k] = 0$, i.e. $[G, Z_{k+1}] \subset Z_k$ が成り立つ.よって少なくとも同じ長さで $\{e\}$ に達する降中心列が存在する.逆に,$\{e\}$ に達する降中心列が存在すれば,各 k について $[G, G_{k-1}] = G_k$ より G_{k-1}/G_k は G/G_k の中心に含まれる.よって少なくとも同じ長さで G に達する昇中心列が存在する. □

降中心列よりは $G_1 = [G, G]$, $G_k = [G_{k-1}, G_{k-1}]$, $k = 2, 3, \ldots$ で定めた列

$$G \supset G_1 \supset G_2 \supset \cdots \supset G_m \tag{6.4}$$

の方が小さくなり方が速いので,$\{e\}$ に達するチャンスもより大きいでしょう.この列がある m について $G_m = \{e\}$ となるときは G を**可解群** (solvable group) と呼びます.これは各 k について G_k/G_{k+1} が可換群となるような G と $\{e\}$ を結ぶ部分群の列,すなわち**可解列**が存在するような群であり,上の命題から明らかなように,実際,冪零群は可解群です.可解列の代表例としては,

$$S_4 \supset A_4 \supset V \supset \{e\}$$

があります.ここに,$V = \{e, (1,2)(3,4), (1,3)(2,4), (1,4)(2,3)\}$ は $C_2 \times C_2$ と同型な

可換群で，**Klein の 4 元群** (Klein four-group) と呼ばれ，巡回群でない群として最小のものです．可解群は後に第 7 章で明らかとなるように，代数方程式の可解性，すなわち，方程式が四則演算と根号だけで解けるかどうか，に深く関係しています．

問 **6.4** 冪零群，可解群の部分群および商群は，それぞれ再び冪零群，可解群となることを示せ．

【**単純群**】 正規部分群が (単位群と自分自身以外に) 一つもない群は，もっと小さな群からは絶対に作れないので，それ自身が基本的なものと言えます．このような群を**単純群**と呼びます．

> ── ティータイム　**単純群の分類**
>
> 　20 世紀における有限群論の中心課題は有限単純群をすべて決定することでした．無限系列を成す有限単純群には，
>
> (0) 位数が素数の巡回群 (系 2.10)
>
> (1) 交代群 $A_n, n \geq 5$ (下の問 6.5)
>
> (2) Lie 型の単純群 (古典群・Chevalley 群，鈴木群，R. Ree の群など)
>
> があります．この他に散在 (スポラディック) 群と呼ばれる孤立した単純群が，1860 〜 70 年に E. L. Mathieu が発見した 5 個の古典的な Mathieu 群，および 1965 〜 74 年に新たに発見された "新しい" 単純群，併せて 26 個有ります．この中で最大の単純群は通称モンスターと呼ばれ，1973 年にその存在が予言され，1980 年に確定したもので，位数が十進で 57 桁，素因数分解が
>
> $$2^{46} \cdot 3^{20} \cdot 5^9 \cdot 7^6 \cdot 11^2 \cdot 13^3 \cdot 17 \cdot 19 \cdot 23 \cdot 29 \cdot 31 \cdot 41 \cdot 47 \cdot 59 \cdot 71$$
>
> という途方もない大きさでした．単純群は以上に述べたもので全部だと言う証明が D. Gorenstein の指揮の下，世界中で百人規模の群論研究者が協力して 1970 年代に精力的に遂行され，1981 年に一応の完成を見ました．この証明は多くの論文の集合体で，すべてをまとめた著作物はまだ刊行途上にあります．全部を合わせると数千ページを越えるような量であり，少数の天才が進めるのが普通だった数学研究の歴史の中で，多人数による巨大プロジェクトの形をとった特異な研究形態の例となっています．

有限群の分類は完成しましたが，個々の有限群の正体はまだまだ不明なことが多いのです．しかしモンスターについては，ムーンシャインと呼ばれる整数論 (保型形式) や理論物理 (共形場理論) との深い相互関係が明らかにされるなど，数学の神秘がいくつか解明されてきています．

なお，単純群の位数は巡回群を除きすべて偶数です．これは，Burnsideや Brauer（ブラウアー）により予想され，1963 年 W. Feit（ファイト）と J. G. Thompson（トンプソン）により証明された，"位数が奇数の群はすべて可解" という大定理の帰結で，分類理論の出発点となったものです．

問 6.5* 交代群 A_n が $n \geq 5$ のとき単純群となることを以下の手順で証明せよ．
(1) A_n は長さ 3 の巡回置換で生成される．［ヒント：$(1,2)(3,4) = (1,3,2)(1,3,4)$, $(1,2,3,4,5) = (1,4,5)(1,2,3)$ 等々．］
(2) A_n の正規部分群 G が長さ 3 の巡回置換を一つ含めば，長さ 3 のすべての巡回置換を含む．［ヒント：$(3,2,k)(1,2,3)(3,2,k)^{-1} = (1,k,2)$, $(2,b)(1,a)(1,2,k)(1,a)(2,b) = (a,b,k)$ 等々．］
(3) $n \geq 5$ のとき，A_n の正規部分群 $G \neq \{e\}$ は少なくとも一つの長さ 3 の巡回置換を含む．［ヒント：$g = (1,2,3,a,...)h \in G$ ならば，$(1,2,3)^{-1}g(1,2,3) \cdot g^{-1} = (1,3,a) \in G$, $g = (1,2,3)(4,5,6)h \in G$ ならば，$(2,3,4)^{-1}g(2,3,4) \cdot g^{-1} = (1,5,2,4,3)$ で上に帰着．］

問 6.6* 対称群 S_n から乗法群 $\{\pm 1\}$ への準同型写像 φ が全射ならば，核は交代群 A_n と一致し，φ は置換の符号を与える写像と一致することを示せ．

6.2 Sylow の定理

有限群 G は一般にどんな部分群を持っているかを学びます．そのような知識は単純群を調べるときにも手掛かりを与えてくれます．G の位数 $n = |G|$ を素因数分解したものを

$$n = p_1^{e_1} \cdots p_s^{e_s}$$

としましょう．Lagrange の定理により，G の部分群の位数は n の約数でなければなりません．では n の任意の約数を位数に持つ部分群が存在するでしょうか？ その基礎となるのが n の素因子 p の冪を位数とするような群，すなわち **p-群**です．特に，n に含まれる p の最大冪を p^e とするとき，位数 p^e の部分群は G の **p-Sylow 群**と呼ばれます．これに関する次の定理を証明するのがこ

の章の目標です．この美しい定理は P. L. M. Sylow により 19 世紀後半に発見された当初からこのような完成した形を持っていました．

> **定理 6.7** (Sylow の定理)
> G を有限群，p を $|G|$ の素因子とする．
> (1) G の p-Sylow 群は必ず存在する．
> (2) すべての p-Sylow 群は互いに共役である．
> (3) 相異なる p-Sylow 群の個数は p を法として 1 に等しい．
> (4) すべての p-部分群はある p-Sylow 群の部分群となる．

以下，この定理の証明に必要な概念と結果を用意してゆきます．

> **定理 6.8** (Cauchy の定理)
> G を有限群，p を $|G|$ の素因子とすれば，G には位数 p の元が存在する．

A. L. Cauchy は微積分と関数論の基礎を築いたことでよく知られた 19 世紀前半のフランスの数学者です．代数も研究していたのですね．

Cauchy 定理の証明　今

$$S := \{(x_1, \ldots, x_p) \mid x_j \in G,\ x_1 \cdots x_p = e\} \subset G^p$$

という集合を考える．条件式一つで拘束されているので，この集合の濃度 (元の個数) は $\#S = |G|^{p-1}$ となる．今，この集合に

$$\sigma : (x_1, x_2, \ldots, x_p) \mapsto (x_2, \ldots, x_p, x_1)$$

という左巡回シフトを作用させてみる．明らかに $\sigma^p = id$ (恒等写像) である．p は素数なので，σ が生成する巡回群 $\langle \sigma \rangle$ による S の各元の軌道は，1 点だけ (すなわち σ の不動点) となるか，それとも p 個の互いに異なる元より成るかのいずれかである．実際，もし p 個より少なければ σ を $\exists k < p$ 回施して元に戻ってしまうことになるが，すると，$\mathrm{GCD}(k, p) = 1$ より拡張 Euclid 互除法で $ak + bp = 1$ 回施せば元に戻る，つまり不動点であったことになる．よって S を $\langle \sigma \rangle$ の軌道で分類したとき，σ の不動点は全く存在しないか，p の倍

6.2 Sylow の定理

数個存在しなければならない．ところで，明らかに $(e,\ldots,e) \in S$ は σ の不動点なので，少なくとも残り $p-1$ 個の σ の不動点が存在する．その一つを $(x_1, x_2, \ldots, x_p)$ とすれば $x_1 = x_2 = \cdots = x_p \neq e$ でなければならず，従って S の条件式から $x_1^p = e$ となり，$x_1 \in G$ が求める位数 p の元である．□

今までも群の作用を考えることはいろんな推論の手掛かりになることを学んで来ましたが，ここで最も重要な群のそれ自身への作用を導入しましょう．$g \in G$ の $x \in G$ への**共役作用**を

$$x \mapsto gxg^{-1}$$

で定義します．g を止めて x を動かしたとき，これは G からそれ自身への群の同型となり，これを**内部自己同型**と呼ぶのでした．しかし，逆に x を止めて g を動かすと，群 G の集合 G への作用となり，後者の各元の軌道が有用な概念を提供します．この軌道は G の**共役類**と呼ばれます．

共役類の概念は置換群については視覚的に理解することができます．今，置換 $\sigma \in S_n$ は互いに素な s 個の巡回置換の積に分解するとし，これを

$$\sigma = (i_{11}, \ldots, i_{1n_1}) \cdots (i_{s1}, \ldots, i_{sn_s})$$

と書きましょう．このときのサイクルの長さの列 $n_1, \ldots, n_s$ を置換 σ の型と呼ぶことにします．勝手な置換 τ を取ったとき，$\tau\sigma\tau^{-1}$ がどのような置換となるかをみてみましょう．$i_{jk} = \tau\tau^{-1}(i_{jk})$ なので，$\tau\sigma\tau^{-1}$ は，τ^{-1} によりラベルの付け変えられた $\{1, 2, \ldots, n\}$ をそれとは知らずに上の分解に従って置換し，後で元のラベルに戻しておく操作に対応します．すなわち，

$$\tau\sigma\tau^{-1} = (\tau(i_{11}), \ldots, \tau(i_{1n_1})) \cdots (\tau(i_{s1}), \ldots, \tau(i_{sn_s}))$$

となります．つまり，共役作用で置換の型は変化しません．また，この式をみると，型が等しい任意の二つの置換 σ_1, σ_2 は τ を適当に選べば必ず共役となること，すなわち $\sigma_2 = \tau\sigma_1\tau^{-1}$ と書けることも分かります．このように，対称群においては，共役類は置換の型というわかりやすいデータに対応しています．

問 6.7 (1) 対称群 S_n の元 σ の位数は，σ を互いに素な巡回置換の積 $\sigma_1 \cdots \sigma_k$ に分解したときの，それぞれの σ_i の長さの最小公倍数に等しいことを示せ．
(2) $S_3, S_4, S_5, S_6, S_{10}$ について，元の位数の最大値を求めよ．
(3)* 一般に，n を大きくしたとき，S_n の元の位数の最大値は n の関数としてどのような増大度を示すか？ただし，素数定理 (第 8 章のティータイム参照) を用いてよい．

x の軌道を生成するには必ずしも G のすべての元を作用させる必要はありません．それは G の中に x を動かさない元があるからです．元 x を固定するような G の元の成す部分集合

$$C_G(x) = \{g \in G \mid gxg^{-1} = x\},$$

すなわち G の共役作用に関する x の固定群は，x を含む G の部分群 H の中で，x をその中心に含むような最大のもの，と言い換えることもできます．よって $C_G(x)$ を x の**中心化群** (centralizer) とも呼びます．

定義から明らかに，x の軌道の点は商群 $G/C_G(x)$ の元と一対一に対応します．特に，$x \in G$ が G のすべての元と可換なとき，すなわち x が G の中心 Z_G に属するときは，$C_G(x) = G$ となり，軌道はただ 1 点 $\{x\}$ より成ります．従って G の共役類の集合は $|Z_G|$ 個の孤立元を含みます．

以上の考察から，次のような重要な等式が得られます．これを**類等式** (class equation)，あるいは**群方程式**と呼びます．

> **定理 6.9** (類等式)
>
> $$|G| = \sum_{x:\text{共役類の代表系}} \frac{|G|}{|C_G(x)|} \tag{6.5}$$

Sylow 定理の証明　まず p-Sylow 群の存在を証明する．群の位数に関する帰納法で示す．位数 1 の群については自明．位数 $n-1$ 以下のすべての群について証明されたとし，位数が n の群 G を取り，$|G|$ はちょうど p^e で割り切れるとする．類等式において，もし $|G|/|C_G(x)|$ が 1 より大でかつ p と互いに素となるような元 x が有れば，それに対応する $C_G(x)$ の位数はちょうど p^e で割り切れ，G より位数が真に小さな群となる．よって帰納法の仮定により $C_G(x)$ は位数 p^e の部分群を含むが，これは G の部分群でもあり，証明が終わる．よって $|G|/|C_G(x)|$ はどれも 1 に等しいか p で割り切れるかのどちらかであるとしよう．前者は $x \in Z_G$ を意味するので，これからそのような元の個数，すなわち中心 Z_G の位数は p で割り切れることが分かる．すると，Cauchy の定理により Z_G は位数がちょうど p の元 x を含む．この元が生成する巡回群 $\langle x \rangle$

による商群 $G/\langle x\rangle$ は位数が G より小さく，かつ p^{e-1} でちょうど割り切れる．よって帰納法の仮定により，$G/\langle x\rangle$ は位数 p^{e-1} の部分群 H を含む．自然な準同型 $\varphi: G \to G/\langle x\rangle$ による H の逆像 $\varphi^{-1}(H)$ は $\langle x\rangle$ を含む G の部分群で，準同型定理により $\varphi^{-1}(H)/\langle x\rangle \cong H$ なので，$|\varphi^{-1}(H)| = p^{e-1} \times p = p^e$ となる．これが求める p-Sylow 群である．よって (1) が証明された．

Sylow の定理により極大 p-群はいつでも存在することが分かりましたが，Lagrange の定理の逆，すなわち，G には $|G|$ の任意の約数を位数とする部分群が存在するか，は一般には否定的です（後述問 6.8 参照）．ただし Abel 群では前章で解説した構造定理により，これは明らかに成り立っています．

次に，異なる p-Sylow 群の間の関係を調べるため，証明を一旦休憩し，少し準備します．今，G の二つの部分群 H, P について，ある元 $h \in H$ により hPh^{-1} と書かれる G の部分群を P の **H-共役**と呼ぶことにしましょう．$H = G$ なら普通の意味での共役です．また，部分群 P に対し

$$N(P) := \{g \in G \mid gPg^{-1} = P\}$$

で P の**正規化群** (normalizer) を定義します．これは明らかに G の部分群となり，かつ P を正規部分群として含みます．またそのような G の部分群の中で最大のものです．

問 6.8 正規化群に関するこれらの主張を証明せよ．

次の補題は小さな群の構造を手探りで調べるときにも非常に役に立ちます．

補題 6.10

P の正規化群を $N(P)$ とするとき，P に H-共役な部分群は $[H : H \cap N(P)]$ 個存在する．特に，P に共役な部分群の総数は $[G : N(P)]$ であり，これは $[G : P]$ の，従って $|G|$ の約数となる．

実際，$h_1, h_2 \in H$ について

$$h_1 P h_1^{-1} = h_2 P h_2^{-1}$$
$$\iff h_2^{-1} h_1 P (h_2^{-1} h_1)^{-1} = P \iff h_2^{-1} h_1 \in H \cap N(P)$$
$$\iff h_1 \text{ と } h_2 \text{ が } H \cap N(P) \subset H \text{ の同じ左剰余類に属する}$$

最後の主張は $[G:N(P)] = |G|/|N(P)|$ かつ P が $N(P)$ の部分群であることより，$|P| \mid |N(P)|$，従って $[G:N(P)]$ が $|G|/|N(P)| \cdot |N(P)|/|P| = |G|/|P| = [G:P]$ の約数となることから従う． □

補題 6.11 P が p-Sylow 群で H が p-群なら $H \cap N(P) = H \cap P$．

証明 $P \subset N(P)$ より $H \cap P \subset H \cap N(P)$ は明らか．逆を示すため $H_1 = H \cap N(P)$ と置く．H_1 は p-群 H の部分群なので，やはり p-群である．$N(P)$ を群全体とみなして第 2 同型定理 (命題 6.2) を適用することにより $H_1P/P \cong H_1/(H_1 \cap P)$，従って $[H_1P:P] = [H_1:H_1 \cap P]$ は $|H_1|$ の約数だから p 冪である．よって H_1P も p-群となる．しかるに p-Sylow 群である P は極大 p-群なので，それ以上大きな p-群は存在しないから $H_1P = P$ でなければならない．これより特に $H_1 \subset P$ だから $H_1 \subset H \cap P$ が分かった． □

Sylow の定理の証明の続き さて，P に共役な部分群の集合 $\{xPx^{-1} \mid x \in G\}$ をある固定した p-群 H に関する共役類に分類する．一つの xPx^{-1} について，この類の個数は，補題 6.10, 6.11 により $[H:H \cap N(xPx^{-1})] = [H:H \cap xPx^{-1}]$ に等しい．従って P に共役な群の総数は，補題 6.10 により

$$[G:N(P)] = \sum_{xPx^{-1}} [H:H \cap xPx^{-1}] \tag{6.6}$$

に等しい．ここに，右辺の和は H-共役類の代表元を動く．H は p-群なので，右辺の各項はいずれも p 冪であるが，左辺は $|G|/|P|$ の約数なので，もはや p では割り切れない．よって右辺のある項は 1 でなければならない．$[H:H \cap xPx^{-1}] = 1$ は $H = H \cap xPx^{-1}$，従って $H \subset xPx^{-1}$ を意味する．P が p-Sylow 群なら，その共役 xPx^{-1} も明らかに p-Sylow 群となるから，これで Sylow の定理の (4) が証明された．H として P と異なる p-Sylow 群を取れば，(2) も同時に証明されたことになる．

最後に (3) を証明する．(6.6) において $H = P$ と置くと，右辺の項は $xPx^{-1} = P$ のときは 1，それ以外のときはすべて p の正冪となるので，p で割ったときの余りは確かに 1 である． □

6.2 Sylow の定理

以上に準備したことを用いると，位数が比較的小さな群をすべて数え挙げることが可能になります．数学科の演習問題ではよく出されるものですが，歴史的にはそのような試みは Otto Hölder (1859–1937) が位数 200 以下の群を決定したのが最初です．Hölder は彼の名を冠する不等式で有名な解析学者ですが，群論にも興味を持ち，内部自己同型の概念を導入したり，**正規列** ((6.4) のような部分群の列で $G_k \triangleright G_{k+1}$ となっているもの) の素成列 (最も長くしたもの) の"一意性"に関する Jordan-Hölder の定理を残したりしています．

群論に興味を持った人は，本格的な議論には必須だが本書ではほとんど触れられなかった表現論と指標の理論を適当な参考書で勉強してください．

問 6.9 S_5 の共役類を求めよ．

問 6.10 A_4 は位数が 6 で割り切れるが，位数 6 の部分群を持たないことを示せ．

問 6.11 S_4 と S_5 の 2-Sylow 群を一つ求めよ．またその総数を決めよ．

問 6.12 位数が 15, 91 の群は巡回群となることを示せ．[ヒント：各 Sylow 群に共役なものが自分自身しか無いことを言い，問 4.3 を利用せよ．]

問 6.13 位数が 21 の群を決定せよ．

問 6.14 位数が 10 以下の群を決定せよ．

問 6.15 p を素数とする．位数 $2p$ の群 G が位数 2 の正規部分群を持てば可換群となることを示せ．

問 6.16 p を素数とする．位数 p^2 の群は可換群となることを示せ．

問 6.17 p-群は可解群となることを示せ．[ヒント：自明でない中心が存在することをまず示せ．]

問 6.18* (1) 有限群 G に対し，

$$\boldsymbol{Z}[G] := \left\{ \sum_{g \in G} a_g g \mid a_g \in \boldsymbol{Z} \right\}$$

で定義される集合に，

$$\sum_{g \in G} a_g g + \sum_{g \in G} b_g g = \sum_{g \in G} (a_g + b_g)g,$$
$$\sum_{g \in G} a_g g \cdot \sum_{g \in G} b_g g = \sum_{g,h \in G} (a_g b_h) gh = \sum_{g \in G} \Big(\sum_{h \in G} a_{gh^{-1}} b_h \Big) g$$

で演算を入れたものは環となることを示せ．これを群 G の**群環** (group ring) と呼ぶ．

(2) 群の準同型 $\varphi : G \to H$ は一意的に群環の準同型 $\varphi : \boldsymbol{Z}[G] \to \boldsymbol{Z}[H]$ に拡張できることを示せ．

(3) $G = C_2$ のとき，$\boldsymbol{Z}[G]$ はどんな環となるか？

―― ティータイム **非可換群と暗号** ――――――――――

暗号に使われるのは専ら可換群であり，非可換群は役に立たないと思われているかもしれないので，非可換群を利用した暗号の提案例を紹介しておきます．(量子計算機というものが実用化されると，離散対数問題も素因数分解も多項式時間で解けてしまうので，将来の暗号のためにはいろんな可能性を考えておくのも悪くはないでしょう．) これは，**共役探索問題**を利用した鍵共有方式です．共役探索問題とは，群 G の互いに共役なことが分かっている 2 元 a, b が与えられたときに，$xax^{-1} = b$ を満たす x を求める問題で，この困難さを安全性の根拠とした K. H. Ko 等による鍵共有方式の提案は，次のようなものでした:

(1) Alice と Bob は G とその一つの元 a, および G の可換な部分集合 S について合意 (公開) する．
(2) Alice は $x \in S$ を秘密に選び，xax^{-1} を Bob に送る．Bob も $y \in S$ を秘密に選び，yay^{-1} を Alice に送る．
(3) Alice は $x(yay^{-1})x^{-1}$ を，Bob は $y(xax^{-1})y^{-1}$ をそれぞれ各自の秘密データを用いて計算する．$xy = yx$ なので，これは共有鍵となる．

他方，I. Anshel 等は次のような方式を提案しました:

(1) Alice と Bob は G とその元の組 $a_1, \ldots, a_m, b_1, \ldots, b_n$ について合意 (公開) する．
(2) Alice は $b_1, \ldots, b_n$ の語 $x = x(b_1, \ldots, b_n)$ を秘密に選び，$xa_1x^{-1}, \ldots, xa_mx^{-1}$ を Bob に送る．Bob も $a_1, \ldots, a_m$ の語 $y = y(a_1, \ldots, a_m)$ を秘密に選び，$yb_1y^{-1}, \ldots, yb_ny^{-1}$ を Alice に送る．
(3) Alice は $x(yb_1y^{-1}, \ldots, yb_ny^{-1}) = yxy^{-1}$ を，Bob は $y(xa_1x^{-1}, \ldots, xa_mx^{-1}) = xyx^{-1}$ をそれぞれ自分の秘密データを用いて計算する．
(4) Bob は $xyx^{-1} \cdot y^{-1}$ を計算し，Alice は $(yxy^{-1} \cdot x^{-1})^{-1} = xyxy^{-1}$ を計算して，共有鍵を得る．

最初の提案では，いずれも群として組み紐群が用いられましたが，(まだ証明はされていないものの) 暗号としての弱さが予想されており，他によい群が無いか研究中の状況です．組み紐群以外では，可換な部分集合が大きいことや，語の問題が解明されていることは，そうそう期待できないので，よい群を見付けるのもなかなか難しいようです．

第7章

体の拡大と方程式論

　この章では，代数学の中心的理論の一つである体の拡大に関する Galois の理論を解説します．この理論は数学史上

　★ 代数方程式の根の公式の探求
　★ 定規とコンパスによる作図の可能性の追求

という非常に面白い問題に挑戦する過程で生まれて来たものです．これらの歴史については，後程それぞれ 7.3 節，7.4 節でお話しします．

■ 7.1 体の拡大

　【代数拡大と超越拡大】　体の構造は非常に単純です．第 1 章系 1.17 で既に注意したように，体を環とみなしたときの準同型は全体を 0 に写すという自明なものを除きすべて単射で，1 を 1 に写すので，体の**拡大**はただ，それに含まれない元を付け加えて，もとの体を部分体として含むように大きくしてゆくだけの操作です．これには大きく分けて次の二つがあります．

代数拡大　$\sqrt{2}$ はピタゴラスにより発見された人類最初の無理数です．**無理数**とは，有理数ではないもの，すなわち，二つの整数の比 q/p の形に表せない実数のことですが，同じ無理数でも，π とは違い $\sqrt{2}$ は**代数的数**と言って，有理数を係数とする代数方程式の根になっており，無理数の中では非常におとなしいものです．有理数体に $\sqrt{2}$ を添加して得られる体 $\boldsymbol{Q}(\sqrt{2})$ が代数拡大の最も簡単な例です．ここで一般に記号 $K(\alpha)$ は，K の元と α を用いた四則演算で得られるすべての数の集合を表します．

　より一般に，拡大体 $L \supset K$ が**代数拡大**とは，任意の $\alpha \in L$ が K 上の (すなわち K の元を係数に持つ) ある 1 変数多項式

$$x^n + a_1 x^{n-1} + \cdots + a_n$$

の根となっていること，すなわち，L の演算の意味で

$$\alpha^n + a_1\alpha^{n-1} + \cdots + a_n = 0$$

が成り立つことを言います．

超越拡大　全く無関係な元を付け加えるもので，例えば実数体 $\boldsymbol{R}$ に不定元 x を付け加えて 1 変数有理関数体

$$\boldsymbol{R}(x) = \left\{ \frac{b_0 x^n + b_1 x^{n-1} + \cdots + b_n}{a_0 x^m + a_1 x^{m-1} + \cdots + a_m} \,\middle|\, a_0, \ldots, a_m, b_0, \ldots, b_n \in \boldsymbol{R} \right\}$$

を作るようなものです．一般に α が不定元でなく，ある決まった数のときにも，$K(\alpha)$ が K の超越拡大であるとは，α が K 上**超越的**であること，すなわち α を根に持つような K-係数の 1 変数多項式が一つも無いことを言います．有理数体上超越的な数のことを単に**超越数**と呼びます．x のように全く無関係な文字 (不定元) を付け加えるのは超越拡大であることが明らかですが，具体的に，例えば $\boldsymbol{Q}(\pi)$ が超越拡大となることは π が超越数であることを示さなければならないので，全く別の問題です．より一般に，L が K の超越拡大とは，L が K 上超越的な元を少なくとも一つ含むもの，言い替えると，代数拡大でないもののすべてを言います．従って $\boldsymbol{Q}$ に π と $\sqrt{2}$ を添加して得られる体 $\boldsymbol{Q}(\pi, \sqrt{2})$ も $\boldsymbol{Q}$ の超越拡大です．超越拡大を特徴付けるためには，超越元がいくつあるかが重要です．拡大体 $L \supset K$ の元 $\alpha_1, \ldots, \alpha_n$ で，K の元を係数とするどんな代数方程式 $f(\alpha_1, \ldots, \alpha_n) = 0$ をも満たさないものは，K 上**代数的に独立**と呼ばれます．これらは言わば互いに無関係な K 上の超越元です．K 上代数的に独立な L の超越元の最大個数を拡大 $L \supset K$ の**超越次数**と呼びます．例えば $\boldsymbol{Q}(\pi, \sqrt{2})$ は超越元としては π の他に $\pi + 1$ や π^2 など無限に含みますが，代数的に独立なものは一つしか無いので超越次数は 1 です．しかし e と π が独立な超越数かどうかは分かっておらず，従って $\boldsymbol{Q}(\pi, e)$ の超越次数は，まだ誰にも分かりません．超越数のお話は子供にとっても非常に魅惑的なものですが，本書では以下，専ら代数拡大を扱うので，ここで一服しておきましょう．

---- ティータイム　e と π の**超越性** ----

　自然対数の底 e や円周率 π が超越数であることは，それぞれ Hermite（エルミート），Lindemann（リンデマン）により 19 世紀後半に証明されました．しかし，e と π の代数的独立性はまだ分かっておらず，そればかりか，$e + \pi, e\pi$ といった実数が超越数かどうかさえ分かっていません．これに対し e^π は超越数です．

最後のものの方がずっと複雑そうに見えるので，これはちょっと意外な気がするかもしれませんが[1)]，一般に，有理数 a の代数的数 $b \notin \boldsymbol{Q}$ による冪乗 a^b が超越数となることが A. O. Gelfond と T. Schneider により証明されたので，特に $e^\pi = (e^{i\pi})^{-i} = (-1)^{-i}$ も超越数なのです.

さて，最初に述べた $\boldsymbol{Q}(\sqrt{2})$ の定義は $\sqrt{2}$ という数を既に知っている人には自明でも，それが何か知らない人にはよく分からないものですね．$1+\sqrt{2}$ は普通は，実数の計算として理解してしまうのでしょうが，実数の $\sqrt{2}$ はプログラミングをやるときも浮動小数宣言しないと使えず，丸め誤差も考慮に入れなければいけないもので，有理数の代数拡大を定義するときにそんなものを使うのは，分数を説明するのに羊羹の切り分けを持ち出して実数の中で議論するのと同じくらい不純です．しかし次のように考えると $\sqrt{2}$ を含む拡大体の定義が純粋に代数的にでき，誤差の心配もありません：$\sqrt{2}$ は有理数体上では既約な多項式 $x^2 - 2$ の根なので，この多項式は多項式環 $\boldsymbol{Q}[x]$ の素イデアル (従って補題 4.16 により極大イデアル) $\langle x^2 - 2 \rangle$ を生成します．故にこのイデアルによる剰余環 $\boldsymbol{Q}[x]/\langle x^2 - 2 \rangle$ は補題 4.10 より体となります．この体の元は $x^2 - 2$ で割り切れるものは 0 と同一視されるので，任意の元は mod $(x^2 - 2)$ で $ax + b$ の形に表されます．この形の元に対する四則演算はいずれも mod $(x^2 - 2)$ での演算で，

$$(ax+b)+(cx+d) = (a+c)x + (b+d),$$
$$(ax+b)(cx+d) = acx^2 + (ad+bc)x + bd$$
$$\equiv (ad+bc)x + (2ac+bd) \mod x^2 - 2$$

と計算されます．和の逆元は簡単に求まりますが，積の逆元はどうでしょう？$ax + b \neq 0$ とは $a \neq 0$ か $b \neq 0$ かのどちらかが成り立つことですが，このと

[1)] 実際，Hilbert が 1900 年に有名な 23 の未解決問題の第 7 番目としていくつかの数の超越性の証明を提起したときに，$2^{\sqrt{2}}$ の超越性などは Riemann 予想 (第 8 章のティータイム参照) が解けてもまだ分からないだろうと述べたそうですが，彼の期待は 35 年後に裏切られたのでした．これに対して Riemann 予想の方は 100 年経って世紀が変わってもまだ未解決で，Clay 研究所のミレニアム懸賞問題の一つに選ばれ，100 万ドルの賞金が付きました．

き x^2-2 の既約性から $\boldsymbol{Q}$ 上の多項式として GCD $(ax+b, x^2-2) = 1$. よって 4.3 節で述べた拡張ユークリッド互除法により 1 次式 $cx+d$ と定数 q が存在して

$$(cx+d)(ax+b) + q(x^2-2) = 1$$

という式が成り立つはずで，このときの因子 $cx+d$ が $\boldsymbol{Q}[x]/\langle x^2-2\rangle$ における $ax+b$ の逆元となります．この場合は上の条件から未定係数法で逆元を求めるのもそう難しくはありませんが，$x^2 \equiv 2$ を用いて

$$\frac{1}{ax+b} = \frac{ax-b}{a^2x^2-b^2} \equiv \frac{a}{2a^2-b^2}x - \frac{b}{2a^2-b^2} \mod x^2-2$$

と計算する方が簡単ですね．これは x の代わりに $\sqrt{2}$ と書けば，高校でやった，いわゆる分母の有理化の計算と同じものです．$\sqrt{2}$ の方が分かりやすいじゃないかと言われそうですが，上のように代数的に論ずると，もとの体が $\boldsymbol{Q}$ でなく，例えば有限体 $\boldsymbol{F}_5$ などでも通用するのです．$\boldsymbol{F}_5(\sqrt{2})$ などと書かれるとぎょっとしますが，$\boldsymbol{F}_5[x]/\langle x^2-2\rangle$ のことだと言われれば安心できます．(多項式 x^2-2 は $\boldsymbol{F}_5$ 上でも既約なことを確かめてください．)

同様に，$\boldsymbol{Q}(\sqrt[3]{2})$ は $\boldsymbol{Q}[x]/\langle x^3-2\rangle$ として代数的に定義されます．今度は $\boldsymbol{Q}[x]/\langle x^3-2\rangle$ の元はすべて

$$ax^2+bx+c, \quad a,b,c \in \boldsymbol{Q}$$

の形に表されます．実際，x の多項式はすべて $x^3 = 2$ を用いて 2 次以下にできますし，分母も拡張 Euclid 互除法の計算で分子に持って行けます．例えば，$a \neq 0$ のときは，これで割り算したものを考えれば十分なので，簡単のため最初から $a = 1$ として $1/(x^2+bx+c)$ を計算すると，拡張 Euclid 互除法の計算過程より，

$$x^3 - 2 = (x-b)(x^2+bx+c) + (b^2-c)x + bc - 2$$

$$x^2+bx+c = \left(\frac{1}{b^2-c}x + \frac{2+b^3-2bc}{(b^2-c)^2}\right)\left((b^2-c)x+bc-2\right) + \frac{2b^3+c^3-6bc+4}{(b^2-c)^2}$$

故に

$$\left(\frac{1}{b^2-c}x + \frac{2+b^3-2bc}{(b^2-c)^2}\right)(x^3-2)$$
$$= \left\{\left(\frac{1}{b^2-c}x + \frac{2+b^3-2bc}{(b^2-c)^2}\right)(x-b) + 1\right\}(x^2+bx+c) - \frac{2b^3+c^3-6bc+4}{(b^2-c)^2}$$

7.1 体の拡大

従って mod $(x^3 - 2)$ で $x^2 + bx + c$ の逆元が

$$\frac{1}{x^2 + bx + c} = \frac{1}{2b^3 + c^3 - 6bc + 4}\{(b^2 - c)x^2 + (2 - bc)x - 2b + c^2\}$$

と x の 2 次多項式として求まります．上の計算は $a = 0$ のときや $b^2 - ac = 0$ のときは修正が必要ですが，要領は同じです．$(2b^3 + c^3 - 6bc + 4 = 0$ だと逆元がなくなってしまいそうですが，$x^3 - 2$ と $x^2 + bx + c$ は $\boldsymbol{Q}$ 上互いに素なので，それは有り得ません．直接確かめるのもそう難しくはありません．下の問 7.1 参照)．以上により $\boldsymbol{Q}[x]/\langle x^3 - 2 \rangle$ の元を表すのにも分母は不要です．こうして $\boldsymbol{Q}(\sqrt[3]{2})$ も多項式環の商体 $\boldsymbol{Q}[x]/\langle x^3 - 2 \rangle$ で純代数的に表現できることが分かりました．しかし $\boldsymbol{Q}$ 上の既約多項式 $x^3 - 2 = 0$ は，普通の実数 $\sqrt[3]{2}$ の他に，複素数 $\omega\sqrt[3]{2}, \omega^2\sqrt[3]{2}$ も根に持ち[2]，$\boldsymbol{Q}[x]/\langle x^3 - 2 \rangle$ の x がそのどれを表しているのか不明です．これは実は仕方の無いことで，これら三つの根のどれを $\boldsymbol{Q}$ に加えても同型の体が得られるからです．三つの根は数としてはずいぶん違うように見えますが，代数構造は方程式 $x^2 - 2 = 0$ だけで決まってしまいます．実は $\boldsymbol{Q}[x]/\langle x^2 - 2 \rangle$ のときも $\pm\sqrt{2}$ のどちらを添加したのか区別はできなかったのですが，その例では一方を加えれば他方も自然に含まれるので，違いは見えてこなかったのでした．

ここで，Euclid の互除法から得られる，初等的だがよく使われる結果を挙げておきましょう．

補題 7.1 体 K 上の二つの多項式 $f(x), g(x)$ が，K のある拡大体において共通根を持てば，$\text{GCD}(f(x), g(x))$ はこの共通根を含む K 上の多項式となる．特に，K 上の二つの異なる既約多項式は，K のいかなる拡大体においても共通根を持たない．

証明 共通根を $\alpha \in L$ とすれば，L において $\text{GCD}(f, g)$ が $(x - \alpha)$ を因子に含むことは明らか．しかし，$h = \text{GCD}(f, g)$ の計算は，Euclid の互除法により f, g から $K[x]$ における割り算により得られるので，$K[x]$ の元であり，それは L まで拡大しても変わらないから $h(x)$ は L において根 α を含まなければならない．後半は，二つの既約多項式の GCD が 1 となることから前半より明らか． □

---

[2] $\omega = \dfrac{-1 + \sqrt{-3}}{2}$ は受験数学でもおなじみの 1 の原始 3 乗根です．

問 **7.1** b, c が有理数のとき，$2b^3 + c^3 - 6bc + 4$ は 0 にならないことを示せ．

【有限次代数拡大の特徴付け】 一般に，$L \supset K$ を拡大体とするとき，$\alpha \in L$ が K 上代数的なら，定義により，K-係数の 1 変数多項式 $x^n + a_1 x^{n-1} + \cdots + a_n$ が存在し，L の演算の意味で

$$\alpha^n + a_1 \alpha^{n-1} + \cdots + a_n = 0$$

となるのでした．この性質を持つ多項式は沢山有り，それらの全体は容易に分かるように $K[x]$ のイデアルを成しますが，その生成元，すなわち次数最小のものを α の K 上の**最小多項式**と呼びます．これは定義から明らかに K 上既約な多項式となります．(そうでなければ因数分解して，α を根に持つ既約因子を取り出せば，次数がもっと下がってしまい，不合理だから．) 逆に，既約ならこのイデアルの生成元となることも明らかです．(これが生成元でなければ，より低い次数を持つ生成元で割り切れることになり，既約でなくなるから．)

代数拡大の定義では L が K に無限に元を付け加えないと得られない場合も含まれますが，普通は**有限次代数拡大**，すなわち，有限個の K 上の多項式の根だけで L が生成できる場合が重要です．上で例により示した拡大体の作り方を一般化し，K 上代数的な有限個の元 $\alpha_1, \ldots, \alpha_n$ を K に添加して得られる体を $K(\alpha_1, \ldots, \alpha_n)$ で表します[3]．これは K の元と $\alpha_1, \ldots, \alpha_n$ から四則演算で得られるような数の全体を表すので，結局 $L := K(\alpha_1, \ldots, \alpha_n)$ は

$$L = \left\{ \frac{f(\alpha_1, \ldots, \alpha_n)}{g(\alpha_1, \ldots, \alpha_n)} \mid f, g \text{ は任意次数の } K\text{-係数 } n \text{ 変数多項式で } g(\alpha_1, \ldots, \alpha_n) \neq 0 \right\} \Big/ \sim \tag{7.1}$$

と書くことができます．ここで $\sim$ は a_j が満たす関係式を用いて互いに変形できるものを同一視することを表しています．この特別な場合が，最初の例 $\boldsymbol{Q}(\sqrt{2})$ で示したような，**単純拡大**と呼ばれる，ただ一つの代数的元を添加して得られる拡大体 $K(\alpha)$ です．α の最小多項式が $f(x) = x^n + a_1 x^{n-1} + \cdots + a_{n-1} x + a_n$ という n 次の K 上の既約多項式なら，$\boldsymbol{Q}(\sqrt{2})$ や $\boldsymbol{Q}(\sqrt[3]{2})$ のときと同様，$K(\alpha) = K[x]/\langle f(x) \rangle$ と商体で表現でき，従ってこの任意の元は

---

[3] 実用上は $\alpha_1, \ldots, \alpha_n$ は互いに異なるものに選ぶでしょうが，以下の形式的議論では，そのような仮定は不要です．

$$c_1 x^{n-1} + \cdots + c_{n-1} x + c_n, \qquad c_1, \ldots, c_n \in K$$

と一意的に表すことができます．普通は x を使わず，これを

$$c_1 \alpha^{n-1} + \cdots + c_{n-1} \alpha + c_n, \qquad c_1, \ldots, c_n \in K \tag{7.2}$$

と書いてしまいます．

ところで，$L = K(\alpha_1, \ldots, \alpha_n)$ は明らかに $[\cdots[K(\alpha_1)](\alpha_2)\cdots](\alpha_n)$，すなわち，

$$L_0 = K, \quad L_j = L_{j-1}(\alpha_j), \ j = 1, \ldots, n, \quad L = L_n \tag{7.3}$$

の形となっていますね．つまり，任意の有限次代数拡大は単純拡大の有限回の繰り返しで得ることができます．従って各段階の単純拡大に上の表現法 (7.2) を適用すれば，(7.1) の一般元の表現における分母は不要で，<u>L の任意の元は $\alpha_1, \ldots, \alpha_n$ の多項式で表される</u>ということが分かります．

以上はほとんど自明なことですが，実はやや意外なことに，添加する元を上手に選ぶと，任意の有限次代数拡大は一度の単純拡大として表現できるのです：

> **定理 7.2**（有限次代数拡大は単純拡大である）
>
> $\alpha_1, \ldots, \alpha_n$ の K 上の最小多項式はいずれも重根を持たないとする．このとき有限次代数拡大体 $L = K(\alpha_1, \ldots, \alpha_n)$ に対し，L の元 θ を適当に選ぶと，$L = K(\theta)$ となる．

証明 $n = 2$ のときに証明できれば，一般の場合は (7.3) を用いて帰納法により示せる．よって $L = K(\alpha, \beta)$ と仮定しよう．

$f(x)$ を α の K 上の最小多項式，この根を $\alpha_1 = \alpha, \alpha_2, \ldots, \alpha_m$

$g(x)$ を β の K 上の最小多項式，この根を $\beta_1 = \beta, \beta_2, \ldots, \beta_n$

とする．(α_1, β_1 以外は L に含まれている必要はない．これらの根が L の適当な拡大体の中には存在することは後に 7.5 節で一般的に示される．）今，$c \in K$ を $c \neq 0$, かつ

$$\frac{\alpha_1 - \alpha_j}{\beta_1 - \beta_k}, \quad j = 2, \ldots, m, \ k = 2, \ldots, n \tag{7.4}$$

のいずれとも一致しないように取る．これは K が無限体なら常に可能である．従って標数 0 なら問題ない．有限体の場合は後の注意参照．このとき，$\theta = \alpha_1 - c\beta_1 \in L$ と置けば，多項式 $h(x) := f(\theta + cx)$ は体 $K(\theta)$ 上の 1 変数多項式であって，$g(x)$ とただ一つの共通根 $x = \beta_1$ を持つ．実際，$h(\beta_1) = f(\alpha_1) = 0$ であり，また $k = 2, \ldots, n$ に対しては

$$h(\beta_k) = f(\theta + c\beta_k) = f(\alpha_1 - c(\beta_1 - \beta_k))$$

であり，c の選び方より，f の引数は α_j, $j = 2, \ldots, m$ のいずれとも一致しないから，これらは 0 にならない．以上により，$h(x)$ と $g(x)$ の最大公約式は $(x - \beta_1)$ となるはずであるが (後の注意参照)，これは補題 7.1 により体 $K(\theta)$ 上の多項式のはずなので，係数である β_1 も $K(\theta)$ の元である．従って $\alpha_1 = \theta + c\beta_1 \in K(\theta)$ でもある．以上により $L = K(\alpha_1, \beta_1) \subset K(\theta)$．逆の包含関係は明らかだから，$L = K(\alpha_1, \beta_1) = K(\theta)$ が示された． □

[1] K が有限体の場合は，(7.4) が K のすべての元を含んでしまうということは有り得るから上の論法はそのままでは通用しない．しかし，次章で述べるように有限体の構造は非常によく分かっており，それを見ると定理の結論が明らかとなる．

[2] 証明の最後のところで，最大公約因子を $x - \beta_1$ としたが，これは仮定により $g(x)$ が重根を持たないからである．定理 7.2 の n に関する帰納法による証明の途中段階では，$g(x)$ は K 上でなくそのある有限次代数拡大 K' 上での β の最小多項式となっている訳だが，これは K 上の最小多項式を K' 上で既約分解し直したときの素因子の一つなので，やはり重根を持たない．(下記補題 7.3 の証明参照．) 7.6 節および第 8 章で述べるように，K が標数 0 の場合，および有限の場合には，その上の既約多項式 $g(x)$ は重根を持ち得ないことが知られているので，このような仮定が必要となるのは K が標数 p の無限体の場合だけである．この講義では今後そのような場合は扱わないが，誤り訂正符号の高度な理論で必要となることがあるので，一応以下に一般論を述べておく．

定義 7.1 K 上代数的な元 α が**分離元**であるとは，α の K 上の最小多項式が K のどんな拡大体においても重根を持たないことを言う．体の拡大 $L \supset K$ が**分離拡大**であるとは，L の任意の元が分離元であること，言い替えると，K 上の既約多項式で L 内に一つでも根を持つものは，(L 内に限らず) 重根を持たないことを言う．

7.1 体の拡大

補題 7.3 $L \supset K$ が分離拡大なら，$L \supset M \supset K$ なる任意の体 M について，$M \supset K$ も $L \supset M$ も分離拡大である．

証明 前者の方は明らかだから，後者を示す．$\alpha \in L$ の M 上の最小多項式を $f(x)$ とする．α の K 上の最小多項式 $g(x)$ は仮定により単根のみを持つ．これは M 上で更に既約多項式に分解され

$$g(x) = g_1(x) \cdots g_s(x)$$

となるものとする．α はこのうちのただ一つの因子の根であるから，それを $g_1(x)$ とすれば，最小多項式の一意性により $g_1(x) = f(x)$ でなければならない．よって $f(x)$ は単根のみを持つ． □

拡大体 $L \supset K$ を，しばしばもとの体 K 上の線形空間と考えることでいろんな構造がうまく説明できます．K 上の線形空間として L の次元を $[L:K]$ と記し，L の K 上の**拡大次数**と呼びます．(部分群の指数と同じ記号ですが，実は両者は深い関係を持つことが後でわかります．) $[L:K] < \infty$ のとき，拡大 $L \supset K$ は**有限拡大** (finite extension) と呼ばれます．

補題 7.4 $L \supset M \supset K$ を拡大体の列とし，$[L:K] < \infty$ とするとき，

$$[L:K] = [L:M][M:K]$$

が成り立つ．

証明 次元の意味を考えれば，このとき $[L:M], [M:K] \leq [L:K] < \infty$ は明らかである．$[L:M] = l$ とし，$\alpha_1, \ldots, \alpha_l \in L$ を M 上の線形空間としての L の基底とする．また $\beta_1, \ldots, \beta_m \in M$ を K 上の線形空間としての M の基底とする．このとき，L の任意の元 γ は

$$\gamma = a_1 \alpha_1 + \cdots + a_l \alpha_l, \qquad a_1, \ldots, a_l \in M$$

と一意的に書かれ，さらにこの各係数は

$$a_j = b_{j1} \beta_1 + \cdots + b_{jm} \beta_m, \qquad b_{j1}, \ldots, b_{jm} \in K, \qquad j = 1, \ldots, l$$

と一意的に表される．よって

$$\gamma = \sum_{j=1}^{l}\sum_{k=1}^{m} b_{jk}\alpha_j\beta_k$$

と一意的に表され，lm 個の元 $\alpha_j\beta_k$, $j=1,\ldots,l, k=1,\ldots,m$ が K 上の線形空間としての L の基底となるから，$[L:K]=lm=[L:M][M:K]$ が成り立つ．　□

命題 7.5 $L \supset K$ が有限次代数拡大であるための必要十分条件は，$[L:K]<\infty$，すなわち，L が K の有限拡大となることである．L の任意の元 α は $[L:K]$ の約数を次数に持つ K 上のある既約多項式 $f(x)$ の根となり，特に，$L=K(\alpha)$ のときは $\deg f = [L:K]$ となる．また，K 上の既約多項式 $f(x)$ が L において少なくとも一つ根を持てば，f の次数は $[L:K]$ の約数である．

証明 $L=K(\alpha)$ が単純拡大なら，α の最小多項式を n 次とすれば，L の任意の元 θ は，既に注意したように

$$c_1\alpha^{n-1}+\cdots+c_{n-1}\alpha+c_n, \qquad c_1,\ldots,c_n \in K$$

の形に表せるが，このときの係数は θ により一意に定まる．実際，もし二つの異なる表現が有ったら，差を取れば，α の最小多項式が $n-1$ 次以下となってしまい矛盾だからである．従って，L は $\alpha^{n-1},\ldots,\alpha,1$ を基底とする K 上の n 次元線形空間であることが分かった．定理 7.2 を仮定すれば，以下の議論は不要であるが，念のため分離性を仮定せずにやっておこう．$L=K(\alpha_1,\ldots,\alpha_n)$ を一般の有限拡大とする．これを (7.4) のように表したとき，α_j の L_{j-1} 上の最小多項式の次数を m_j とすれば，既に示したように L_j は L_{j-1} を係数体とする m_j 次の線形空間となるから，補題 7.4 を繰り返し使うことにより L は K 上 $m_1\cdots m_n$ 次の線形空間となることが分かる．

逆に，L が K 上 n 次元の線形空間とすれば，適当な $\alpha_1,\ldots,\alpha_n \in L$ により L の任意の元は

$$c_1\alpha_1+\cdots+c_n\alpha_n, \qquad c_1,\ldots,c_n \in K$$

の形に書ける．よって特に $L \subset K(\alpha_1,\ldots,\alpha_n)$ だから，$L=K(\alpha_1,\ldots,\alpha_n)$ となる．故に，$\alpha_1,\ldots,\alpha_n$ が K 上代数的であることを言えば，L は K の有限次代数拡大となる．

そこで，一般の元 $\alpha \in L$ を考えると，$n = [L:K]$ とするとき，$1, \alpha, \alpha^2, \ldots,$ α^n は K 上 1 次従属となるので，自明でない 1 次関係式を満たし，それが α を根に持つ多項式の例となる．すなわち，α は K 上代数的である．一般にはこうして得られる多項式は既約とは限らないが，α を根に持つその既約成分は α の最小多項式となり，その次数を m とすれば，$M = K(\alpha)$ は $L \supset K$ の間にある体となり，前半の証明で示したことより $m = [M:K]$ となるので，補題 7.4 により これは $[L:K]$ の約数となる．特に，$L = K(\alpha)$ のときには，$m = [L:K] = n$ でなければならないことも明らかである．最後の主張は，一つ前の主張の言い替えに過ぎない． □

上の命題から，$L = K(\alpha)$ となるような α の最小多項式の次数は α の選び方によらず，常に次元 $[L:K]$ に一致することが分かります．$[L:K]$ のことを拡大次数と言うのはこのためです．

問 7.2 $L = \boldsymbol{Q}(\sqrt[3]{2}, \omega)$ を $\boldsymbol{Q}(\theta)$ の形で表すような $\theta \in L$ を求める． [ヒント：証明を追わなくても $\theta = \sqrt[3]{2} + \omega$ くらいに取れば大抵は OK である．]

問 7.3 $L = \boldsymbol{Q}(\sqrt[3]{2}, \omega) = [\boldsymbol{Q}(\sqrt[3]{2})](\omega)$ に注意し，$[L:\boldsymbol{Q}]$ を計算せよ．

■ 7.2 Galois の理論

$\underset{\text{ガロア}}{\text{Galois}}$ の理論は，体の拡大と群の拡大を結び付ける理論です．ある意味で群と体の双対性と言ってもいいでしょう．実は群論は体の拡大を記述するために発明されたのです．

【Galois 群】 体の拡大 $L \supset K$ が有るとき，その **Galois 群** $\mathrm{Gal}(L/K)$ を体 L の自己同型で K の元を (一つも) 動かさないようなものの全体，と定義します．(この呼称は後述の Galois 拡大のときのみ用い，一般には $\mathrm{Aut}(L/K)$ と書いて自己同型群と呼ぶこともあります．) $\alpha \in L$ の K 上の定義方程式が

$$x^n + a_1 x^{m-1} + \cdots + a_n = 0$$

だと，$\sigma \in \mathrm{Gal}(L/K)$ による α の行き先 $\sigma(\alpha)$ は再び同じ方程式を満たします．実際，体の同型の定義により，σ を式

$$\alpha^n + a_1 \alpha^{m-1} + \cdots + a_n = 0$$

の両辺に施したとき，σ が四則演算と両立すること，および σ が K に属する係数を不変にすることから，

$$\sigma(\alpha)^n + a_1\sigma(\alpha)^{n-1} + \cdots + a_n = 0$$

が得られるからです．一般に，K 上代数的な元 α に対して，その K 上の最小多項式の根のことを α と (K 上) **共役な数**と呼びます．上の考察は，Galois 群の元の作用について，次のような基本的な性質を意味しています．

補題 7.6 $\mathrm{Gal}(L/K)$ の元は，$\forall \alpha \in L$ をその共役数に写す．さらに，$L = K(\alpha_1, \ldots, \alpha_n)$ で $\alpha_1, \ldots, \alpha_n$ が K 上重根を持たない多項式 $f(x)$ の根の全体とすれば，$\mathrm{Gal}(L/K)$ はこれらの根の置換を通して S_n のある部分群と同型となる．

実際，$\forall \sigma \in \mathrm{Gal}(L/K)$ について，$\sigma(\alpha_1), \ldots, \sigma(\alpha_n)$ は，上に述べたことから再び f の根となり，σ は一対一で，かつ重根は存在しないと仮定しているので，これはもとの $\alpha_1, \ldots, \alpha_n$ の置換を，従って添え字 $\{1, \ldots, n\}$ の置換を引き起こします．異なる置換に対応する σ は，写像としても異なるので，この対応は一対一です．すなわち，Galois 群の置換群としての忠実な表現となります．

特に，L が K 上の一般の係数を持つ n 次既約多項式 $f(x)$ の根のすべてを K に追加して得られているときには，後で厳密に証明するように $\mathrm{Gal}(L/K)$ は $f(x)$ の n 個の根の置換全体の成す群 S_n と同型です．しかし，係数が具体的な数値だったり，特別な関係を満たしたりすると，$f(x)$ が既約でも根の置換の中には体の同型として矛盾を生ずるものが現れ，実際の Galois 群は S_n より真に小さな部分群となることもあります．このように拡大体の Galois 群を調べることにより，方程式がそこでどんな解を持つかも分かるのです．

今，体の拡大の列

$$G\left(\begin{array}{c} L \\ | \ H \\ M \\ | \\ K \end{array}\right.$$

があるとします．線の横に書いたのは対応する部分の拡大の Galois 群です．このように縦に積んで書いたときは列の代わりに**塔** (tower) という言い方もよく使われます．間に挟った体 M を**中間体**と呼びます．

7.2 Galois の理論

補題 7.7 $L \supset M \supset K$ を体の拡大の列とする．このとき，Galois 群 $H := \mathrm{Gal}(L/M)$ は Galois 群 $G := \mathrm{Gal}(L/K)$ の元のうちで M の各元を固定するものの成す部分群と一致する．逆に，G の任意の部分群 H に対し，H により固定される L の元全体 (以下これを L^H または $F(H)$ で表す) は，$L \supset K$ の中間体となる．

実際，$H = \mathrm{Gal}(L/M)$ の元は体 L の自己同型であって，M の元を固定し，従ってもちろん K の元を固定するので，$G = \mathrm{Gal}(L/K)$ の元ともなります．つまり，$\mathrm{Gal}(L/M)$ の元は，$\mathrm{Gal}(L/K)$ の元の中で M の各元を固定するものより成ると言えます．$\mathrm{Gal}(L/M)$ の群構造が部分群としての構造と両立することも明らかでしょう．逆に，任意の部分群 $H \subset G$ により固定される元の全体 $M = F(H)$ が K を含む L の部分体を成すことも明らかです．

しかし，$H = \mathrm{Gal}(L/M)$ のすべての元により固定される L の元は M に属するかどうかは明らかではありません．実は M よりもっと大きな部分体になるかもしれないからです．同様に，部分群 $H \subset G$ により固定される元の成す体 $M = F(H)$ の各元を固定するような G の元は H より大きな部分群になるかもしれません．これらのことは，一般の拡大については実際に起こり得るのです．例えば，$L = \mathbf{Q}(\sqrt[3]{2}, \omega)$, $M = \mathbf{Q}(\sqrt[3]{2})$, $K = \mathbf{Q}$ という拡大体の列を考えてみましょう．$\mathrm{Gal}(L/K)$ は容易に分かるように $x^3 - 2$ の 3 根 $\sqrt[3]{2}, \omega\sqrt[3]{2}, \omega^2\sqrt[3]{2}$ の置換に対応する 3 次の対称群 S_3 になります．しかし $\mathrm{Gal}(M/K)$ は単位元しか含みません．実際，部分体 M の自己同型における $\sqrt[3]{2}$ の行き先は明らかに自分自身しかないからです．これに対し，$\mathrm{Gal}(L/M)$ の方は ω と ω^2 を交換する 2 次の巡回群になっていることに注意しましょう．

代数学の基本理論の一つである Galois 理論の基本的なアイデアは，体の拡大を Galois 群により統御しようというものでしたが，これでは部分体と部分群の間に一対一の対応が付けられないので，きれいな理論を作るには，拡大体の種類を性質のよいものに制限する必要があります．上の例において，中間体として，代わりに $M = \mathbf{Q}(\omega)$ を取ってみましょう．今度は $\mathrm{Gal}(M/K)$ は 2 次の巡回群となり，$\mathrm{Gal}(L/M)$ も $\sigma : \sqrt[3]{2} \mapsto \omega\sqrt[3]{2}$ を生成元とする 3 次の巡回群となります．後者は A_3 として自然に $S_3 = \mathrm{Gal}(L/K)$ の部分群なのに，前者は部分群ではない (ただし剰余群 S_3/A_3 に対応している) ことに注意しましょう．

【正規拡大と Galois 拡大】 上の考察から，良い拡大と悪い拡大を区別する基準が浮かび上がってきます．すなわち，$Q(\sqrt{2})$ や $Q(\omega)$ が良い拡大の例で，$Q(\sqrt[3]{2})$ が悪い拡大の例です．両者を区別する基準は，添加する元の共役が再び同じ体に含まれるかどうかです．

定義 7.2 体の拡大 $L \supset K$ が**正規拡大**であるとは，$\forall \alpha \in L$ について，α の K 上の最小多項式が L で 1 次因子の積に分解されることを言う．正規拡大かつ分離拡大であるものを **Galois 拡大**と呼ぶ．

既に注意したように，標数 0 の体や有限体においては既約多項式は重根を持ちません．従ってこのような体を扱う限り，正規拡大と Galois 拡大は同義です．また，補題 7.3 により分離拡大かどうかを調べるのは正規拡大かどうかを調べるよりも容易です．以下では，特に注意しない限り分離拡大かつ有限拡大であることは常に仮定するものとします．

正規拡大とは，結局，任意の数をその共役とともに含むような拡大体のことです．ただし，L に属するかどうかまだ定まっていないときに，"他の根"という言い方は，それらがどこにあるのかやや曖昧ですね．だから上の定義の言い方の方が正確なのです．

正規拡大の基本例は，基礎体 K にその上の (既約とは限らぬ) 多項式の根をすべて添加して得られるものです．今，$f(x) = x^n + a_1 x^{n-1} + \cdots + a_n$ を体 K 上の n 次多項式とし，これは単根 $\alpha_1, \ldots, \alpha_n$ を持つとします．このとき $L = K(\alpha_1, \ldots, \alpha_n)$ という拡大体がそれです．一般に K 上の多項式 $f(x)$ の根 $\alpha_1, \ldots, \alpha_n$ をすべて含むような拡大体を $f(x)$ の**分解体**と呼びます．$K(\alpha_1, \ldots, \alpha_n)$ は，もし正当化されれば $f(x)$ の分解体の中で最小のものなので，$f(x)$ の**最小分解体**と呼ばれます．ただし，記号 $K(\alpha_1, \ldots, \alpha_n)$ は，$f(x)$ の根が既に K のある拡大体の中に存在しており，その部分体として議論しているときには意味が明快ですが，まだ根が何者か分かっていないときには，前に単純拡大のときに注意したように，根の意味がはっきりしません．$f(x)$ が有理数係数の多項式なら，代数学の基本定理 (後述ティータイム参照) により，複素数体 C の中で 1 次因子の積に分解されるので，Q にそれらの根を添加したものとして $f(x)$ の最小分解体が複素数体の中で実現されますが，暗号や符号で使われる正標数の体では，この論法は使えないので，別な正当化が必要です．

7.2 Galois の理論

これは 7.5 節でやることにし，ここではそのような体の存在は信じて，次のことだけを注意しておきましょう．

補題 7.8 K 上の多項式 $f(x)$ の最小分解体は K の正規拡大となる．

証明 $f(x)$ の根を $\alpha_1, \ldots, \alpha_n$ とし，$L = K(\alpha_1, \ldots, \alpha_n)$ と置く．$\beta \in L$ を任意に取るとき，前節で述べたように，これはある n 変数多項式 g により $\beta = g(\alpha_1, \ldots, \alpha_n)$ と表される．今，$\alpha_1, \ldots, \alpha_n$ に置換 σ を施したとき，その結果として β から得られる元 $g(\alpha_{\sigma(1)}, \ldots, \alpha_{\sigma(n)})$ のすべてを $\beta_1 = \beta, \ldots, \beta_N$ ($N = n!$) とする．(これらの中には一致するものも存在し得るが，とにかく S_n の元のすべてに対応した値を並べる．) これらは明らかに L に属する．さらに，

$$h(x) = (x - \beta_1) \cdots (x - \beta_N)$$

を展開して得られる多項式は，係数が $\alpha_1, \ldots, \alpha_n$ の対称多項式になっており，従って対称式の基本定理 3.1 および根と係数の関係により f の係数の多項式で表され，K の元となる．故に β の最小多項式は $h(x)$ の β を根に含む既約成分となり，共役根はすべて L の元となる． □

補題 7.9 $L \supset K$ は Galois 拡大とする．このとき，$[L:K] = |\mathrm{Gal}(L/K)|$ が成り立つ．すなわち，体の拡大次数と Galois 群の位数は一致する．この値を n とし，さらに，$L = K(\theta)$ なる $\theta \in L$ を任意に取り，$\theta_1 = \theta, \theta_2, \ldots, \theta_n$ をその共役元の全体とすれば，$\mathrm{Gal}(L/K)$ は θ を θ_j に写すという条件で一意に定まる写像 $\sigma_j, j = 1, \ldots, n$ より成る．

証明 定理 7.2 により $L = K(\theta)$ なる θ は必ず存在することに注意しよう．θ の K 上の最小多項式を $f(x)$，その次数を n とすれば，仮定により $L \supset K$ は Galois 拡大だから，θ の共役根 $\theta_1, \theta_2, \ldots, \theta_n$ はすべて L に属し，$\sigma \in \mathrm{Gal}(L/K)$ による θ の行き先は，補題 7.6 により，ある θ_j と一致する．逆に，θ の行き先をこの集合のどれかの元に決めれば，それから $\mathrm{Gal}(L/K)$ の元が一意に定まる．実際，$L = K(\theta)$ の任意の元は

$$\alpha = c_1 \theta^{n-1} + c_2 \theta^{n-2} + \cdots + c_n$$

の形に一意に表されるので，$\sigma(\theta) = \theta_j$ なら，

$$\sigma(\alpha) = c_1 \theta_j^{n-1} + c_2 \theta_j^{n-2} + \cdots + c_n$$

と決まる．$f(\theta) = 0$ とともに $f(\theta_j) = 0$ でもあるので，これから σ が矛盾無く定義された体の同型となることも容易に確かめられる．（この場合は他の $\theta_k \neq \theta_j$ の行き先も θ の行き先から自然に定まってしまうことに注意．従って $\theta_1, \ldots, \theta_n$ のそれ以外の置換は矛盾を生じて L の自己同型にならない．）特に θ を θ_1 に対応させるものは，恒等写像，すなわち，$\mathrm{Gal}(L/K)$ の単位元となる．故に $\mathrm{Gal}(L/K)$ はちょうど n 個の元よりなる． □

補題 7.10 $L \supset K$ は Galois 拡大とする．このとき，$\forall \alpha \in L \setminus K$ に対し，α を動かすような $\mathrm{Gal}(L/K)$ の元が存在する．言い替えると，$\alpha \in L$ が K の元となるための必要かつ十分な条件は，$\forall \sigma \in \mathrm{Gal}(L/K)$ について $\sigma(\alpha) = \alpha$ となることである．逆に，この性質を持つ拡大は Galois 拡大である．

証明 定理 7.2 により $L = K(\theta)$ となる元 $\theta \in L$ を選び，その K 上の最小多項式を $f(x)$ とし，その根を $\theta_1 = \theta, \theta_2, \ldots, \theta_n$ とする．前補題により，$\mathrm{Gal}(L/K)$ は θ_1 をこれらの根のどれかに写すことで得られる n 個の元より成る．α は θ_1 の適当な $n-1$ 次 K-係数多項式 $g(\theta_1)$ として表される．今もし，$\mathrm{Gal}(L/K)$ のすべての元が α を固定したとすると，$\alpha = g(\theta_1) = g(\theta_2) = \cdots = g(\theta_n)$，従って，$L$ 上の代数方程式 $g(x) - \alpha = 0$ は $\theta_1, \ldots, \theta_n$ を根として持つ．$g(x)$ は $n-1$ 次なので，これは $g(x) - \alpha \equiv 0$ のときしか有り得ない．よって α は $g(x)$ の定数項に等しくなり，従って K の元となる．これは不合理であるから，α を動かすような $\mathrm{Gal}(L/K)$ の元は少なくとも一つは存在しなければならない．

逆に $\forall \alpha \in L$ を取り，その K 上の共役元のうちで L に属するものだけを取って多項式 $f(x) = (x - \alpha_1) \cdots (x - \alpha_k)$ を作れば，この展開係数は対称性により $\mathrm{Gal}(L/K)$ で不変，従って仮定により K の元となる．よってこれが共役元のすべてであり $L \supset K$ は Galois 拡大である． □

系 7.11 $L \supset K$ は Galois 拡大とする．このとき任意の中間体 M について $L \supset M$ は Galois 拡大となる．特に，$F(\mathrm{Gal}(L/M)) = M$，すなわち，Galois 群 $H := \mathrm{Gal}(L/M)$ により固定されるような L の元は M の元に限る．

証明 $L \supset M$ が Galois 拡大であることを示せば，前補題により $\forall \alpha \notin M$ について，M の各元を固定し，α を動かすような $\mathrm{Gal}(L/M)$ の元が存在するこ

とが言え，$F(H) = M$ となる．

$L \supset M$ が Galois 拡大であることを示すため，$\alpha \in L \setminus M$ を任意に選び，その K 上の最小多項式 $g(x)$ を取る．これは仮定によりすべての根を L 内に持つ．g は K 上では既約だが，M 上では更に既約因子に分解され

$$g(x) = g_1(x) \cdots g_s(x)$$

となるとしよう．α はこれらの因子のどれかの根となるので，それを例えば $g_1(x)$ とすれば，これは α を根に持つ M 上の既約多項式で，そのすべての根を L 内に持つ．□

系 7.12 $L \supset K$ は Galois 拡大とする．このとき，$G = \mathrm{Gal}(L/K)$ の任意の部分群 H に対して $\mathrm{Gal}(L/F(H)) = H$ となる．

証明 $M = F(H)$ と置けば，系 7.11 により $L \supset M$ は Galois 拡大となるから，$L = M(\theta)$ と書いたとき，θ の共役元 $\theta_1, \ldots, \theta_n \in L$, $n = [L:M]$ となり，補題 7.9 より $\mathrm{Gal}(L/M)$ の元は θ をこれらのいずれかに写す n 個の元より成る．$\mathrm{Gal}(L/M) \supset H$ は明らかだが，ここでもし等号が成立しないと，H には θ を $\theta_1, \ldots, \theta_n$ のうち少なくとも一つに写す写像が欠けていることになる．このとき，必要なら番号を付け替えて H のある元による θ の行き先となる元を $\theta_1, \ldots, \theta_k$ ($k < n$) であるとすると，これは H の作用で不変な集合となる．実際，例えば $\theta_2 = \sigma_1(\theta)$, $\sigma_1 \in H$ とすれば，$\sigma_2 \in H$ による θ_2 の行き先は，$\sigma_2(\theta_2) = \sigma_2 \circ \sigma_1(\theta)$ だから，上の集合に含まれる．すると L 上の多項式 $(x - \theta_1) \cdots (x - \theta_k)$ は H で不変で，従って仮定によりこの係数は M に属することになり，$\theta = \theta_1$ を根とする M 上の多項式で $k < n$ 次のものが見付かったことになり不合理である．よって $\mathrm{Gal}(L/M) = H$ でなければならない．□

上の系の証明で用いたのと同様の議論で次のようなよく使われる事実も示せます．

命題 7.13 $L \supset K$ は Galois 拡大とする．$\alpha \in L$ とし，その共役元の一つを α' とすれば，α を α' に写すような $\mathrm{Gal}(L/K)$ の元が存在する．特に，L が K 上の多項式 $f(x)$ の分解体であるとき，f が K 上既約なための必要かつ十分な条件は，$\mathrm{Gal}(L/K)$ が f の根に推移的に働くことである．

証明 α を α' に写すような元が一つも存在しないとする．このとき，α の K 上の最小多項式を m 次，共役根の全体を $\alpha = \alpha_1, \ldots, \alpha_k$, $\alpha' = \alpha_{k+1}, \ldots, \alpha_m$ とし，$\mathrm{Gal}(L/K)$ の元による α の行き先の全体がこの最初の k 個であるように番号を振ることができる．このとき，上の系の証明中の論法と同様，これら k 個の元の集合は $\mathrm{Gal}(L/K)$ の作用で不変となり，従って多項式

$$(x - \alpha_1) \cdots (x - \alpha_k)$$

は，$\mathrm{Gal}(L/K)$ の任意の元で不変だから，補題 7.10 により K 上の多項式となる．これは α の最小多項式の次数 m より低次で α を根に持つから不合理である．よって f が K 上既約なら，$\mathrm{Gal}(L/K)$ は f の根の集合に推移的に働く．逆に，f が既約でなければ，その根 α の行き先は，α と同じ既約成分の根となるので，根の集合への $\mathrm{Gal}(L/K)$ の作用は推移的ではない． □

以上をまとめると Galois 理論の基礎となる中間体と部分群との間の一対一対応が得られました．

定理 7.14（中間体と部分群の対応）

$L \supset K$ は Galois 拡大とする．このとき，中間体 M と Galois 群 $H := \mathrm{Gal}(L/M)$ の対応は，L に含まれる K の拡大と Galois 群 $G := \mathrm{Gal}(L/K)$ の部分群との間の一対一の対応を与える．逆対応は，部分群の固定体 $M = F(H)$ で与えられる．

拡大の構造を調べるには，中間体もガロア拡大となる必要があります．次の定理がガロアの基礎理論の後半です．

定理 7.15（Galois 拡大と正規部分群の対応）

$L \supset K$ は Galois 拡大とする．中間体 M が K の Galois 拡大となるためには，$H = \mathrm{Gal}(L/M)$ が $G = \mathrm{Gal}(L/K)$ の正規部分群であることが必要かつ十分である．またこのとき，拡大 $M \supset K$ の Galois 群は商群 G/H と一致する．従って $[M:K] = [G:H]$ が成り立つ．

証明 $H \triangleleft G$ とすると，$\forall \sigma \in G, \forall \tau \in H$ に対して $\sigma^{-1} \tau \sigma \in H$. 従って，$\forall \alpha \in M$ について $\sigma^{-1} \tau \sigma(\alpha) = \alpha$, すなわち $\tau \sigma(\alpha) = \sigma(\alpha)$ となる．α の K

7.2 Galois の理論

上の任意の共役元 α' について,命題 7.13 により $\sigma \in \mathrm{Gal}(L/K)$ で $\sigma(\alpha) = \alpha'$ となるようなものが存在するが,このとき上の計算より $\tau(\alpha') = \alpha'$ となる.つまり,α' は H の任意の元 τ で固定される.系 7.11 により $L \supset M$ は Galois 拡大なので,補題 7.10 により $\alpha' \in M$ となる.

逆に,中間体 M は K の Galois 拡大とし,$H = \mathrm{Gal}(L/M)$ と置く.$\forall \sigma \in G$, $\forall \tau \in H$ に対して $\sigma^{-1}\tau\sigma \in H$ を言うには,$\sigma^{-1}\tau\sigma$ が M の各元を固定することを言えばよい.$\alpha \in M$ を任意に取る.$f(x)$ を α の K 上の最小多項式とする.$\sigma \in G$ は $f(x)$ を不変にするので,$\sigma(\alpha)$ は $f(x)$ の根,すなわち α の共役元となる.よって Galois 拡大の仮定により $\sigma(\alpha) \in M$.τ はこの元を不変にするから,$\tau\sigma(\alpha) = \sigma(\alpha)$.これより $\sigma^{-1}\tau\sigma(\alpha) = \sigma^{-1}\sigma(\alpha) = \alpha$ が示された.

さて M は K の Galois 拡大なので,$\mathrm{Gal}(L/K)$ のどの元 σ も M の任意の元 α を再び M の元に写す.($\sigma(\alpha)$ は α の K 上の共役元となるから α と同時に M に属す.) よって,写像の制限により

$$\mathrm{Gal}(L/K) \longrightarrow \mathrm{Gal}(M/K)$$
$$\cup \qquad\qquad \cup$$
$$\sigma \longmapsto \sigma|_M$$

という群の準同型写像が自然に導かれる.この準同型の核は明らかに M の元を一つも動かさないもの,すなわち $\mathrm{Gal}(L/M)$ と一致する.よってこれが全射となることを示せば,準同型定理により定理の最後の主張が成り立つ.それには,$\mathrm{Gal}(M/K)$ の任意の元 σ が,L の体自己同型に拡張できることを言えばよい.定理 7.2 によりある $\theta_1 \in L$ について $L = M(\theta_1)$ と表される.ここで θ_1 の K 上の最小多項式 $g(x)$ は仮定によりすべての根を L 内に持つ.$g(x)$ は K 上では既約だが,M 上では更に既約因子に分解され

$$g(x) = g_1(x) \cdots g_s(x)$$

となるとしよう.σ は K の元を動かさないので $g(x)$ を動かさず,従ってこれら因子の間の置換を引き起こすだけである.実際,

$$g(x) = \sigma(g(x)) = \sigma(g_1(x)) \cdots \sigma(g_s(x))$$

だから,素因子分解の一意性により,各 $\sigma(g_j(x))$ はある $g_k(x)$ と一致する.θ_1

の M 上の最小多項式はこれらの因子のどれかになるので，それを $g_1(x)$ とし，また σ によりそれが移る先を $g_2(x)$ と仮定しても一般性を失わない．これらは明らかに同じ次数 m を持ち，従って $g_2(x)$ の根の任意の一つを θ_2 とすれば $L = M(\theta_1) = M(\theta_2)$ が成り立つ．そこで今，$\theta_1 \mapsto \theta_2$ で σ の定義を拡張すれば，すなわち，詳しく言うと $L(\theta_1)$ の任意の元 $c_1\theta_1^{m-1} + \cdots + c_{m-1}\theta_1 + c_m$ に $\sigma(c_1)\theta_2^{m-1} + \cdots + \sigma(c_{m-1})\theta_2 + \sigma(c_m)$ を対応させれば，L 全体で矛盾無く定義された写像が得られる．これが体の同型となっていることは容易に確かめることができる．

最後の等式は補題 7.9 と部分群の指数の定義による． □

例 7.1 (Galois 群の例 1) $\zeta \in \boldsymbol{C}$ を 1 の原始 n 乗根[4]とし，$K = \boldsymbol{Q}$，$L = K(\zeta)$ と置くとき，$\mathrm{Gal}(L/K) = \boldsymbol{Z}_n^*$ となる．特に，n が素数のとき，これは $n-1$ 次の巡回群となる．

実際，ζ の K 上の最小多項式は $x^n - 1$ の既約因子なので，ζ の共役元は L に含まれ，L/K は Galois 拡大となる．$\sigma \in \mathrm{Gal}(L/K)$ は体の乗法群 $L^\times$ の群の自己同型を引き起こすので，$\sigma(\zeta)$ も 1 の原始 n 乗根でなければならない．故に系 2.11 より $\mathrm{GCD}(n,k) = 1$．今，$\sigma \in \mathrm{Gal}(L/K)$ が $\sigma(\zeta) = \zeta^k$ を満たし，$\tau \in \mathrm{Gal}(L/K)$ が $\tau(\zeta) = \zeta^l$ を満たせば，$\tau\sigma(\zeta) = \tau(\zeta^k) = (\tau(\zeta))^k = \zeta^{lk}$ となるので，$\mathrm{Gal}(L/K)$ は $\boldsymbol{Z}_n^*$ の部分群として埋め込める．$K = \boldsymbol{Q}$ のとき，両者は等しいことが知られているが，証明は長いので省略する．

可換群 $\boldsymbol{Z}_n^*$ の構造については既に第 4 章で調べました．以下の例では，$\mathrm{Gal}(L/K) = \boldsymbol{Z}_n^*$ を仮定した結果を与えることがありますが，後に代数方程式の可解性を論ずるときに必要となる $\mathrm{Gal}(L/K)$ の性質は，その可換性だけで十分です．また，具体例に出て来る小さな n については，この同型を具体的に確かめられるのが普通です．

一般に，1 の n 乗根の定義式 $x^n - 1 = 0$ の最小分解体は**円分体**と呼ばれます．この名前はこれらの根が複素平面で原点を中心とする単位円の n 等分点を与えるからです．ここで調べた Galois 群の構造は，後で代数方程式の根号による可解性や正 n 角形の作図問題を考察するときに使います．上の議論は K が

---

[4] 正確な定義は n 乗すると初めて 1 となる複素数，すなわち，$\boldsymbol{C}^\times$ の巡回部分群 C_n の生成元のこと．$\zeta = e^{2\pi i/n}$ を取るのが普通だが，代数学での用法は必ずしもこれに限らない．

7.2 Galois の理論

標数 0 の場合には $\boldsymbol{Q}$ を ζ を含まない一般な体で置き換えても通用しますが，正標数のときは特有の現象が現れます (第 8 章参照)．

例 7.2 (Galois 群の例 2) $a \in \boldsymbol{Q}$ は n 乗数ではないとする．このとき，$x^n - a$ の最小分解体，すなわち，$\boldsymbol{Q}$ に a の n 乗根をすべて添加して得られる体は，a の n 乗根の一つを $\sqrt[n]{a}$，また ζ を例 1 のものとするとき，$\boldsymbol{Q}(\sqrt[n]{a}, \zeta)$ に等しい．このとき，中間体 $\boldsymbol{Q}(\sqrt[n]{a})$ に対応する Galois 群 $\mathrm{Gal}(\boldsymbol{Q}(\sqrt[n]{a}, \zeta)/\boldsymbol{Q}(\sqrt[n]{a}))$ は上の例 1 で与えられる群に等しく，また中間体 $\boldsymbol{Q}(\zeta)$ に対応する Galois 群 $\mathrm{Gal}(\boldsymbol{Q}(\sqrt[n]{a}, \zeta)/\boldsymbol{Q}(\zeta))$ は $\sigma : \sqrt[n]{a} \mapsto \zeta\sqrt[n]{a}$ を生成元とする n 次の巡回群となる．後者は正規部分群であり，全 Galois 群 $\mathrm{Gal}(\boldsymbol{Q}(\sqrt[n]{a}, \zeta)/\boldsymbol{Q}))$ は，半直積 $C_n \rtimes \boldsymbol{Z}_n^*$ の構造を持っている．

例の例として，$n = 3, a = 2$ の場合を考えてみましょう．この場合，$\zeta = \omega$ で，$L = \boldsymbol{Q}(\sqrt[3]{2}, \omega)$ と置くとき，$\mathrm{Gal}(L/\boldsymbol{Q}(\omega)) \cong C_3$, $\mathrm{Gal}(L/\boldsymbol{Q}(\sqrt[3]{2})) \cong \boldsymbol{Z}_3^* \cong C_2$ で，全 Galois 群は $\mathrm{Gal}(L/\boldsymbol{Q}) \cong C_3 \rtimes C_2 \cong S_3$ となっています．$C_3 \cong A_3$ はこの正規部分群で，これは $\boldsymbol{Q}(\omega)$ が $\boldsymbol{Q}$ の Galois 拡大であるという事実に対応しており，剰余群 $S_3/A_3 \cong C_2$ は $\mathrm{Gal}(\boldsymbol{Q}(\omega)/\boldsymbol{Q})$ を与えています．S_3 には，それぞれ互換 $(1, 2), (2, 3), (1, 3)$ で生成される位数 2 の部分群が三つありますが，これらは中間体 $\boldsymbol{Q}(\sqrt[3]{2}), \boldsymbol{Q}(\omega\sqrt[3]{2}), \boldsymbol{Q}(\omega^2\sqrt[3]{2})$ に対応しており，それぞれに対応する Galois 群は，$\mathrm{Gal}(L/\boldsymbol{Q}(\sqrt[3]{2}))$ が $\omega \mapsto \omega^2$ で，$\mathrm{Gal}(L/\boldsymbol{Q}(\omega\sqrt[3]{2}))$ が $\sqrt[3]{2} \mapsto \omega^2\sqrt[3]{2}$ で，$\mathrm{Gal}(L/\boldsymbol{Q}(\omega^2\sqrt[3]{2}))$ が $\sqrt[3]{2} \mapsto \omega\sqrt[3]{2}$ で生成されます．これらは正規部分群ではなく，対応して，これらの中間体の $\boldsymbol{Q}$ 上の拡大体としての Galois 群は無意味 (単位元のみ) となっています．

なお，$\mathrm{Gal}(L/\boldsymbol{Q})$ と S_3 の対応の付け方は一意的ではありません．しかし，S_3 は $(1, 2, 3)$ と $(1, 2)$ で生成されるので，これらに対応する L の自己同型を決めてやれば，その他の元の対応は自然に決まります．上に記したのは，

$(1, 2, 3) \longleftrightarrow \omega$ を動かさず，$\sqrt[3]{2}$ を $\omega\sqrt[3]{2}$ に写す．
$(1, 2) \longleftrightarrow \sqrt[3]{2}$ を動かさず，ω を ω^2 に写す．

という対応から誘導されたものです．これから例えば，

$$(2, 3) = (1, 2)(1, 2, 3) \longleftrightarrow \begin{array}{l} \omega \text{ を } \omega^2 \text{ に，} \sqrt[3]{2} \text{ を } \omega^2\sqrt[3]{2} \text{ に写す．} \\ \omega\sqrt[3]{2} \text{ は動かさない．} \end{array}$$

となります．$(1, 3)$ についても確かめてごらんなさい．

■ 7.3 方程式論

この節では，1 変数代数方程式の一般論を復習したあと，Galois 理論を応用して代数方程式の四則と根号による根の表示可能性を解明します．古典的な方程式論の話なので，この節で扱われる体は原則として標数 0 とします．

【3 次・4 次方程式の根の公式】 さて，方程式が解けるとはどういうことでしょう？ 西洋数学の伝統的な解釈では，これは根が係数などの既知の量を用いた数式で陽に表現できることを意味していました．2 次方程式 $ax^2 + bx + c = 0$ の根の公式

$$x = \frac{-b \pm \sqrt{b^2 - 4ac}}{2a}$$

などは，その典型的なものです．これと同等な平方完成による解法は，既に紀元前 1600 年頃のバビロニアの粘土板にクサビ形文字で記録されているそうです．ここで平方根は必ずしも正確に計算できるとは限らないので，解けることと根が計算できることとは既に少し意味が違っています．ギリシャ時代の数学では，方程式を解くことは解を長さとする線分を定規とコンパスで作図することでした．Euclid の原論にもそのような解法が載っています．ここでは典型的な二つの例を問としておきます．$x^2 = bc$ の正根は後出 7.4 節の図 7.3 のようにして容易に求まるので，正根を持つ 2 次方程式はこれらの例のいずれかに帰着できます．

問 7.4 長さ a, b を持つ線分がそれぞれ与えられているとき，
(1) 2 次方程式 $x^2 - ax + b^2 = 0$ は正根を持つと仮定して，その根を長さに持つ線分を定規とコンパスで作図してみよ．
(2) 2 次方程式 $x^2 + ax = b^2$ の正根を同様に作図せよ．

他方，中国の数学では，方程式の解法とは伝統的に近似解の計算法を意味しました．高次方程式の実数解を近似計算する方法は，中国で天元術（てんげん）として最初に導入されました．13 世紀始めごろのことで，ヨーロッパで Horner（ホーナー）が 1819 年に同じ方法を発見する 600 年も前のことです．ただし，ヨーロッパの数学でも反復法を用いた方程式の数値解法はそれよりは早く Newton の時代に発見されています．むしろヨーロッパ数学の真骨頂は，イタリアのルネッサンス期に発見された 3 次方程式，4 次方程式に対する根の公式でしょう．

7.3 方程式論

定理 7.16 (**Cardano**(カルダーノ) の公式[5]) 　3 次方程式 $x^3 + qx + r = 0$ に対し, $R = \dfrac{r^2}{4} + \dfrac{q^3}{27}$ と置くとき, この方程式の 3 根は

$$\sqrt[3]{-\frac{r}{2} + \sqrt{R}} + \sqrt[3]{-\frac{r}{2} - \sqrt{R}},$$

$$\omega \sqrt[3]{-\frac{r}{2} + \sqrt{R}} + \omega^2 \sqrt[3]{-\frac{r}{2} - \sqrt{R}}, \qquad \omega^2 \sqrt[3]{-\frac{r}{2} + \sqrt{R}} + \omega \sqrt[3]{-\frac{r}{2} - \sqrt{R}}$$

で与えられる.

証明 　まず,

$$r = \alpha^3 + \beta^3, \qquad q = -3\alpha\beta$$

と書けるような α, β を求める. 後者は $\alpha^3 \beta^3 = -q^3/27$ と書き直せるので, 根と係数の関係により α^3, β^3 は 2 次方程式 $t^2 - rt - q^3/27 = 0$ の 2 根に等しく, 従って次のように求まる:

$$\alpha^3 = \frac{r}{2} - \sqrt{R}, \qquad \beta^3 = \frac{r}{2} + \sqrt{R}.$$

このような α, β は 1 組求まればよいので, とりあえずこれらの 3 乗根の一つを

$$\alpha = -\sqrt[3]{-\frac{r}{2} + \sqrt{R}}, \qquad \beta = -\sqrt[3]{-\frac{r}{2} - \sqrt{R}}$$

と記そう. すると, 与えられた方程式は, 有名な因数分解の公式により

$$x^3 + qx + r = x^3 + \alpha^3 + \beta^3 - 3\alpha\beta x = (x + \alpha + \beta)(x + \omega\alpha + \omega^2\beta)(x + \omega^2\alpha + \omega\beta)$$

と因数分解され, これから 3 根が上のように求まる. 　□

上では x^2 の係数が 0 の場合のみを取り扱いましたが, 一般の 3 次方程式は, 3.4 節で注意したように, **根の減値**という操作によりいつでもこの形に帰着できるのでしたね. より一般に, 代数方程式

---

[5] 3 次方程式の根の公式は普通, Cardano の公式と呼ばれていますが, この解法は本質的には Tartaglia(タルタッリャ)(これは通称で, 真の名は N. Fontana), あるいは更に古く del Ferro(フェッロ) が発見したものを G. Cardano が個人的に聞き, 自分の著書 Ars Magna (1545) に整理して発表したものだということです. この著書には, Cardano の弟子であった L. Ferrari による 4 次方程式の解法も載っています. Cardano は外科医で賭博師で学者という不思議な人物だったようですが, 彼の評判についても, 公式発表のいきさつについてもいろんな説があります.

$$f(x) = x^n + a_1 x^{n-1} + \cdots + a_n = 0$$

があったとき，この根を一斉に h だけ小さくした方程式は，$y = x - h$ を新しい変数とすればよいので，

$$(y+h)^n + a_1(y+h)^{n-1} + \cdots + a_n = 0$$

を y について展開すれば得られます．しかしこれは逆に次のように考えることもできます．すなわち，この展開における y の冪の係数は，

$$x^n + a_1 x^{n-1} + \cdots + a_n = (x-h)^n + b_1(x-h)^{n-1} + \cdots + b_n$$

と書き直したときの係数に等しいはずです．後者は与えられた x の多項式を $x - h$ で逐次割り算した余りとして求まります．すなわち，b_n は $f(x)$ を $x - h$ で割ったときの余りに等しく，またそのときの商を $f_1(x)$ とすれば，b_{n-1} はこれを $x - h$ で割ったときの余りに等しい，等々という具合です．この計算は常に 1 次式による割り算なので，**組み立て除法**を用いると効率的に行うことができます．例えば，$x^3 - 3x^2 + 4x - 3 = 0$ の根を 1 だけ減値するには，

$$
\begin{array}{r|rrr}
1 & 1 & -3 & 4 & -3 \\
  &   & 1 & -2 & 2 \\ \hline
  & 1 & -2 & 2 & -1 \\
  &   & 1 & -1 & \\ \hline
  & 1 & -1 & 1 & \\
  &   & 1 &   & \\ \hline
  & 1 & 0 &   & \\
\end{array}
$$

で，結果は $(x-1)^3 + (x-1) - 1$ です．この計算を用いて x^{n-1} の係数を 0 にするには，$x + a_1/n$ を新しい未知数とすれば，すなわち，根を $-a_1/n$ だけ減値すればよいことは明らかでしょう．

次に，Ferrari による 4 次方程式の解法を紹介します．$x^4 + qx^2 + rx + s = 0$ の 2 次以下の項を右辺に移項し，

$$x^4 = -qx^2 - rx - s$$

と変形します．もし右辺が完全平方式になっていれば，両辺の平方根を取ることにより，二つの 2 次方程式に帰着できるでしょう．しかしそれは一般には期待できないので，パラメータ z を導入し，両辺に $zx^2 + \dfrac{z^2}{4}$ を加えて

7.3 方程式論

$$\left(x^2 + \frac{z}{2}\right)^2 = (z-q)x^2 - rx + \frac{z^2}{4} - s \tag{7.5}$$

と変形します．この右辺が x の完全平方式になるかどうかは，判別式を取れば z の条件として

$$r^2 - 4(z-q)\left(\frac{z^2}{4} - s\right) = 0$$

すなわち

$$z^3 - qz^2 - 4sz + 4qs - r^2 = 0 \tag{7.6}$$

と書けます．これは z の 3 次方程式なので，Cardano の公式により解くことができます．今はその一つの根が分かればよいので，それを z とし，そのとき (7.5) の右辺が $(ax+b)^2$ となったとすれば，もとの方程式の 4 根が

$$x^2 + \frac{z}{2} = ax + b, \qquad x^2 + \frac{z}{2} = -ax - b$$

から，それぞれ 2 根ずつ求まります．(7.6) はもとの 4 次方程式の**分解 3 次方程式** (resolvent cubic) と呼ばれ，もとの方程式の最小分解体の Galois 群に対する大切な情報を含んでいます．

問 7.5 次の方程式を四則と根号で解け．
(1) $x^3 + 3x - 2 = 0$ (2) $x^3 - 3x + 1$ (3) $x^3 - 12x - 4 = 0$ (4) $x^3 - x^2 + 1 = 0$
(5) $x^4 + 2x^2 + 3 = 0$ (6) $x^4 - 2x + 3 = 0$ (7) $x^5 + x + 1 = 0$

問 7.6 4 次方程式 $x^4 + qx^2 + rx + s = 0$ の 4 根を $\alpha_j, j = 1, 2, 3, 4$ と置くとき，分解 3 次方程式 (7.6) の 3 根は $u = \alpha_1\alpha_2 + \alpha_3\alpha_4, v = \alpha_1\alpha_3 + \alpha_2\alpha_4, w = \alpha_1\alpha_4 + \alpha_2\alpha_3$ で与えられることを示せ． [ヒント：根と係数の関係を用いよ．]

【Horner 法】 方程式のすべての根を一斉に h だけ減らすには，上で述べた組み立て除法を使えばよく，また方程式の根を一斉に λ 倍するには，$y = \lambda x$ すなわち $x = y/\lambda$ を代入して分母を払えばよいので，結局，x^{n-1} の係数に λ を，x^{n-2} の係数に λ^2 を，$\ldots$ ，定数項に λ^n を掛ければよいことが容易に確かめられます．この二つの演算を次々に繰り返すと，実係数代数方程式の根の近似値が計算できます．すなわち，まず，求めたい根を中間値の定理を利用して符号変化を調べることにより区間 $[h, h+1)$ に追い込み，次いで根を h だけ減値して，目的の根を区間 $[0, 1)$ に移動させ，次にこれを 10 倍して，それをまた整数区間 $[h_1, h_1+1)$ に追い込む，ということを繰り返せば，根の近似値 $h.h_1h_2\cdots$ が求まるという訳です．上で扱った方程式 $x^3 - 3x^2 + 4x - 3 = 0$

は区間 $[1,2)$ に根を一つ持っているので,上の計算を続けてこの近似値を求めてみましょう (図 7.1 参照).

2 段目の計算では,仮商を,最後の二つの数の割り算 $1000 \div 100$ で見当をつけます.この場合は最初の候補 9 から 8, 7 と減らしても大きすぎ,結局真の商 6 が見付かります.ここで,大きすぎることは,定数項の数値の符号が割る前と変わってしまうことで分かります.また小さすぎることは,根の減値の計算を終えた後の結果である新しい係数を総和したものが定数項の数値と符号が同じになってしまうことで判定します.つまり,正しい商の値は,根の減値計算の後で定数項の符号が変わらず,係数の総和がそれとは逆の符号になるようなものです.このことは,以下のような考察から正当化できます:

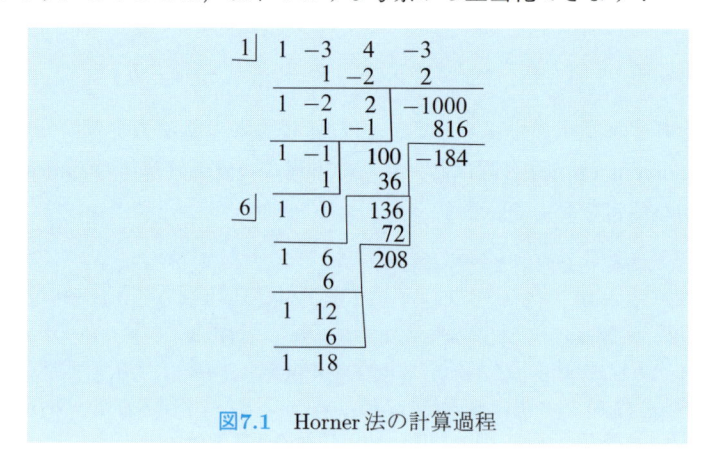

図7.1 Horner 法の計算過程

(1) 10 倍する前の方程式の根が $[0,1)$ に有り,そのときの定数項,すなわち $x=0$ での値が,例えば負なら,10 倍したときも同じ符号である.
(2) 根を h だけ減値したときの定数項は,減値する前の $x=h$ における値で,これはまだ根を通り越してはいけないので,もとの定数項と同じ符号でなければならない.
(3) 根が $[h,h+1)$ 内にあるなら,$x=h+1$ ではそれとは異なる符号の値を取らねばならない.
(4) 減値する前の $x=h+1$ での値は減値後の 1 での値,すなわち,計算結果の係数の総和に等しい.

以下,同様の計算を続けると,最後の係数を直前の係数で割った仮商の値がど

んどん真の商の値に近付いて行くので,思ったよりは簡単に 5 桁程度の近似値を計算することができます.根の残部を 10 倍するのに,係数を上の方から順に 1, 10, 100, 1000, ... 倍する代わりに,下の方から順に 1, 10, 100, 1000, ... で割り算することで,最後の 2 桁くらいを高速化近似計算することもできます.

【Galois 群と方程式の可解性】 一般の 5 次の代数方程式はもはや上のような方法では解けないという Abel の定理の理由を考えてみましょう.係数の四則演算と冪根記号 (根号) で表現できるような"数"はどういう拡大体に属するでしょうか? 四則演算は体の拡大には寄与しないので,問題は根号だけです.ある体に,それに含まれる一つの元 a の n 乗根をすべて添加するのはもちろん Galois 拡大ですが,これは先に例 7.2 で見たように,1 の原始 n 乗根 ζ を添加する拡大と,ある一つの特定の n 乗根 $\sqrt[n]{a}$ をそれに更に添加する拡大に分解できます.これらはそれぞれ Galois 拡大で,しかも前者は既に見たように Abel 群 $\mathbb{Z}_n^*$ を Galois 群に持つ拡大,また後者は n 次の巡回群を Galois 群に持つ拡大です.

定義 7.3 Galois 拡大 $L \supset K$ において,その Galois 群が Abel 群のとき,**Abel 拡大**と言う.また巡回群のとき,**巡回拡大**と言う.

巡回拡大は Alel 拡大の特別な場合です.従って,根の公式で表されるような数は,もとの体から Abel 拡大を繰り返して得られるような Galois 拡大体に含まれてしまいます.この状況を少し一般化すると

$$G = G_k \left\{ G_{k-1} \left\{ G_2 \left\{ G_1 \left\{ \begin{array}{l} L = L_k \\ | \\ L_{k-1} \\ | \\ L_{k-2} \\ | \\ \vdots \\ | \\ L_1 \\ | \\ L_0 = K \end{array} \right. \right. \right. \right.$$

という Galois 拡大の列となり,ここで,連続する中間体 $L_{k-j+1} \supset L_{k-j}$ に対応した Galois 群 $G_{j-1} \subset G_j$ の間の剰余群 G_j/G_{j-1} はすべて Abel 群と

なっています．最後の性質を持った部分群の列

$$G = G_k \supset \cdots \supset G_2 \supset G_1 \supset \{e\} \tag{7.7}$$

は，G の**可解列**と呼ばれ，可解列を持つ群 G は**可解群**と呼ばれるのでした．こうして Galois の発見の核心である次の定理に到達しました．

定理 7.17 体 K 上の代数方程式 $f(x) = 0$ の根が K の元に四則演算と根号を有限回施して得られる式で表現できるための必要かつ十分な条件は，f の K 上の最小分解体 L の K 上の Galois 群 $\mathrm{Gal}(L/K)$ が可解群となることである．

必要条件については上で説明した通りですが，ちょっとだけ注意すべき点があります．それは，Cardano の公式や，後から出てくる例でも分かるように，根を表すのに用いたすべての冪根を含む体 M は，元の方程式の最小分解体 L より一般には大きくなるので，最小分解体自身が可解群を Galois 群に持つことはそれほど明らかでは無いのです．しかし，下の十分条件の証明から分かるように，1 の冪根はいつでも四則と根号で表されるので，それらを添加しても，方程式の冪根による可解性に影響はありません．すると，$\sqrt[n]{a}$ が M に含まれれば，$x^n - a = 0$ の他の根はこれと 1 の n 乗根 ζ で表されてしまうので，方程式を冪根で解くのに必要な拡大体 M は K の Galois 拡大だとしても一般性を失いません．従って，L はその Galois 部分体として，Galois 群 $\mathrm{Gal}(L/K)$ は可解群 $\mathrm{Gal}(M/K)$ の商群となるので，問 6.4 により，やはり可解群です．

以下，十分条件であることの証明をしましょう．$G = \mathrm{Gal}(L/K)$ が可解で，(7.7) のような部分群の列を持つとしましょう．Abel 群の構造定理により，まず次のことが分かります．

補題 7.18 可解群の定義において，可解列 (7.7) における各 G_j/G_{j-1} を Abel 群と仮定しても巡回群と仮定しても同値である．さらに，G_j/G_{j-1} はすべて素数位数とすることもできる．

証明 巡回群は Abel 群なので，一方向は明らか．よって逆を示せばよい．各 G_j/G_{j-1} が Abel 群であるような列 (7.7) が与えられたとき，これを細分して，隣同士の商が巡回群となるようにできることを示す．今，G_j/G_{j-1} が巡回部分群 H を含むとき，これはもちろん Abel 群 G_j/G_{j-1} の正規部分群なので，自

7.3 方程式論

然な写像 $G_j \to G_j/G_{j-1}$ によるこの引き戻し G'_{j-1} は $G_{j-1} \subset G'_{j-1} \subset G_j$ を満たす G_j の正規部分群となる (第 4 章問 4.3 (3) の解答参照). G_{j-1} が G'_{j-1} の正規部分群となることは自明だから, 結局この部分の列を細分化できた. これを繰り返せば, Abel 群の構造定理 (系 5.16) により隣同士の商が巡回群となるところまで細分できる. 上の証明では H が Abel 群 G_j/G_{j-1} の直和因子である必要はないので, 商 G_j/G_{j-1} が例えば位数 p^l という素数冪の巡回群のときにも, 位数 p の部分群を用いてここを更に細分できる. よって, 結局各 G_j/G_{j-1} が素数位数の巡回群の場合に帰着できる. □

上の証明において, 新たに挿入した部分群 G'_{j-1} に対応する中間体 L'_{k-j+1} は定理 7.15 により L_{k-j} の Galois 拡大となっており, また L_{k-j+1} は自明に L'_{k-j+1} の Galois 拡大となっています. よって定理 7.17 の後半を示すには, $L \supset K$ を改めて Galois 拡大とし, $\mathrm{Gal}(L/K)$ は n 次の巡回群で n は素数と仮定して, L が K から冪乗根の添加で得られることを示せばよろしい. 以下, これを数段に分けて証明して行きます.

(1) K が 1 の原始 n 乗根 ζ を含む場合, 素数 n 次の巡回拡大体は四則と根号で実現できる. 定理 7.2 により, ある $\theta \in L$ を用いて $L = K(\theta)$ と書け, 補題 7.9 と命題 7.5 により θ は K 上 n 次のある既約多項式の根となります. このとき, 例 7.2 で示したように, ある $a \in K$ を取ると θ が $x^n - a = 0$ の根となり, 他の根は $\zeta^j \theta, j = 0, 1, \ldots, n-1$ となって, $\mathrm{Gal}(L/K)$ が $\sigma: \theta \mapsto \zeta\theta$ で生成されることが期待されます. しかし θ を勝手に取ったのでは, $\sqrt[n]{a}$ になっていることは期待できません. $L = K(\theta)$ というだけでは, $1 + \sqrt[n]{a}$ だってよいし, その他いろいろ有り得るからです. そこで, $\sqrt[n]{a}$ に当たるものを見付け出すために, 次のようなもの (Lagrange のレゾルベント) を考えましょう.

$$\gamma_j := \zeta^{n-1}\theta^j + \zeta^{n-2}\sigma(\theta^j) + \cdots + \zeta\sigma^{n-2}(\theta^j) + \sigma^{n-1}(\theta^j), \quad j = 1, \ldots, n-1 \tag{7.8}$$

これらの中に 0 でないものが有れば, それは $\sqrt[n]{a}$ の候補です. 実際, もしある j について $\gamma_j \neq 0$ なら, $\sigma^n = id$ と $\zeta^n = 1$ を用いて

$$\sigma(\gamma_j) = \zeta^{n-1}\sigma(\theta^j) + \zeta^{n-2}\sigma^2(\theta^j) + \cdots + \zeta\sigma^{n-1}(\theta^j) + \sigma^n(\theta^j) = \zeta\gamma_j$$

となります. 従って $\gamma_j, \zeta\gamma_j, \ldots, \zeta^{n-1}\gamma_j$ が共役元の一式で, これらの積

$$a := \gamma_j \cdot \zeta\gamma_j \cdots \zeta^{n-1}\gamma_j = \zeta^{n(n-1)/2}\gamma_j^n = \gamma_j^n$$

は K の元となり, γ_j は $x^n - a = 0$ の根となります. $\sigma(\gamma_j) \neq \gamma_j$ なので, $\gamma_j \notin K$. 従って, n が素数であることと命題 7.5 により, 上の方程式は既約です. こうして $L = K(\gamma_j) = K(\sqrt[n]{a})$ となりました.

さて, 上の γ_j の中に 0 でないものが存在することは, もしこれらがすべて 0 だと, (7.8) に $j = 0$ に相当する自明な方程式

$$0 = \zeta^{n-1} + \zeta^{n-2} + \cdots + \zeta + 1$$

をもう一つ付け加えて得られる, $\sigma^k(\theta^j), j,k = 0,\ldots,n-1$ を係数行列とする n 元斉次連立 1 次方程式に $(\zeta^{n-1},\ldots,\zeta,1)$ という自明でない解が存在することになりますが, この係数行列は準同型の性質 $\sigma^k(\theta^j) = \{\sigma^k(\theta)\}^j$ に注意すると, $\sigma^k(\theta), k = 0,1,\ldots,n-1$ の Vandermonde 行列 (例 3.7 参照) の形をしています. これらは θ の最小多項式の相異なる n 根に相当することから, 係数行列は正則となります. これは不合理なので, 少なくとも一つの γ_j は 0 ではありません.

以上により, 1 の原始冪乗根さえ自由に使えれば, 可解群を Galois 群に持つ拡大は基本的に四則と根号で実現できることが分かりました. では 1 の原始冪乗根は四則と根号で表現できるのでしょうか? 例 7.1 で示したように, 円分拡大は Abel 拡大なので, これが言えなければ定理 7.17 は成り立つとは言えません.

(2) 1 の原始 n 乗根は常に四則と根号で表すことができる. これは n に関する帰納法で示します. $n = 1$ や $n = 2$ のときは自明です. $n = 3$ のとき, $x^3 - 1$ は $x^2 + x + 1$ という既約因子を持ち, この根が 1 の原始 3 乗根を与えますが, これは 2 次方程式なので平方根を用いて解くことができます. 今, $n-1$ 次以下の 1 の原始冪乗根はすべて四則と根号で表すことができると仮定し, 多項式 $x^n - 1$ を考えます. 1 の原始 n 乗根はこのある既約因子 $f(x)$ の根となりますが, この次数を $m < n$ とすれば, f の分解体は $\mathbb{Z}_n^*$ の商群を Galois 群に持つので, Abel 拡大です. 従って, これは巡回拡大の列に分解でき, それらの次数はすべて n より小さいので, 仮定によりそれらの次数に対応する 1 の原始冪乗根はすべて四則と根号で表されます. これらを追加すれば, (1) により途中の巡回拡大はすべて四則と根号で実現でき, 結局 $f(x)$ のすべての根も

7.3 方程式論

四則と根号で表現できます．故に 1 の n 乗根も根号で表すことができます．

(1), (2) により，定理 7.17 の後半が証明されました．なお，証明を細かく見ると，次のことも分かります．

系 7.19 $L \supset K$ が n 次の Abel 拡大のとき，L の元を表すのに必要な根号の種類は，n の各素因子 p に対する p 乗根の記号と，1 の原始 p 乗根を表すのに必要な根号だけでよい．

1 の原始 p 乗根を表すのにどれだけの種類の根号が必要かは，少々ややこしいので，ここでは例を見るにとどめておきます．

例 7.3 (1) 1 の原始 5 乗根は 4 次の既約方程式

$$x^4 + x^3 + x^2 + x + 1 = 0 \tag{7.9}$$

の根になる．$4 = 2 \times 2$ なので，2 次の拡大を 2 回繰り返せばこの方程式は解ける．1 の原始 2 乗根は -1 なので，これは添加するには及ばない．上の方程式を二つの 2 次方程式に分解するには，受験数学でもよく知られた手法を用いる：上は**相反方程式** (reciprocal equation)，すなわち，中間次数の項を中心として対称の位置の係数が等しくなっているので，中間次数の冪 x^2 で両辺を割ると

$$x^2 + x + 1 + \frac{1}{x} + \frac{1}{x^2} = 0$$

ここで $y = x + \dfrac{1}{x}$ とおけば，上は y の $4 \div 2 = 2$ 次の方程式に帰着し，

$$y^2 + y - 1 = 0 \quad \therefore \ y = \frac{-1 \pm \sqrt{5}}{2}$$

と解ける．よって $x^2 - yx + 1 = 0$ を解いて $x = \dfrac{y \pm \sqrt{y^2 - 4}}{2}$．ここで複号が 3 ヶ所出て来るが，$\sqrt{5}$ の次に現れる二つは同順，もう一つは独立で，組合せの数は 4 個である．以上により，

$$x = \frac{(\sqrt{5} - 1) \pm i\sqrt{2}\sqrt[4]{5}\sqrt{\sqrt{5} + 1}}{4}, \quad \frac{-(\sqrt{5} + 1) \pm i\sqrt{2}\sqrt[4]{5}\sqrt{\sqrt{5} - 1}}{4}$$

と求まる．このうち $e^{2\pi i/5} = \cos\dfrac{2\pi}{5} + i\sin\dfrac{2\pi}{5}$ に相当するのは，複素数とし

ての偏角が正で最小のもの，すなわち，

$$\eta := \frac{\sqrt{5}-1+i\sqrt{2}\sqrt[4]{5}\sqrt{\sqrt{5}+1}}{4} = \frac{\sqrt{5}-1+i\sqrt{10+2\sqrt{5}}}{4} \quad (7.10)$$

である．

(2) 1 の原始 11 乗根は，$x^{11}-1=0$ を解いて得られる．Galois 群は C_{10} である．上と同様，まず因子 $x-1$ を剥せば，$x^{10}+x^9+\cdots+1=0$ という既約な 10 次方程式が得られる．これも相反方程式なので，前例と同様に議論できるが，計算結果があまりきれいにならないので，もう少し Galois 群の構造を利用した計算をしてみよう．例 7.1 の議論より，ζ を ζ^2 に写すような Galois 群 C_{10} の元 σ が存在するが，その ζ への反復作用は，準同型性により，

$$\sigma(\zeta)=\zeta^2, \ \sigma^2(\zeta)=\zeta^4, \ \sigma^3(\zeta)=\zeta^8=\frac{1}{\zeta^3}, \ \sigma^4(\zeta)=\zeta^{16}=\zeta^5,$$
$$\sigma^5(\zeta)=\zeta^{10}=\frac{1}{\zeta}, \quad \cdots$$

と求まる．これより σ の位数が 10，従って C_{10} の生成元となることが分かる．ここで，定理 7.17 の証明中で用いたアイデアを流用し，$\gamma^{10}=a$ を満たす $\boldsymbol{Q}(\zeta)$ の元を求めたいのだが，そのとき必要となる 1 の原始 5 乗根 η は $\boldsymbol{Q}$ の元ではないので，σ によって動くかもしれない．そこで，代わりに $\tau=\sigma^2$ を考えると，これは位数 5 の部分群を生成し，η の拡大次数である 4 と 5 は互いに素なので，η は τ では動かないはずである[6]．今度は後で ζ について解きたいので，定理 7.17 の計算を少し変更して，

$$\begin{aligned}\gamma_j &:= \zeta + \eta^{4j}\sigma^2(\zeta) + \eta^{3j}\sigma^4(\zeta) + \eta^{2j}\sigma^6(\zeta) + \eta^j\sigma^8(\zeta) \\ &= \zeta + \eta^{4j}\zeta^4 + \eta^{3j}\zeta^5 + \eta^{2j}\zeta^9 + \eta^j\zeta^3, \quad j=0,1,2,3,4\end{aligned} \quad (7.11)$$

(ただし η^5 は 1 で置き換えるものとする) を考えると，これらは容易に分かるように $\sigma^2(\gamma_j)=\eta^j\gamma_j$ を満たし，従ってこれらの 5 乗 $a_j:=\gamma_j^5=\prod_{k=0}^{4}\sigma^{2k}(\gamma_j)$ はどれも σ^2 で不変となるはずである．実際に数式処理ソフトの助けを借りて 5 乗を計算してみよう．まず，準備として，γ_0 は，そのままで σ^2 不変であるが，容易に分かるように 2 次方程式 $t^2+t+3=0$ を満たし，従って $\gamma_0=\dfrac{-1\pm\sqrt{11}\,i}{2}$

---

[6] 実は拡大 $\boldsymbol{Q}(\eta,\zeta)$ は $\boldsymbol{Q}(\zeta)$ よりも大きな，20 次の拡大となるのだが，ζ を四則と根号で表すには，$\boldsymbol{Q}(\eta)$ 上の 5 次の拡大を考えても問題はない．

と求まることに注意しよう．(複号は $\zeta = e^{2\pi i/11}$ のときには γ_0 の数値計算から + と定まる．) すると，

$$a_1 = (40\eta^3 - 20\eta^2 - 40\eta - 54)\gamma_0 - 35\eta^3 - 120\eta^2 - 130\eta - 5$$
$$= \frac{(33+5\sqrt{5})\sqrt{11} - (98+30\sqrt{5})i}{4}\sqrt{11}$$
$$+ \left(\frac{3\sqrt{5}+1}{4} - \frac{3+\sqrt{5}}{8}\sqrt{11}\,i\right)5\sqrt{11}\sqrt{10+2\sqrt{5}}$$

$$a_2 = (20\eta^3 - 20\eta^2 + 60\eta - 34)\gamma_0 + 120\eta^3 - 10\eta^2 + 85\eta + 115$$
$$= \frac{(33-5\sqrt{5})\sqrt{11} - (98-30\sqrt{5})i}{4}\sqrt{11}$$
$$- \left(\frac{4-\sqrt{5}}{2} + \frac{\sqrt{5}-2}{4}\sqrt{11}\,i\right)5\sqrt{11}\sqrt{10+2\sqrt{5}}$$

$$a_3 = (-80\eta^3 - 40\eta^2 - 60\eta - 94)\gamma_0 - 95\eta^3 + 35\eta^2 - 85\eta + 30$$
$$= \frac{(33-5\sqrt{5})\sqrt{11} - (98-30\sqrt{5})i}{4}\sqrt{11}$$
$$+ \left(\frac{4-\sqrt{5}}{2} + \frac{\sqrt{5}-2}{4}\sqrt{11}\,i\right)5\sqrt{11}\sqrt{10+2\sqrt{5}}$$

$$a_4 = (20\eta^3 + 80\eta^2 + 40\eta - 14)\gamma_0 + 10\eta^3 + 95\eta^2 + 130\eta + 125$$
$$= \frac{(5\sqrt{5}+33)\sqrt{11} - (30\sqrt{5}+98)i}{4}\sqrt{11}$$
$$- \left(\frac{3\sqrt{5}+1}{4} - \frac{3+\sqrt{5}}{8}\sqrt{11}\,i\right)5\sqrt{11}\sqrt{10+2\sqrt{5}}$$

となり，いずれも根号，それも平方根だけで表される．γ_j の式 (7.11) を $\zeta, \zeta^4, \zeta^5, \zeta^9, \zeta^3$ の連立 1 次方程式とみて，これから特に ζ だけを求めれば，

$$\zeta = \frac{1}{5}(\gamma_0 + \gamma_1 + \gamma_2 + \gamma_3 + \gamma_4)$$
$$= \frac{-1+\sqrt{11}\,i}{10} + \frac{1}{5}\{\sqrt[5]{a_1} + \sqrt[5]{a_2} + \sqrt[5]{a_3} + \sqrt[5]{a_4}\}$$

となる．

(3) 1 の原始 23 乗根は同様に，$x^{23} - 1 = 0$ より Galois 群は $C_2 \times C_{11}$ で，上に求めた 1 の原始 11 乗根を使えば四則と根号で表記できることが分かる．この計算は省略する．

一般に，素数 p に対して 1 の原始 p 乗根を表現するには，$\varphi(p) = p - 1$ の各素因数 q について 1 の原始 q 乗根が必要になることが上の計算から容易に想像できる．ただし，1 の原始 q 乗根を表すのに，また $q - 1$ の各素因子 r

についてその原始 r 乗根が必要となるので,一般の p に対して必要な根号を
すべて列挙するのは大変である.1 の原始 11 乗根を初めて具体的に求めたの
は,Vandermonde が最初のようで,我々が上で計算したものより美しい対称
性を持った表現を与えている.一般の円分体の数が四則と根号で表せることは,
Galois 理論ができる以前に Gauss により示された.

以上で定理 7.17 が完全に証明されました.後は,実際に解けないような方程
式を探すだけです.2 次方程式でも 3 次方程式でも,根の公式というのは,方
程式の係数を不定元として含んでいます.従って,根の公式の存否を論ずると
きには,基礎体としては,$\boldsymbol{Q}$ に方程式の係数を独立な不定元として添加して得
られる有理関数体を取るのが自然です.このとき,次が成り立ちます:

命題 7.20 n 次多項式

$$x^n + a_1 x^{n-1} + \cdots + a_n = 0 \tag{7.12}$$

の係数は独立な不定元とし,$K = \boldsymbol{Q}(a_1, \ldots, a_n)$ をそれらを独立元とする n 変
数有理関数体とする.L をこの多項式の最小分解体とすれば,$\mathrm{Gal}(L, K)$ は n
次の対称群 S_n と一致する.

証明 (7.12) の根を $\beta_1, \ldots, \beta_n$ と置く.補題 7.6 で注意したように,$\mathrm{Gal}(L/K)$
は n 次対称群 S_n の部分群となるから,逆の包含関係を示せばよい.

$L = K(\beta_1, \ldots, \beta_n)$ であるが,根と係数の関係により $a_1, \ldots, a_n$ は
$\beta_1, \ldots, \beta_n$ の多項式で表されるので,$L = \boldsymbol{Q}(\beta_1, \ldots, \beta_n)$ でもある.後者の
表現において,L の元は $\beta_1, \ldots, \beta_n$ の有理関数としてただ一通りに表されるこ
とを見よう.すなわち,もし四つの $\boldsymbol{Q}$ 係数多項式に対し,L において

$$\frac{f_2(\beta_1, \ldots, \beta_n)}{f_1(\beta_1, \ldots, \beta_n)} = \frac{g_2(\beta_1, \ldots, \beta_n)}{g_1(\beta_1, \ldots, \beta_n)}$$

が成り立つなら,多項式としての恒等式

$F(x_1, \ldots, x_n)$
$\quad := f_2(x_1, \ldots, x_n) g_1(x_1, \ldots, x_n) - f_1(x_1, \ldots, x_n) g_2(x_1, \ldots, x_n) \equiv 0$

が成り立つことを示そう.背理法を用いる.もし $F \not\equiv 0$ なら,n 次対称群 S_n
の元をこれに作用させて得られる多項式をすべて掛け合わせた

$$G(x_1,\ldots,x_n) := \prod_{\sigma \in S_n} F(x_{\sigma(1)},\ldots,x_{\sigma(n)})$$

は $x_1,\ldots,x_n$ の対称式となるので,対称式の基本定理 3.1 により,基本対称式 $s_1 = x_1+\cdots+x_n,\ldots,s_n = x_1\cdots x_n$ の非自明な多項式 $H(s_1,\ldots,s_n)$ となる.G の $x_1,\ldots,x_n$ に $\beta_1,\ldots,\beta_n$ を代入すれば,根と係数の関係 $s_j = (-1)^j a_j$ より $G(\beta_1,\ldots,\beta_n) = H(-a_1, a_2,\ldots,(-1)^n a_n)$ となるが,このとき G の因子の一つ $F(\beta_1,\ldots,\beta_n) = 0$ なので,結局 $H(-a_1, a_2,\ldots,(-1)^n a_n) = 0$ が得られる.しかし $a_1,\ldots,a_n$ は代数関係を持たない独立な超越元と仮定したので不合理である.

以上により,$L = \mathbf{Q}(\beta_1,\ldots,\beta_n)$ は $\mathbf{Q}$ 上の有理関数体 $\mathbf{Q}(x_1,\ldots,x_n)$ と同型なことが分かった.後者には対称群 S_n が体の自己同型として忠実に (すなわち,S_n の異なる元は異なる同型写像として) 働き,$\mathbf{Q}$ の元を不変にする.よって S_n は L にも忠実に働く.しかし S_n は $\beta_1,\ldots,\beta_n$ の対称式を不変にするので,$a_1,\ldots,a_n$ を不変にする.よって S_n は K の元を不変にするから $\mathrm{Gal}(L/K)$ の元である. □

さて S_n は常に A_n を正規部分群として持ちますが,よく知られているように $n \geq 5$ のとき A_n は単純群,すなわち,それ自身と単位群以外に正規部分群を持たない群です(第 6 章問 6.5 参照).もちろん A_n は非可換群なので,可解列は作れません.これから S_n も可解ではないことが分かります.実際,A_n を経由しない S_n の可解列

$$S_n \supset G_1 \supset G_2 \supset \cdots \supset \{e\}$$

が存在したとすれば,$S_n \triangleright G_1$ なので,$S_n \triangleright A_n \cap G_1$,従って更に $A_n \triangleright A_n \cap G_1$ となり,A_n が単純群であることから $A_n = A_n \cap G_1$,すなわち $A_n = G_1$ となるか,あるいは $A_n \cap G_1 = \{e\}$ となります.しかし,後者の場合は商群 S_n/G_1 は A_n と同型な部分群を含むことになり,可解列の仮定に反します.

従って S_n あるいは A_n を Galois 群とするような代数方程式は四則と根号で根を表すことはできません.以上を総合すると Abel による次の結果が得られます:

定理 7.21 (Abelの定理)[7] 係数を不定元と見たとき，5 次以上の代数方程式は根の公式を持たない．

係数を不定元とする 5 次以上の一般の方程式に対しては根の公式は存在しないことが分かりましたが，例えば有理数を係数とする具体的な方程式が与えられたとき，その根が四則と根号で表されるかどうかは，これとは別の問題です．これを見るには実際に与えられた方程式の Galois 群を計算し，それが可解かどうかを見なければなりません．具体的に与えられた代数方程式に対する Galois 群の計算には，一般の方程式に通用するような純代数的な定まったアルゴリズムというものは無いようです．比較的低次の方程式に対して，主に R. P. Stauduhar が 1973 年に発表した数値計算も併用するアルゴリズムがいろんな人によりソフトウェアとして実装されていますが，かなり特殊な話題になるので，ここでは今までの議論で判定可能な基本例を検討するにとどめましょう．

例 7.4 (1) 基礎体 K 上既約な 2 次多項式 $f(x) = x^2 + px + q$ は，平方完成法により $x^2 - a$，a は K で非平方数，という場合に帰着され，Galois 群は 2 次巡回群 C_2 となり，$\sqrt{a} \mapsto -\sqrt{a}$ により生成されます．

(2) 基礎体 K 上既約な 3 次多項式 $f(x) = x^3 + qx + r$ の Galois 群を調べます．$f(x)$ の最小分解体を $L \supset K$ としましょう．補題 7.6 により $\mathrm{Gal}(L/K)$ は S_3 の部分群となります．f が K 上既約ということから，命題 7.13 により $\mathrm{Gal}(L/K)$ は 3 根に推移的に作用しなければならないので，S_3 か A_3 のいずれかの可能性しかありません．よって根の奇置換を含めば S_3，偶置換のみなら A_3 と決定されます．これは，例 3.8 の (2) で計算した判別式 $D = -4q^3 - 27r^2$ を用いて判定できます．判別式は 3 根の差積 Δ の平方であり，差積自身は，もし Galois 群が奇置換を含めば符号を変え，偶置換だけなら不変，従って Δ は後者のときに限って K の元となり，D は K で平方数となります．つまり，D が K で平方数なら Galois 群は A_3，そうでなければ Galois 群は S_3 です．

(3) 基礎体 K 上既約な 4 次多項式 $f(x) = x^4 + qx^2 + rx + s$ の最小分解体 L の Galois 群 G は，集合 $\{1, 2, 3, 4\}$ に推移的に働く S_4 の部分群となりますが，これには，

---

[7] 実は最初にこの定理を公表したのは P. Ruffini (ルッフィーニ) 1799 です．彼の証明は分かりにくく，不完全なとろこがありましたが，Abel のアイデアにかなり近いもので，歴史的に受けてきた無視以上に重要なもののようです．

(i) S_4,
(ii) A_4,
(iii) Klein の 4 元群 $V \cong C_2 \times C_2 \cong \{e, (1,2)(3,4), (1,3)(2,4), (1,4)(2,3)\}$,
(iv) 4 次の巡回群 $C_4 = \langle (1,2,3,4) \rangle$,
(v) 2 面体群 $D_4 = \langle (1,2,3,4), (1,3) \rangle$

があります．Klein の 4 元群 V は A_4 の部分群ですが，それ以外は奇置換も含みます．従って，判別式 (具体形は後出の例 7.5 参照) が K で平方数なら A_4 か V，非平方ならそれ以外です．これ以上の判定には，4 次方程式を解くとき補助に用いた 3 次方程式 (7.6) (以下 $g(z)$ と記す) を手がかりとします．もし g が K 上既約なら，根を表すのに 3 次の拡大が必要なので，S_4 か A_4 だと直感的に分かります．より厳密に言えば，問 7.6 により，g の根が，ちょうど Klein の 4 元群 V に相当する置換で固定されるので，g の分解体は $G/(G \cap V)$ を K 上の Galois 群に持つ中間体 M となり，命題 7.5 と補題 7.9 よりその位数が 3 の倍数となるからです．次に，g が可約の場合は，$[M:K]$，従って $[L:K]$ は 2 冪となるので，まず判別式が平方数なら V に決定します．非平方のときは D_4 か C_4 かの判定が残りますが，中間体 M の上でもとの f が既約なら，命題 7.5 と補題 7.9 より $|G \cap V| \geq 4$，従って $G \supset V$ となるので，$G \neq V$ より $G = D_4$．(D_4 は $C_4 \rtimes C_2$ であると同時に $V \rtimes C_2$ ともなることに注意しましょう．) 逆に可約なら，それを分解したときの既約因子は $\mathrm{Gal}(M/K) = C_2$ の非自明な元の G における代表元で互いに移り合うので，f は M 上 2 次の既約因子の積に分解し，その一方の根を添加すれば L に到達します．よって $[L:K] = 4$ で G は C_4 に同型となります．

任意の有限群は Galois 群として現れるのでしょうか？このような問題は **Galois の逆問題**と呼ばれています．低次の代数方程式に対しては，虱潰し探索により，S_n のすべての部分群を Galois 群に持つような整係数代数方程式の存在が確かめられていますが，一般に任意の有限群を最小分解体の Galois 群に持つような有理数体上の代数方程式が存在するかどうかはまだ分かっていません．(基礎体を有理数体よりも一般にすれば構成できることは知られています．)

問 7.7 有理整数を係数に持つ多項式 $x^n + a_1 x^{n-1} + \cdots + a_n$ が有理数の根を持てば，それは有理整数となり，かつ a_n の約数でなければならないことを示せ．

問 7.8 有理数体上の次の多項式の最小分解体の Galois 群を決定せよ．

(1) $x^2 + 3$ (2) $x^3 + x + 1$ (3) $x^3 - 3x + 1$ (4) $x^4 + x + 1$ (5) $x^4 + 2x^2 + 3$
(6) $x^4 + 2x^2 + 4$ (7) $x^4 + 4x^2 + 2$ (8) $x^4 - 7x^2 + 3x + 1$ (9) $x^5 + x + 1$

問 7.9 既約な複 2 次式 (biquadratic) $x^4 + qx^2 + s$ の最小分解体の Galois 群の判定法を述べよ．

問 7.10* 有理数体上の既約な 3 次方程式が 3 根とも実のときは，**既約の場合** (irreducible case) と呼ばれ，Cardano の公式で根を表すと虚数が現れる．これを実数の範囲だけで四則と根号により解くことが試みられてきたが，遂に成功しなかった．何故か？

━━ ティータイム ━━ Abel と Galois ━━━━━━━━━━━━━━━━

Abel と Galois については，夭折した天才としてあまりにも有名で，彼らにより天才数学者のイメージが作り上げられてしまった感がありますが，もちろん例外的存在です．長生きした天才数学者も沢山居ますので，数学者を目指している読者もご安心ください．

Abel は 1802 年，ノルウェーのオスロ近郊の牧師の家に生まれ，若くして数学の才能を認められましたが，生涯非常に貧しく，ほとんど栄養失調状態で肺結核に侵され 27 歳の生涯を閉じました．22 歳で書いた論文"一般 5 次方程式の非可解性の証明"は，Gauss に送られましたが無視されました．23 歳から 1 年半，ノルウェー政府の第 1 回留学生としてベルリン，パリに滞在，この間フランスの科学アカデミーに送った楕円関数の論文も紛失され，貧しいままで一生を終えましたが，ベルリン滞在中に親交を結んだ Crelle(クレレ) が発刊した雑誌に載せられた諸論文により，死後急に有名になりました．2000 年には，Abel を記念してノルウェー政府により，立派な業績を挙げた数学者に送られる Abel 賞が創設されました．これは，数学賞を持たないお隣の国スウェーデンの Nobel 賞に張り合った感があります．また，ノルウェーはかつて数学界から，天才 Abel を見殺しにしたとの陰口をされたこともあったので，その究極の弁明だったのかもしれません．数学の賞としては Fields(フィールズ) 賞が一番有名ですが，これは 40 歳未満の若手に贈られるもので，賞金額は大したことがないそうなので，その点，Abel 賞は年齢制限も無く，賞金も Nobel 賞並です．

Galois は 1811 年，パリ郊外で生まれました．学校での学業のつまずきから自宅で数学の独習を始め，年齢に似合わない高度な数学を身に付けたため，ますます学校と合わなくなりました．Napoleon が作った名門校

Ecole Polytechnique (工芸学校) の入学試験は，対話能力の不足から実力を発揮できずに 2 度も失敗し，合格したもう一つの名門校 Ecole Normale (師範学校，ただし当時はまだ評価は工芸学校には及ばなかった) では 1 年後に政治活動を理由に退学処分を受けました．その後は協和派の政治運動に没頭し，獄舎に数ヵ月繋がれたこともありました．ついに無名のままで，相手の記録さえも不確かな，恐らくは女性をめぐる決闘により 1832 年に 21 歳の生涯を終えました．決闘の前日に，数学上の発見を友人に遺書として書き残したのが Galois 理論で，この 1 年前にパリアカデミーに提出し却下された論文の抜粋と，その続きのアイデアが書かれていました．この手紙と Galois の家に残された遺稿の一部は，遺言に従いこの友人により雑誌 "百科評論" に掲載されましたが，注目されず，1846 年 Liouville (リュービル) により，解読され数学界に紹介されたのでした．

7.4 Galois 理論と作図問題

ギリシャ以来の 3 大作図問題の不可能性を Galois 理論の観点から調べましょう．3 大作図問題とは次のものを言います：

 (1) 与えられた角を 3 等分すること (角の 3 等分問題)
 (2) 与えられた立方体の 2 倍の体積を持つ立方体 (の辺) を作ること (立方体倍積問題)
 (3) 与えられた円と同じ面積を持つ正方形を作ること (円積問題)

ギリシャ数学の約束により，作るとは，定規とコンパスで作図することを言います．定規は直線を描くことができます．例えば与えられた 2 点を結ぶ直線の方程式は次のような 1 次式です：
$$ax + by + c = 0$$
この係数は与えられた点の座標から四則演算で簡単に計算できる量です．またコンパスは中心と半径が与えられた円を描くことができます．円の方程式は
$$x^2 + y^2 + ax + by + c = 0$$
という形をしていますが，ここでも係数の a, b, c は与えられた中心と半径のデータから四則演算で簡単に計算できます．両者を使えばこれらの連立方程式

の根を作ることができますが，それは，x, y のどちらかを代入により消去してみれば分かるように，2 次方程式の根として求まります．すなわち，交点は与えられた係数から 2 次拡大の範囲に収まっています．コンパスを使うと二つの円の交点も作れますが，これは

$$\begin{cases} x^2 + y^2 + a_1 x + b_1 y + c_1 = 0 \\ x^2 + y^2 + a_2 x + b_2 y + c_2 = 0 \end{cases} \implies \begin{cases} x^2 + y^2 + a_1 x + b_1 y + c_1 = 0 \\ (a_1 - a_2)x + (b_1 - b_2)y + c_1 - c_2 = 0 \end{cases}$$

というふうに，円と直線の交点に読み替えられるので，やはり 2 次拡大に収まっています．作図を繰り返すことで，2 次拡大を反復することはできますが，それ以外の拡大は出て来ません．ちょっと注意しなければならないのは，作図の技法の中には，任意に選んだ点や任意に引いた直線を利用するものがありますが，これも最初に与えられた体の中で実現できるものに選んでも一般性を失わないので，2 次拡大以外の拡大を作ることはできません．任意に選べば殆ど有り得ない確率でたまたま $\sqrt[3]{2}$ のような座標の点が取れるかもしれませんが，それを期待するのは作図のルール違反です．

逆に 1 と a が (線分の長さとして) 与えられたときに，$\sqrt{a}$ を作図するのは極めて容易です (下図 7.3 参照)．なお，1 を与えるということはすべての有理数を作図可能とすることと同値です．それはまずコンパスで 1 を複製して任意の自然数 n が作れ，次いで (図 7.2) 1 次方程式 $ax = b$ を解くことにより任意の分数が作れるからです．

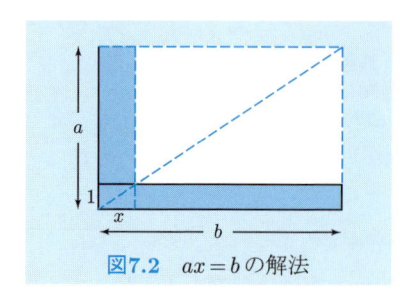

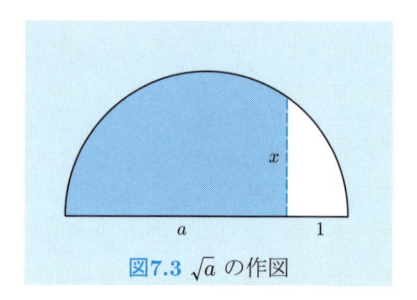

図7.2　$ax = b$ の解法

図7.3　$\sqrt{a}$ の作図

以上により次の定理が証明できました．

定理 7.22　与えられたデータから定規とコンパスで作図可能な量は，もとのデータが生成する体から 2 次拡大を繰り返して得られる数で表される量に他な

らない.

3 大作図問題はこの定理に照らして結局すべて不可能であることが分かったのです. 順番に見て行きましょう.

(1) **角の 3 等分の不可能性** 与えられた角が斜辺 1, 対辺 a の直角三角形で表現されているとしても一般性を失いません. 従って与えられた角 θ は $\sin\theta = a$ を満たします. 3 等分された角が作図できるということは $x = \sin\dfrac{\theta}{3}$ が作図できることと同値です. ところで 3 倍角の公式より

$$\sin\theta = 3\sin\frac{\theta}{3} - 4\sin^3\frac{\theta}{3}, \quad \text{すなわち} \quad a = 3x - 4x^3$$

が成り立つので, この 3 次方程式が平方根だけで解けるという特殊な場合を除き, x, 従って $\dfrac{\theta}{3}$ は作図不可能な量であることが分かります.

問 **7.11** $\theta = \pi/6$ のとき, 上の方程式の解は平方根では表せないことを確かめ, $10°$ の角が定規とコンパスでは作図できないことを示せ.

(2) **立方体倍積の不可能性** これは容易に分かるように $\sqrt[3]{2}$ が作図できるかという問題と同値なので, 不可能なことは明らかです.

(3) **円積の不可能性** これは $\sqrt{\pi}$ を作図するのと同値ですが, π は超越数なので, 代数的数ですらありませんから, もちろん作図不可能です.

【**正多角形の作図**】 与えられた円に内接する正 3 角形の作図法はよく知られていますが, これは 1 の原始 3 乗根が平方根だけで表されているという事実に対応します. また, 前節の計算で, 円周の 5 等分点が平方根, すなわち 2 次の無理数だけで表されることが示されたので, 正 5 角形は作図可能です. 1 の原始 5 乗根の表現 (7.10) を見ながら与えられた円に内接する正 5 角形の一辺を作図するのは難しいことではありませんが, 実際にはもっと手順の短い作図法が知られています. これとは別に正 4 角形は 2 次方程式を解くこともなく容易に作図できるので, その各辺を二等分して正 8 角形も作図できます. 正 6 角形の作図も簡単です.

では, 正 7 角形, 正 9 角形は作図できるでしょうか? これは上の定理から不可能性が証明できますので, 問題としておきましょう.

問 **7.12** 正 7 角形, 正 9 角形が定規とコンパスでは作図できないことを示せ.

一般に，変数 n が素数であるような正多角形は，$x^n - 1$ の Galois 群である巡回群 C_{n-1} の位数，すなわち $n-1$ が 2 以外の素数 p を一つでも含むと，原始根を表すのに p 乗根が必要となるため，上の定理により作図不可能となるので，作図できるのは $n - 1 = 2^m$ の場合に限られます．$m = 1, 2$ のときが，それぞれ正 3 角形，正 5 角形の場合に相当します．$m = 3$ のとき $9 = 2^3 + 1$ は素数ではないので，この議論は当てはまらず，上で問題としたように別の考察が必要となります．ところで初等整数論では $2^m + 1$ の形の素数は **Fermat の素数**と呼ばれています．ただし，$m = 2^k w, w$ は奇数とすると，$\mod 2^{2^k} + 1$ で

$$2^m + 1 = (2^{2^k})^w + 1 \equiv (-1)^w + 1 = 0$$

となり，従って $w > 1$ だと $2^{2^k} + 1$ という自明でない因子を持つ合成数になってしまうので，普通は最初から $2^{2^k} + 1$ の形を仮定します．Fermat はこれがいつでも素数になると思ったようですが，いつ素数となるかは実はまだよく分かっていません．現在のところ，$k = 0, 1, 2, 3, 4$ に対する $n = 3, 5, 17, 257, 65537$ だけが素数で，それ以外は確認された限り合成数です．Gauss はこの数と正多角形の作図可能性を既に知っており，実際に 19 歳のとき正 17 角形の作図法を発見し，これによって一生数学を研究する決心を固めたと言われています．この計算はかなり大変で，我々は Gauss 青年のように頭はよくありませんが，Galois の理論と数式処理ソフトの助けを借りてやってみましょう．

$x^{17} - 1 = (x - 1)(x^{16} + x^{15} + \cdots + 1) = 0$ の後の方の因子は相反方程式の手法で変形でき，無理矢理解くことはできますが，あまりにも汚くなるので，Gauss の真似をして，4 次の中間体を間に挟んで計算してみましょう．$\sigma : \zeta \mapsto \zeta^2$ とすると，σ の反復作用で，ζ の冪は，$\mod 17$ で

$$1 \mapsto 2 \mapsto 4 \mapsto 8 \mapsto 16 = -1 \mapsto -2 \mapsto -4 \mapsto -8 \mapsto -16 = 1$$

と，位数 8 になってしまい，Galois 群 C_{16} の生成元になっていません．そこで，$\tau : \zeta \mapsto \zeta^3$ を取ると，冪の変化は

$$1 \mapsto 3 \mapsto 9 \mapsto 10 \mapsto 13 \mapsto 5 \mapsto 15 = -2 \mapsto -6 \mapsto -18 = -1$$
$$\mapsto -3 \mapsto -9 \mapsto -10 \mapsto -13 \mapsto -5 \mapsto 2 \mapsto 6 \mapsto 1$$

となり，確かに位数 16 です．この中で，$id, \tau^4, \tau^8, \tau^{12}$ で不変な元の集合は

7.4 Galois 理論と作図問題

$\zeta, \zeta^{13}, \zeta^{16}, \zeta^4$ ですから，これらの対称式

$\mu_1 = \zeta + \zeta^{13} + \zeta^{16} + \zeta^4, \quad \mu_2 = \zeta\zeta^{13} + \zeta\zeta^{16} + \zeta\zeta^4 + \zeta^{13}\zeta^{16} + \zeta^{13}\zeta^4 + \zeta^{16}\zeta^4,$

$\mu_3 = \zeta\zeta^{13}\zeta^{16} + \zeta\zeta^{13}\zeta^4 + \zeta\zeta^{16}\zeta^4 + \zeta^{13}\zeta^{16}\zeta^4$

は C_4 を Galois 群とする 4 次の方程式から求まるはずです．ちなみに，$\mu_4 = \zeta\zeta^{13}\zeta^{16}\zeta^4 = \zeta^{34} = 1$ です．1 の原始 4 乗根は i であることに注意し，例の手法でまず μ_1 を求めましょう．

$$\begin{aligned}
\gamma_0 &= \mu_1 + \tau(\mu_1) + \tau^2(\mu_1) + \tau^3(\mu_1) \\
&= (\zeta + \zeta^{13} + \zeta^{16} + \zeta^4) + (\zeta^3 + \zeta^5 + \zeta^{14} + \zeta^{12}) \\
&\quad + (\zeta^9 + \zeta^{15} + \zeta^8 + \zeta^2) + (\zeta^{10} + \zeta^{11} + \zeta^7 + \zeta^6) = -1, \\
\gamma_1 &= \mu_1 + i^3\tau(\mu_1) + i^2\tau^2(\mu_1) + i\tau^3(\mu_1) \\
&= (\zeta + \zeta^{13} + \zeta^{16} + \zeta^4) + i^3(\zeta^3 + \zeta^5 + \zeta^{14} + \zeta^{12}) \\
&\quad + i^2(\zeta^9 + \zeta^{15} + \zeta^8 + \zeta^2) + i(\zeta^{10} + \zeta^{11} + \zeta^7 + \zeta^6), \\
\gamma_2 &= \mu_1 + i^2\tau(\mu_1) + \tau^2(\mu_1) + i^2\tau^3(\mu_1) \\
&= (\zeta + \zeta^{13} + \zeta^{16} + \zeta^4) + i^2(\zeta^3 + \zeta^5 + \zeta^{14} + \zeta^{12}) \\
&\quad + (\zeta^9 + \zeta^{15} + \zeta^8 + \zeta^2) + i^2(\zeta^{10} + \zeta^{11} + \zeta^7 + \zeta^6), \\
\gamma_3 &= \mu_1 + i\tau(\mu_1) + i^2\tau^2(\mu_1) + i^3\tau^3(\mu_1) \\
&= (\zeta + \zeta^{13} + \zeta^{16} + \zeta^4) + i(\zeta^3 + \zeta^5 + \zeta^{14} + \zeta^{12}) \\
&\quad + i^2(\zeta^9 + \zeta^{15} + \zeta^8 + \zeta^2) + i^3(\zeta^{10} + \zeta^{11} + \zeta^7 + \zeta^6)
\end{aligned}$$

と置けば，γ_j^4 は $\boldsymbol{Q}$ の元となることが例のごとく期待されますが，実際，数式処理ソフトで

$$\gamma_1^4 = -255 + 136i = 17(1+4i)^2, \quad \gamma_2^4 = 289 = 17^2, \quad \gamma_3^4 = 17(1-4i)^2$$

と求まり，従って

$$\begin{aligned}
\mu_1 &= \frac{1}{4}\Big(-1 + \sqrt{\sqrt{17}}\,i\,\sqrt{1+4i} + \sqrt{17} - \sqrt{\sqrt{17}}\,i\,\sqrt{1-4i}\Big) \\
&= -\frac{1}{4} + \frac{\sqrt{17}}{4} + \frac{\sqrt{\sqrt{17}}}{4}\left(\frac{\sqrt{\sqrt{17}-1} + \sqrt{\sqrt{17}+1}\,i}{\sqrt{2}} + \frac{\sqrt{\sqrt{17}-1} - \sqrt{\sqrt{17}+1}\,i}{\sqrt{2}}\right) \\
&= \frac{-1 + \sqrt{17} + \sqrt{34 - 2\sqrt{17}}}{4} = 2\Big(\cos\frac{2\pi}{17} + \cos\frac{8\pi}{17}\Big) = 2.049481\cdots
\end{aligned}$$

と求まりました．(この計算で平方根の分枝を決めるのは非常に面倒ですが，Gauss も使ったように $\mathrm{Re}\,\zeta^k = \cos\dfrac{2k\pi}{17}$ の数値計算で適当なものを選ぶのが簡単です．) 次に，μ_2 に対して上と同様な量を導入し計算すると，γ_0 に相当する量は 7 となり，また $\gamma_j, j=1,2,3$ に相当する量は上の i^j 倍となります．よって

$$\mu_2 = \frac{1}{4}\left(7 - \sqrt{\sqrt{17}}\sqrt{1+4i} - \sqrt{17} - \sqrt{\sqrt{17}}\sqrt{1-4i}\,i\right) = \frac{7 - \sqrt{17} + \sqrt{34 + 2\sqrt{17}}}{4}$$
$$= 2\cos\frac{6\pi}{17} + 2\cos\frac{10\pi}{17} + 2 = 2.34415\cdots$$

最後に，μ_3 に対する計算は，すべての γ_j が μ_1 に対するものと一致します．以上により，ζ は

$$\zeta^4 - \mu_1\zeta^3 + \mu_2\zeta^2 - \mu_1\zeta + 1 = 0$$

という相反方程式の根となります．これは $\theta = \zeta + \dfrac{1}{\zeta}$ の 2 次方程式

$$\theta^2 - \mu_1\theta + \mu_2 - 2 = 0$$

に変換され，

$$\theta = \frac{\mu_1 + \sqrt{\mu_1^2 - 4\mu_2 + 8}}{2}$$
$$= \frac{1}{8}\bigg(-1 + \sqrt{17} + \sqrt{34 - 2\sqrt{17}}$$
$$\quad + \sqrt{68 + 12\sqrt{17} - 2\sqrt{34 - 2\sqrt{17}} + 2\sqrt{17}\sqrt{34 - 2\sqrt{17}} - 16\sqrt{34 + 2\sqrt{17}}}\,\bigg)$$

と解けます．最後に $\zeta^2 - \theta\zeta + 1 = 0$ を 2 次方程式の根の公式で解けば，結局，ζ が具体的に有理数に対する平方根の繰り返しだけで表されます．なお，正 17 角形を作図するだけの目的なら，$\theta/2 = \mathrm{Re}\,\zeta = \cos\dfrac{2\pi}{17} = 0.932472\cdots$ が作れれば十分なので，最後の 2 次方程式は解く必要はありません．上から求めた $\theta/2$ の値は Gauss が求めた次の値と一致しています：

$$\frac{-1 + \sqrt{17} + \sqrt{2}\sqrt{17 - \sqrt{17}} + \sqrt{2}\sqrt{3 + \sqrt{17}}\sqrt{2\sqrt{17} - \sqrt{2}\sqrt{17 - \sqrt{17}}}}{16}$$

問 7.13 上で省略した μ_2, μ_3 の計算を遂行してみよ．

─── ティータイム **実用的な作図法** ───

Gauss が正 17 角形の作図法を発表した後，それを理解した人の中に，より効率的な作図法を発表する人が現れました．確かに，それらの方法は，

Gauss の結果に 2 次方程式の根の作図法を組み合わせたものより効率的でしたが，Gauss は "そんなものは発見ではない" と怒ったそうです．著者は，工学的な改良の価値も認める立場ですが，正 17 角形の作図については Gauss に与します．著者は，昔，中学の職業家庭 (今の技術家庭) の時間に，正 5, 7, 9 角形の作図法 (!) を学びました．その詳細は残念ながら忘れましたが，正 5 角形の作図は数学的に正しいものでした．でも実際に安物のコンパスで描くと，なかなかきれいに閉じてくれません．そこで，目分量で正 5 角形の一辺を初期値と定め，外接円周を切って行き，再び目分量で残差の $\frac{1}{5}$ を追加してやり直す，ということを繰り返す方が，はるかに速く尤もらしい図形に到達するという "逐次近似法" を発見 (!) しました．これを使えば角の 3 等分だって可能です．どんなに "改良" されても正 17 角形の正しい作図法がぴったり閉じるとは思えません．実用性を言うなら，近似数値解で十分です．

アメリカでは，今だに "角の 3 等分ができた" と言って数学科を訪れる数学愛好家が少なくないそうです．U. Dudley はそういう人に対して，"これは不可能なことが証明されているのだ" と言っても絶対引き下がらないから，"あなたの作図法はなかなか良い近似になっている" と言うと喜んで早々に帰ってくれると書いています (数学セミナー 1983 年 11 月号)．日本では，高木貞治先生の『近世数学史談』などのよい解説書や『数学セミナー』のような雑誌が普及していて，数学教育のレベルが高かったので，角の 3 等分問題を知っている人は Gauss や Galois のことも知っているためか，有名大学の数学教室に送られて来るのは真の未解決問題の "解" がほとんどですが，まれに角の 3 等分も持ち込まれるようです．一松信先生が日本数学会で報告された例には，3 等分の真値と Taylor 展開の第 4 項までぴったり一致しているものがあり，"計算していて背筋が寒くなった" そうです．

■ 7.5 代数的閉体と代数的閉包

今まで，代数拡大は存在することを仮定して議論を行って来ましたが，ここ

で，その存在を厳密に示して，気持の悪さを解消しましょう．なお，有理数体の有限次拡大体はいつでも複素数体 C の部分体とみなせるので，このような議論はあまり必要ではありません．従ってこの節では再び体の標数は一般の場合に戻して議論します．

定理 7.23 K を体，$f(x) = x^n + c_1 x^{n-1} + \cdots + c_n$ を K の元を係数に持つ K 上の (既約とは限らぬ) 1 変数多項式とする．このとき，K の最小分解体は存在し，同型を除いてただ一つに定まる．

証明 まず分解体の存在を示す．多項式の次数 n に関する帰納法による．$n = 1$ のときは拡大の必要はないので，定理の主張は自明である．そこで，任意の体 K と $n-1$ 次以下の多項式については定理が成立しているものとする．f の任意の既約因子 f_1 を取り，t_1 を不定元とし，K の拡大体 $K_1 := K[t_1]/\langle f_1(t_1) \rangle$ を考える．これは明らかに有限次拡大で，$f(x)$ は K_1 において根 t_1 を持つ．従って因数定理により K_1 においては $n-1$ 次の多項式 $g(x)$ が存在し，$f(x) = (x-t_1)g(x)$ と因数分解される．帰納法の仮定により K_1 のある拡大体 L で，$g(x)$ を 1 次因子にまで分解するものが存在するので，L は K の拡大で，f の分解体の一つとなる．次に，最小分解体の存在とその一意性を示す．拡大体 $L \supset K$ において f が n 個の根 $\alpha_1, \ldots, \alpha_n$ を持つとき，L 内で K の元とこれらの根により生成される元の全体は明らかに K を含む L の部分体となり，f はそこでも分解される．またこれより小さな部分体では f の根はすべては存在しないことも明らかである．よって，極小な分解体の存在は分かった．最後に，極小な分解体の同型を除く一意性，従って最小分解体の存在を示すのだが，拡大次数に関する帰納法で証明するため，次の補題のように一般化した形で示そう． □

補題 7.24 二つの体 K_1, K_2 の間には同型写像 σ が存在するとする．f_1 を K_1 上の多項式とし，上の同型写像でこれに対応する K_2 上の多項式を $f_2 = \sigma(f_1)$ とする．このとき，K_1 上の f_1 の極小な分解体 (の任意の一つ) L_1 と K_2 上の f_2 の極小な分解体 (の任意の一つ) L_2 は同型となる．

証明 拡大次数に関する帰納法による．f_1 が K_1 で 1 次因子に分解され，拡大の必要が無い場合は f_2 も K_2 で 1 次因子に分解され，主張は自明である．そこで $n-1$ 次以下の拡大体 $L_1 \supset K_1$ については主張が成立しているとし，$n \geq 2$

7.5 代数的閉体と代数的閉包

次の拡大体 $L_1 \supset K_1$ で K_1 上の多項式 f_1 の最小分解体となっているようなものを考える．仮定により f_1 は少なくとも一つの根 $\alpha \in L_1$ で K_1 には属さないものを有する．α を根に含む f_1 の K_1 上既約な因子の一つを g_1 とすれば，同型写像 σ によるその像 $g_2 = \sigma(g_1)$ は K_2 上の多項式で，f_2 の既約因子の一つとなることは明らかである．今，g_2 の根の一つを β とすれば，拡大体 $K_1(\alpha), K_2(\beta)$ は同型となる．実際，多項式環からの自然な全射準同型写像

$$
\begin{array}{ccc}
K_1[t] & \to & K_1(\alpha), \\
\cup & & \cup \\
t & \mapsto & \alpha
\end{array}
\qquad
\begin{array}{ccc}
K_2[t] & \to & K_2(\beta) \\
\cup & & \cup \\
t & \mapsto & \beta
\end{array}
$$

が定義され，これらの核はそれぞれ既約多項式 g_1, g_2 により生成された極大イデアルとなる．さらに σ により商体の同型 $K_1[t]/(g_1(t)) \cong K_2[t]/(g_2(t))$ が引き起こされることも明らかである．以上により σ から自然に体の同型 $\tilde{\sigma}: K_1(\alpha) \xrightarrow{\sim} K_2(\beta)$ が引き起こされることが分かった．L_1, L_2 はそれぞれこれらの体の上の多項式 $f_1/(x-\alpha), f_2/(x-\beta)$ の最小分解体であり，これらの多項式が $\tilde{\sigma}$ により対応していることは明らかなので，帰納法の仮定により，L_1 と L_2 は同型となる．□

以上の準備の下に，与えられた体 K を含む**代数的閉体**，すなわち，もうこれ以上有限次代数拡大しても元が増えないようなものの存在を示しましょう．証明には無限集合論の知識を使います (cf. [16]) が，習っていない人は雰囲気だけ掴んでください．

定理 7.25 任意の体 K に対し，それを含む代数的閉体で最小のものが，同型を除いて一意に定まる．これを K の**代数的閉包**と呼ぶ．

証明 定理 7.23 により，K 上の任意の既約多項式に対して，その分解体 K_1 が存在する．K_1 で既約な多項式がまだ有ったら，K_1 の拡大体 K_2 でその分解体となるものを取る．これを続ければいつかはすべての多項式が 1 次因子に分解するような体に到達するであろう，というのが証明の筋書である．しかしこのままではいつまで経っても終らない心配が有るので，そういうときは神ならぬ集合論の公理に頼ることになっている．今，K の拡大体の全体は包含関係について**帰納的順序集合**を成す[8]．すなわち，全順序を持つ拡大体の系列

---

[8] より正確に言うと，K を含む体の全体は多すぎて集合論の公理で厳密に規定された意味での集合にはならないので，何らかの制限を置かねばならない．例えば，K 上の多

$K \subset K_1 \subset K_2 \subset \cdots$ が有ったら，その上限 L が存在する．ここでは単に $L = \bigcup_j K_j$ がその上限である．**Zorn**(ツォルン)**の補題**によれば，このような順序集合には必ず**極大元** M，すなわち，自分より大きなものが存在しないような元，が存在するが，それは代数的閉体となる．実際，もし M 上の多項式で M では 1 次因子に分解されないものが有ったら，M 上にこの多項式の分解体 M_1 を構成すれば，M より真に大きな元が得られ，M の極大性に矛盾する．こうして K を含む代数的閉体の存在が示された．

次に K を含む代数的閉体の中で極小なものが存在することを示そう．K を含む代数的閉体の全体は上に示したように空でない集合となるが，さらに包含関係を逆向きの順序とみなせば再び帰納的順序集合となる．実際，K を含む代数的閉体の系列 $M_1 \supset M_2 \supset \cdots$ が有ったら，それらの共通部分 $M = \bigcap_j M_j$ は再び K を含む代数的閉体となる．なぜなら，M 上の任意の多項式は，各 M_j において 1 次因子に分解されるから，それらの根は共通部分である M にも属しているからである[9]．よって，再び Zorn の補題により，極小元 L が存在し，それは K を含む代数的閉体の中で極小のものとなる．

最後に，K を含む極小代数的閉体が互いに同型であることは，やはり Zorn の補題を使えば示すことができる．すなわち，K を含む二つの極小代数的閉体 L_1, L_2 が有ったとし，K 上互いに同型となるそれぞれの部分体のペアの集合 $\mathcal{L}$ を考えると，これは (K, K) という自明なペアを含むから空でなく，かつ包含関係による順序

$$(M_1, M_2) \leq (M_1', M_2') \iff M_1 \subset M_2 \text{ かつ } M_1' \subset M_2'$$

に関して帰納的な順序集合となることが容易に分かる．よって極大元 (M_1, M_2) が存在するが，ここで例えば $M_1 \neq L_1$ だと，M_1 上に既約な 2 次以上の多項式 f_1 が存在することになり，従って同型 $M_1 \cong M_2$ でこれに対応する M_2 上の多項式 f_2 も既約で，これらの分解体 $M_1' \subset L_1, M_2' \subset L_2$ は補題 7.24 により同型となる．するとペア (M_1', M_2') は (M_1, M_2) よりも真に大きな $\mathcal{L}$ の元となり，その極大性に矛盾する． □

項式の全体は，その係数の種類を考えれば少なくとも冪集合 $K^{\mathbf{N}}$ の部分集合で記述できる程度の量なので，K に添加する新しい元の記号を濃度 $K^{\mathbf{N}}$ を持つある固定した集合の元のみを用いて表記することにすれば集合論の範囲に収まる．

[9] K を含む代数的閉体 M_1, M_2 を勝手に取ったのでは，それらの共通部分 $M_1 \cap M_2$ は代数的閉体になるかどうか分からないことに注意せよ．

7.5 代数的閉体と代数的閉包

── ティータイム　代数学の基本定理 ──

　複素数体が代数的閉体である，すなわち，任意の複素係数1変数n次代数方程式は複素数の範囲でn個の根を持つという事実は，**代数学の基本定理**，あるいは最初に厳密な証明を与えた人の名を取って**Gauss の定理**と呼ばれていますが，フランスでは D'Alembert（ダランベール）の定理と言わないと叱られます．もっとも D'Alembert は神学的にこの主張をしただけで，最初の一般的な証明は Lagrange による，奇数次の実係数1変数代数方程式は必ず実根を持つという結果です．これは中間値の定理を認めれば高校生にも分かる事実ですが，中間値の定理に限らず，代数学の基本定理の証明は，どれも実数の連続性公理を必要とし，代数学の基本定理という名にはなじみません．それに，代数学の中だけなら，抽象的に代数的閉包の存在が分かっていればほとんどの議論ができてしまい，敢えて複素数の中で拡大を実現する必要もありません．

　実は，Lagrange の定理を仮定すると，複素数体が代数的閉体であることは純代数的に証明できます：$C = R(\sqrt{-1})$ 上の既約な1変数代数多項式 $f(x)$ の最小分解体 L が C と一致することを示しましょう．拡大次数 $[L:R] = 2^k w$，$2 \nmid w$ とし，$\mathrm{Gal}(L/R)$ の 2-Sylow 部分群に対応する中間体を K とすれば，$K \supset R$ は (Galois 拡大とは限らないが) w 次の拡大となり，従って定理 7.2 と命題 7.5 により，w 次の既約多項式の1根を R に添加して作ることができます．しかし，w は奇数なので，Lagrange の定理と矛盾しないためには，$w = 1$，すなわち $K = R$ でなければなりません．すると，L は R の 2^k 次拡大となりますが，問 6.17 によりこの Galois 群は可解なので，L は R の2次拡大の反復により，すなわち，2次方程式の根を次々に追加することで構成できます．しかし根の公式を用いて容易に確認できるように，2次方程式を解いても，C から先は新しい数は現れません．これは，基本的に

$$\sqrt{a+ib} = \frac{\sqrt{\sqrt{a^2+b^2}+a} + \sqrt{\sqrt{a^2+b^2}-a}\,i}{\sqrt{2}} \quad (b > 0 \text{ のとき})$$

と同じことです．よって，$L = C$ です．

【代数的数と代数関数】 有理数体 Q の代数的閉包 $\overline{Q}$ の元は，この章の最初に述べた代数的数に他なりません．$\overline{Q}$ の部分体，すなわち，代数的数より成る体を一般に (代) 数体 (algebraic number field) と呼びます．普通に数体と言えば Q の有限次拡大のことで，このときの拡大次数 n を取って n 次体と呼ばれます．特に 2 次体は，2 次方程式の分解体であり，体の構造としてはどうということは無いのですが，後述の代数的整数とのからみで歴史的に整数論において重要な役割を果たしてきました．

有理関数体 $K(x)$ の代数的閉包 $\overline{K(x)}$ の元は，K 上の**代数関数** (algebraic function) と呼ばれます．代数的数の始めの定義にあわせて書き直せば，

$$a_0(x)y^n + a_1(x)y^{n-1} + \cdots + a_n(x) = 0, \qquad a_j(x) \in K(x)$$

を満たす $y = y(x)$ のことで，$\sqrt{x}$ などが典型例です．これらは，普通に x の関数と思うと多価関数になりますが，$K = C$ の場合は，関数論で習う Riemann 面の概念により，その上でうまく 1 価に表現できます．代数関数より成る体を代数関数体と呼びます．

代数的数は，最小多項式の分母を払えば，有理整数係数の代数方程式の根となりますが，その中でモニックなもの，すなわち，最高次の係数が 1 のもの

$$x^n + a_1 x^{n-1} + \cdots + a_n, \qquad a_j \in Z$$

の根となるものを**代数的整数**と呼びます．数体 K の中で代数的整数を集めたもの $\mathcal{O}_K$ は，容易に分かるように K の部分環を成しますが，これを K の**整数環**と呼びます．K は明らかに第 4 章 4.5 節の意味での $\mathcal{O}_K$ の商体となっています．整数論のより進んだ分野である代数的整数論はこのように拡張された整数の性質を論ずるものですが，現代では，暗号理論にも深く応用されています．

K の $\mathcal{O}_K$-部分加群で有限生成のものを整数環 $\mathcal{O}_K$ の**分数イデアル**と呼びます．その典型例は，名前の由来でもある特定の元 $a \in \mathcal{O}_K$ を分母に持った K の元の集合 $\dfrac{1}{a}\mathcal{O}_K := \left\{\dfrac{x}{a} \,\middle|\, x \in \mathcal{O}_K\right\}$ ですが，一般には分数イデアルはこのように単項生成ではありません．分数イデアルの全体は，問 4.7 で定義したイデアルの積に関して Abel 群を成し，単項生成のものはその部分群を成します．前者の後者による商群は，数体 K の**イデアル類群**と呼ばれます．これは有限 Abel 群となることが知られており，その位数をこの代数体の**類数**と呼びます．類数

はこの代数体で整数論をやるとき，素元と素イデアルの間にどのくらいの差があるかを示すもので，その体における整数論の難しさを表す指標です．例えば，4.2 節のティータイムで紹介した例 $\boldsymbol{Q}(\sqrt{-5})$ では，イデアル類群は C_2 と同型になっています．類数の計算は応用上も重要ですが，一般には難しく，まだ研究途上にある古くて新しい問題です．

問 7.14 (1) 数体は必ず $\boldsymbol{Q}$ に一つの代数的整数を添加することにより得られることを示せ．(2) 数体 K はその整数環 $\mathcal{O}_K$ の商体と一致すること，さらに強く，$\mathcal{O}_K$ の乗法的部分集合 N による商環とも一致することを示せ．

■ 7.6 終結式と判別式

この章の最後に，方程式論でよく出て来る概念をまとめておきましょう．

【終結式】 二つの 1 変数多項式 f, g が共通根を持つかどうかを判定する方法を考えてみましょう．最初は簡単のため，これらの多項式の最高次の係数は 1 であると仮定します．一般に，このような多項式は**モニック**であると言われるのでした．

$$f(x) = (x-\alpha_1)\cdots(x-\alpha_m), \qquad g(x) = (x-\beta_1)\cdots(x-\beta_n)$$

と置くとき，

$$R(f,g) := \prod_{i=1}^{m}\prod_{j=1}^{n}(\alpha_i - \beta_j) \tag{7.13}$$

なる量は確かに共通根が有るときだけ 0 になりますが，これは

$$= \prod_{i=1}^{m}\Big(\prod_{j=1}^{n}(\alpha_i - \beta_j)\Big) = \prod_{i=1}^{m} g(\alpha_i)$$

あるいは

$$= \prod_{j=1}^{n}\Big((-1)^m\prod_{i=1}^{m}(\beta_j - \alpha_i)\Big) = (-1)^{mn}\prod_{j=1}^{n} f(\beta_j)$$

と書き直され，対称式の基本定理と根と係数の関係を用いて最終的に f, g の係数だけで表現できます．その表現した結果を f, g の**終結式** (resultant) と言います．これは行列式を用いると次のように具体的に表現できます．

補題 7.26 $f(x) = x^m + f_1 x^{m-1} + \cdots + f_m, g(x) = x^n + g_1 x^{n-1} + \cdots + g_n$ とするとき，これらの終結式は次のような $m+n$ 次行列式で与えられる：

$$R(f,g) = (-1)^{mn} \begin{vmatrix} 1 & f_1 & f_2 & \cdots & f_m & 0 & \cdots & 0 \\ 0 & 1 & f_1 & f_2 & \cdots & f_m & & \\ \vdots & \ddots & \ddots & & & & \ddots & \\ 0 & \cdots & 0 & 1 & f_1 & f_2 & \cdots & f_m \\ 1 & g_1 & g_2 & \cdots & g_n & 0 & \cdots & 0 \\ 0 & 1 & g_1 & g_2 & \cdots & g_n & & \\ \vdots & \ddots & \ddots & & & & \ddots & \\ 0 & \cdots & 0 & 1 & g_1 & g_2 & \cdots & g_n \end{vmatrix} \begin{matrix} \updownarrow \\ n \\ \\ \\ \updownarrow \\ m \\ \\ \end{matrix} \quad (7.14)$$

証明 次のような行列の計算をしてみる.

$$\begin{pmatrix} 1 & f_1 & f_2 & \cdots & f_m & 0 & \cdots & 0 \\ 0 & 1 & f_1 & f_2 & \cdots & f_m & & \\ \vdots & \ddots & \ddots & & & & \ddots & \\ 0 & \cdots & 0 & 1 & f_1 & f_2 & \cdots & f_m \\ 1 & g_1 & g_2 & \cdots & g_n & 0 & \cdots & 0 \\ 0 & 1 & g_1 & g_2 & \cdots & g_n & & \\ \vdots & \ddots & \ddots & & & & \ddots & \\ 0 & \cdots & 0 & 1 & g_1 & g_2 & \cdots & g_n \end{pmatrix} \begin{pmatrix} \alpha_1^{m+n-1} & \cdots & \alpha_m^{m+n-1} & \beta_1^{m+n-1} & \cdots & \beta_n^{m+n-1} \\ \alpha_1^{m+n-2} & \cdots & \alpha_m^{m+n-2} & \beta_1^{m+n-2} & \cdots & \beta_n^{m+n-2} \\ \vdots & & \vdots & \vdots & & \vdots \\ \alpha_1^2 & \cdots & \alpha_m^2 & \beta_1^2 & \cdots & \beta_n^2 \\ \alpha_1 & \cdots & \alpha_m & \beta_1 & \cdots & \beta_n \\ 1 & \cdots & 1 & 1 & \cdots & 1 \end{pmatrix}$$

$$= \begin{pmatrix} \alpha_1^{n-1}f(\alpha_1) & \cdots & \alpha_m^{n-1}f(\alpha_m) & \beta_1^{n-1}f(\beta_1) & \cdots & \beta_n^{n-1}f(\beta_n) \\ \alpha_1^{n-2}f(\alpha_1) & \cdots & \alpha_m^{n-2}f(\alpha_m) & \beta_1^{n-2}f(\beta_1) & \cdots & \beta_n^{n-2}f(\beta_n) \\ \vdots & & \vdots & \vdots & & \vdots \\ f(\alpha_1) & \cdots & f(\alpha_m) & f(\beta_1) & \cdots & f(\beta_n) \\ \alpha_1^{m-1}g(\alpha_1) & \cdots & \alpha_m^{m-1}g(\alpha_m) & \beta_1^{m-1}g(\beta_1) & \cdots & \beta_n^{m-1}g(\beta_n) \\ \alpha_1^{m-2}g(\alpha_1) & \cdots & \alpha_m^{m-2}g(\alpha_m) & \beta_1^{m-2}g(\beta_1) & \cdots & \beta_n^{m-2}g(\beta_n) \\ \vdots & & \vdots & \vdots & & \vdots \\ g(\alpha_1) & \cdots & g(\alpha_m) & g(\beta_1) & \cdots & g(\beta_n) \end{pmatrix}$$

ここで $f(\alpha_i) = g(\beta_j) = 0$ を用いると, 最後の行列は右上隅に n 次, 左下隅に m 次の行列が残ったブロック型に帰着し, しかも各ブロックは各列から共通因子を取り去ると Vandermonde 型となる. よってこの全体の行列式の値は

$$= (-1)^{mn} \prod_{i=1}^{m} g(\alpha_i) \prod_{j=1}^{n} f(\beta_j)$$
$$\times (-1)^{m(m-1)/2} \prod_{1 \leq i < j \leq m} (\alpha_i - \alpha_j) \times (-1)^{n(n-1)/2} \prod_{1 \leq i < j \leq n} (\beta_i - \beta_j)$$

となる. ところで上の計算で右から掛けた行列も Vandermonde 型で, その値は

7.6 終結式と判別式

$$(-1)^{(m+n)(m+n-1)/2} \prod_{1\le i<j\le m}(\alpha_i-\alpha_j) \prod_{1\le i<j\le n}(\beta_i-\beta_j) \prod_{\substack{1\le i\le m \\ 1\le j\le n}}(\alpha_i-\beta_j)$$

に等しい.よって求める行列式の値は,上の値をこれで除して得られる.

$$\frac{(m+n)(m+n-1)}{2} = \frac{m(m-1)}{2} + \frac{n(n-1)}{2} + mn$$

に注意すると,値としてちょうど終結式一つ分と符号 $(-1)^{mn}$ が残る. □

実際に f と g に共通根があるかどうかを見るには,両者の最大公約式を Euclid の互除法で計算した方が簡単です.ただし,方程式の係数に未知のパラメータが含まれており,共通根が存在するようにその値を定めようという場合は,Euclid の互除法の計算は大変になるので,終結式が便利です.その特別な場合として,2元連立高次方程式 $f(x,y)=g(x,y)=0$ から,x を消去するのに,両者を x の1変数多項式とみて計算した終結式 $R(f,g)(y)$ が使えます.

問 7.15 次の2元連立高次方程式を解け.
(1) $x^2+2xy+2y^2-4x-2=0, \quad x^2+y^2-2y-3=0$
(2) $x^2+xy+2y^2-4x-y-5=0, \quad 2y^3-13x^2-11y^2+39x+9y+52=0$

多項式がモニックでないとき,終結式を (7.13) で定義すると,最高次の係数が分母に入った分数式になってしまいます.その場合は (7.13) の代わりに

$$R(f,g) := f_0^n g_0^m \prod_{i=1}^m\prod_{j=1}^n(\alpha_i-\beta_j) = f_0^n \prod_{i=1}^m g(\alpha_i) = (-1)^{mn} g_0^m \prod_{j=1}^n f(\beta_j) \quad (7.15)$$

と置くのが普通です.行列式による表現は (7.14) の代わりに

$$R(f,g) = \begin{vmatrix} f_0 & f_1 & f_2 & \cdots & f_m & 0 & \cdots & 0 \\ 0 & f_0 & f_1 & f_2 & \cdots & f_m & & \\ \vdots & \ddots & \ddots & & & & \ddots & \\ 0 & \cdots & 0 & f_0 & f_1 & f_2 & \cdots & f_m \\ g_0 & g_1 & g_2 & \cdots & g_n & 0 & \cdots & 0 \\ 0 & g_0 & g_1 & g_2 & \cdots & g_n & & \\ \vdots & \ddots & \ddots & & & & \ddots & \\ 0 & \cdots & 0 & g_0 & g_1 & g_2 & \cdots & g_n \end{vmatrix} \begin{matrix} \updownarrow n \\ \\ \updownarrow m \\ \\ \end{matrix} \quad (7.16)$$

となります.

【判別式】 判別式は，1 変数多項式 f が重根を持つかどうかを判定する道具で，2 次式のときには昔から高等学校で教えられて来ました．n 次の多項式 $f(x)$ に一般化するには，その根を (重複も込めて) $\alpha_1, \ldots, \alpha_n$ と置くとき，

$$D(f) := \prod_{1 \leq i < j \leq n} (\alpha_i - \alpha_j)^2 \tag{7.17}$$

という量を考え，それを係数で表したものを採ればよいだろうということを，既に 3.7 節の終わりで論じました．他方，高校では 3 次以上の方程式の判別式は習わず，代わりに，重根は，もとの多項式 $f(x)$ とその導関数 $f'(x)$ の共通根として捉えて来ました．このことから，判別式が両者の終結式と深い関係にあることが想像されます．それを調べるため，また後で有限体にも使うため，まず多項式の導関数を代数的に定義しましょう．

定義 7.4 1 変数多項式 $f(x)$ の **導関数** $f'(x)$ とは，$f(x+h)$ を h について展開したときの h の 1 次の項の係数のことを言う．

$f(x+h)$ の h に関する昇冪の展開は定数項 $f(x)$ から始まるので，差 $f(x+h) - f(x)$ は h で割り切れます．その商を計算した後で $h = 0$ と置けば，h の 1 次の項の係数 $f'(x)$ が取り出せます．この操作を

$$\lim_{h \to 0} \frac{f(x+h) - f(x)}{h}$$

と略記してしまっても特に問題はないでしょう．ただし，この定義には極限に付きものの位相の概念は全く不要で，従って有限体上の多項式でも意味を持つことに注意しましょう．"割った後で 0 と置く" という極限の定義は，高校の数 II で学ぶ微分の計算に相当するものです．この定義から容易に次の諸公式が導かれます．特に最初の性質が微分という演算子を特徴付けるものとなっています．

(1) $[f(x) + g(x)]' = f'(x) + g'(x)$, $\quad [f(x)g(x)]' = f'(x)g(x) + f(x)g'(x)$.
(2) $c \in K$ なら $c' = 0$, また $x' = 1$, $[x^n]' = nx^{n-1}$.
(3) $[a_0 x^n + a_1 x^{n-1} + \cdots + a_{n-1} x + a_n]'$
    $= n a_0 x^{n-1} + (n-1) a_1 x^{n-2} + \cdots + a_{n-1}$.
(4) $\left[\prod (x - \alpha_j)\right]' = \sum_{k=1}^{n} \prod_{j \neq k} (x - \alpha_j)$.

(5) $[f(g(x))]' = f'(g(x)) \cdot g'(x)$, 　特に　$f(x+a)' = f'(x+a)$.

問 7.16 上の諸公式を確かめよ．

補題 7.27 $f(x)$ の判別式は f とその導関数 $f'(x)$ の終結式の $(-1)^{n(n-1)/2}$ 倍に等しい．f の重根は f と f' の共通根に他ならない．

証明 上の公式 (4) より

$$R(f, f') = \prod_{k=1}^{n} f'(\alpha_k) = \prod_{k=1}^{n} \prod_{j \neq k} (\alpha_k - \alpha_j) = \prod_{k=1}^{n} \prod_{j<k} (\alpha_k - \alpha_j) \prod_{j>k} (\alpha_k - \alpha_j)$$

$$= \prod_{k=1}^{n} (-1)^{k-1} \prod_{j<k} (\alpha_j - \alpha_k) \prod_{j>k} (\alpha_k - \alpha_j)$$

$$= (-1)^{n(n-1)/2} \left[\prod_{1 \leq j < k \leq n} (\alpha_j - \alpha_k) \right]^2 = (-1)^{n(n-1)/2} D(f)$$

後半の主張は高校生にもよく知られたものだが，f の各根 α について $f(x) = (x-\alpha)^m g(x)$, $g(\alpha) \neq 0$ と置き導関数を計算してみれば

$$f'(x) = m(x-\alpha)^{m-1} g(x) + (x-\alpha)^m g'(x) \tag{7.18}$$

より，α が重根 $\iff m \geq 2 \iff f'(\alpha) = 0$ と分かる．□

補題 7.1 で注意したように，二つの多項式 f, g が共通根 α を持てば，α が基礎体に含まれなくても両者は基礎体の上で既に公約因子を持ちます．ただし，これには両者が一致する場合，一方が他方で割り切れる場合も含まれています．上の補題により，f の重根は f とその導関数 f' の共通根なので，f が重根を持てば f と f' は共通因子を持つことになります．従って，$f' \not\equiv 0$ なら，f は既約ではないことが分かります．標数 0 の体では f' は常に f よりちょうど 1 次低い多項式となるので，このことから既約多項式は重根を持ち得ないことが分かります．しかし標数 $p > 0$ のときは $f'(x) \equiv 0$ となることが有り，重根を持つ既約多項式が生じ得ます．例えば，a を不定元とする有理関数体 $\boldsymbol{F}_p(a)$ 上の多項式 $x^p - a$ は既約ですが，導関数は $px^{p-1} \equiv 0$ となります．これは $\sqrt[p]{a}$ を添加した拡大体の上で $(x - \sqrt[p]{a})^p$ と分解され，確かに重根を持っています．(実は，式 (7.18) から，$f'(x) \equiv 0$ となるのは，$p \mid m$, かつ $g'(x) \equiv 0$ となる

場合に限られることが容易にわかるので，このような $f(x)$ の一般形は，基礎体上のある重根を持たない既約多項式に $x \mapsto x^p$ という代入を何度か行ったものとなります．）上の補題の証明は高校の数学と変わり無いように見えますが，こういう場合にも通用しているのです．

🐙 多項式の最高次の係数が 1 でないとき，判別式を (7.16) で定義すると係数の分数式となってしまうので，普通は次のように定義する：

$$D(f) := f_0^{n(n-1)/2-1} \prod_{1 \leq i < j \leq n} (\alpha_i - \alpha_j)^2 \tag{7.19}$$

行列式による表現では，

$$\frac{(-1)^{n(n-1)/2}}{f_0} R(f, f')$$

$$= \begin{vmatrix} 1 & f_1 & f_2 & \cdots & f_n & 0 & \cdots & 0 \\ 0 & f_0 & f_1 & f_2 & \cdots & f_n & & \\ \vdots & \ddots & \ddots & & & & \ddots & \\ 0 & \cdots & 0 & f_0 & f_1 & f_2 & \cdots & f_n \\ n & (n-1)f_1 & (n-2)f_2 & \cdots & f_{n-1} & 0 & \cdots & 0 \\ 0 & nf_0 & (n-1)f_1 & (n-2)f_2 & \cdots & f_{n-1} & & \\ \vdots & \ddots & \ddots & & & & \ddots & \\ 0 & \cdots & 0 & nf_0 & (n-1)f_1 & (n-2)f_2 & \cdots & f_{n-1} \end{vmatrix} \begin{matrix} \updownarrow \\ n-1 \\ \\ \updownarrow \\ n \end{matrix}$$

つまり，f と f' の (7.14) の意味での終結式よりも因子 f_0 が一つ少なくしてある．これは，$R(f, f')$ が常に f_0 を因子として持ってしまうためである．

例 7.5 (1) 2 次多項式 $ax^2 + bx + c$ の判別式は

$$-\begin{vmatrix} 1 & b & c \\ 2 & b & 0 \\ 0 & 2a & b \end{vmatrix} = b^2 - 4ac.$$

(2) 3 次多項式 $x^3 + qx + r$ の判別式は，Cardano の公式中の R を用いて

$$-\begin{vmatrix} 1 & 0 & q & r & 0 \\ 0 & 1 & 0 & q & r \\ 3 & 0 & q & 0 & 0 \\ 0 & 3 & 0 & q & 0 \\ 0 & 0 & 3 & 0 & q \end{vmatrix} = -\begin{vmatrix} 1 & 0 & q & r \\ 0 & -2q & -3r & 0 \\ 3 & 0 & q & 0 \\ 0 & 3 & 0 & q \end{vmatrix} = -\begin{vmatrix} -2q & -3r & 0 \\ 0 & -2q & -3r \\ 3 & 0 & q \end{vmatrix}$$

$$= -4q^3 - 27r^2 = -108R.$$

(3) 4 次多項式 $x^4 + qx^2 + rx + s$ の判別式は，同様に計算すると，

$$\begin{vmatrix} 1 & 0 & q & r & s & 0 & 0 \\ 0 & 1 & 0 & q & r & s & 0 \\ 0 & 0 & 1 & 0 & q & r & s \\ 4 & 0 & 2q & r & 0 & 0 & 0 \\ 0 & 4 & 0 & 2q & r & 0 & 0 \\ 0 & 0 & 4 & 0 & 2q & r & 0 \\ 0 & 0 & 0 & 4 & 0 & 2q & r \end{vmatrix} = 16q^4 s - 4q^3 r^2 - 128 q^2 s^2 + 144 q r^2 s - 27 r^4 + 256 s^3.$$

特に，複2次式 $x^4 + qx^2 + s$ の判別式は，上で $r = 0$ と置いて

$$16q^4 s - 128 q^2 s^2 + 256 s^3 = 16 s (q^2 - 4s)^2.$$

【多項式イデアルのより高級な計算法】 本節の最後に，高次の連立代数方程式を解くためのより高級な手法を紹介しておきます．一般に多変数多項式環 $K[x] := K[x_1, \ldots, x_n]$ のイデアル $\mathcal{I} = \langle f_1, \ldots, f_t \rangle$ が関連した計算問題には，

(1) $g \in K[x]$ が $\mathcal{I}$ に属するかどうか判定せよ．
(2) $\mathcal{I}$ の元で，なるべく少ない変数しか含まないものを求めよ．

などが実用上重要です．(1) は $f_1, \ldots, f_t$ の共通零点の上で g も 0 となるかどうか，(2) は連立方程式 $f_1 = \cdots = f_t = 0$ の解がどれくらいあるかという，より分かりやすい問題と密接に関連しています．これらの問題を解くアルゴリズムを得るために利用されるのが Gröbner 基底と呼ばれるものです．その定義には，対称式の基本定理の証明でも出てきた，単項式順序というものが使われます．今，$K[x]$ の単項式を指数にベクトル表記を用いて

$$\alpha = (\alpha_1, \ldots, \alpha_n) \text{ に対し } x^\alpha := x_1^{\alpha_1} \cdots x_n^{\alpha_n}, \quad |\alpha| := \alpha_1 + \cdots + \alpha_n$$

と記すことにします．$|\alpha|$ は単項式 x^α の通常の意味での次数となります．$K[x]$ の単項式の間に，単項式の掛け算と両立し，降鎖条件 (すなわち，減少列は必ず有限で停止するという条件) を満たす全順序，例えば，

$$x^\alpha > x^\beta \iff |\alpha| > |\beta| \text{ または}$$
$$|\alpha| = |\beta| \text{ かつ } \exists k \text{ について } \alpha_1 = \beta_1, \ldots, \alpha_{k-1} = \beta_{k-1},$$
$$\alpha_k > \beta_k$$

という，**全次数辞書式順序**を入れ，多項式 $f(x)$ の首項 (leading term) $\mathrm{LT}(f)$ を，この順序で最大の項と定義すると，多項式の系による多項式の割り算が，
$$g(x) = q_1(x)f_1(x) + \cdots + q_t(x)f_t(x) + r(x), \quad \mathrm{LT}(r) < \mathrm{LT}(f_j), j = 1, \ldots, t$$
で定義できます．この剰余項 r は g を $f_1, \ldots, f_t$ で普通の割り算の要領で順に商と剰余を求めて，剰余の方を更に割って行けば求まりますが，一般のイデアル基底だと，割る順序を変えると最後の r が変わってしまいます．そこで，イデアル $\mathcal{I}$ が与えられたとき，これに属する元の首項の集合 $\{\mathrm{LT}(f) \mid f \in \mathcal{I}\}$ を考え，これが生成する $K[x]$ のイデアル $\mathrm{LT}(\mathcal{I})$ を考えます．一般には $\mathrm{LT}(\mathcal{I})$ はもとの $\mathcal{I}$ と包含関係はありませんが，単項式で生成されるため，$f \in \mathrm{LT}(\mathcal{I})$ なら，f の項はどれも $\mathrm{LT}(\mathcal{I})$ に属するという性質があります．このようなイデアルを同次イデアルと呼びます．すると，$f_1, \ldots, f_t \in \mathcal{I}$ がイデアル $\mathcal{I}$ の **Gröbner 基底**とは，$\mathrm{LT}(f_1), \ldots, \mathrm{LT}(f_t)$ が $\mathrm{LT}(\mathcal{I})$ の生成元となることを言います．このとき，$f_1, \ldots, f_t \in \mathcal{I}$ は必然的に $\mathcal{I}$ の生成元となるので，始めから生成元であることを仮定する必要はありませんが，普通は，イデアルは生成元 (基底) を用いて定義されることが多いので，Gröbner 基底を求めることは基底の取り換えの計算となります．ここでは紹介はしませんが，与えられたイデアルの基底を Gröbner 基底に変換する **Buchberger** のアルゴリズムと呼ばれる効率のよいものが知られています[10]．このアルゴリズムの要点は，基底の二つの元 f, g から，それらの S 多項式と呼ばれるもの

$$S(f, g) = \frac{x^\gamma}{\mathrm{LT}(f)} f(x) - \frac{x^\gamma}{\mathrm{LT}(g)} g(x), \quad \text{ここに} \quad x^\gamma = \mathrm{LCM}\{\mathrm{LT}(f), \mathrm{LT}(g)\}$$

を作り，これを現在の基底で割り算した剰余を基底に追加するという操作で安定化するまで繰り返すというものです．S 多項式は f, g の最高次の項を打ち消すように作られており，従ってこれは，$\mathrm{LT}(\mathcal{I})$ の生成元を得ようとするときにはごく自然な算法です．

Gröbner 基底 $f_1, \ldots, f_t$ に対しては，$\forall g \in K[x]$ に対し，$g = f + r$ という表現で，$f \in \langle f_1, \ldots, f_t \rangle$，かつ r のどの項も $\mathrm{LT}(f_j)$ のどれでも割り切れない，というようなものが一意に定まります．これを用いると，イデアルに関し

---

[10] 実は Gröbner 基底の概念自身も B. Buchberger により博士論文で導入されたものですが，指導教授であった W. Gröbner に敬意を表してその名前を付けたのでした．Gröbner 基底の計算アルゴリズムを Buchberger の名前で呼んだのはもちろん他の人々です．ただし同じ概念は他の二三の人たちによっても独立に発見されています．

て最初に挙げたような問題が容易に解けるようになります．市販の数式処理ソフトでも，多項式の計算には裏で Gröbner 基底が使われています．また，最近は暗号解読の有力な道具としても注目されています．

── ティータイム 多項式イデアルと代数幾何学 ──

楕円や双曲線など，代数方程式で定義された幾何図形はギリシャの昔から数学の重要な対象となってきましたが，一般に連立代数方程式で定義された幾何学的集合を，代数的な観点から厳密に考察する試みが19世紀に始まり，**代数幾何学**という分野に発展しました．多項式イデアルはその基本的な道具です．ここでちょっとイデアルと幾何学との関係を紹介しておきましょう．

一般に体 K 上の多項式環 $K[x_1,\ldots,x_n]$ のイデアル $\mathcal{I}$ に対して
$$V(\mathcal{I}) = \{x \in K^n \mid \forall f \in \mathcal{I} \text{ について } f(x) = 0\}$$
を $\mathcal{I}$ の零点集合と呼びます．逆に，K^n の部分集合 V に対して，それが定めるイデアルを
$$I(V) := \{f \in K[x_1,\ldots,x_n] \mid \forall x \in V \text{ において } f(x) = 0\}$$
で定義すると，"K が代数的閉体のとき，$I(V(\mathcal{I})) = \mathfrak{r}(\mathcal{I})$ となる"というのが **Hilbert** の零点定理です．ここで $\mathfrak{r}(\mathcal{I})$ はイデアルの根基 (5.4 節参照) です．そこで述べたイデアルの準素分解は $V(\mathcal{I})$ を既約成分，すなわち，**代数多様体**に分解することに対応しています．$\mathcal{I}$ が単項生成のとき，これは生成元である多項式 $f(x_1,\ldots,x_n)$ の既約分解に対応して，f の零点集合を f の各既約成分の零点集合の和集合に分解することに他なりません．

現代では，代数幾何学はイデアルの零点集合よりも更に抽象化された対象を扱うようになっています．また，多項式環のイデアルやその上の有限生成加群の理論は，代数幾何学のみならず偏微分方程式論などでも重要な役割を果たしており，そこでは，微分作用素を含む非可換な環のイデアルが扱われ，Gröbner 基底の計算もそのような環に拡張されています．他方，代数幾何学を整数環を含む一般な環上で考えることにより，数論的代数幾何学という分野も生まれました．Fermat 予想の解決はその最大の成果の一つですが，最近では，暗号などにも応用されています．

第 8 章

有限体の理論

有限体は暗号や誤り訂正符号の基礎として応用上重要なものです．これを最初に導入した Galois に敬意を表して **Galois 体**とも言います．この章では応用上共通に必要となる有限体の基礎知識をまとめておきました．

■ 8.1　有限体の構造

有限体は正の標数 p を持ち，p は必ず素数であることは既に命題 1.11 と系 1.12 で調べました．各素数 p に対し $\boldsymbol{F}_p := \boldsymbol{Z}/p\boldsymbol{Z}$ が標数 p の基本的な体で，これを標数 p の素体と呼ぶのでした．標数 p の一般の体は必ずこれを部分体として含むことも，既に系 1.12 で示しました．従って，標数 p の体は皆 $\boldsymbol{F}_p$ の拡大体です．

有限体 K の元の総数を有限群の場合にならって K の**位数**と呼びます．ただし，これを表すのには，一般の集合に対する記号 $\#K$ を用いることにします．まず位数と標数の関係を調べましょう．

<u>補題 8.1</u>　標数 p の有限体の位数は p の冪である．より一般に，二つの有限体の対 $L \supset K$ があるとき，$\#L$ は $\#K$ の冪となる．

<u>証明</u>　既に第 7 章の始めに注意したように，拡大体 L は K 上のベクトル空間と考えられ，その次元 m は明らかに有限である．従って L の元は K の元を成分に持つ長さ m の数ベクトルだけの種類が有り，ベクトル成分としては K の任意の元が使えるので，その総数は $(\#K)^m$ となる．特に，標数 p の任意の有限体は $\boldsymbol{F}_p$ の拡大体なので，その位数は p の冪となる．　□

<u>系 8.2</u>　標数 p の二つの有限体 K, L の位数がそれぞれ p^m, p^n で，これらが包含関係 $K \subset L$ を持てば，$m \mid n$ である．

<u>証明</u>　$[L:K] = k$ とすれば，上の補題より $p^n = \#L = (\#K)^k = (p^m)^k =$

p^{mk} となっているはずだから，$n = mk$． □

単に包含関係だけなら $m \leq n$ だけでよさそうに思いますが，線形構造を考えると $m \mid n$ まで出てしまうところに注意してください．

定理 8.3 位数 $q = p^m$ の有限体 K は，ちょうど方程式 $x^q - x = 0$ の K における q 個の根の全体と一致する．

証明 K の乗法群 $K^\times := K \setminus \{0\}$ は位数 $q - 1$ なので，Lagrange の定理により $\forall x \in K^\times$ は $x^{q-1} - 1 = 0$ を満たす．よって 0 も合わせて K の元はいずれも方程式 $x^q - x = 0$ を満たす．この方程式の左辺の導関数は $qx^{q-1} - 1 = -1 \neq 0$ なので，補題 7.27 によりこの方程式は重根を持たず，従って異なる q 個の根が存在するが，鳩の巣原理により，それはちょうど K のすべての元に対応する． □

系 8.4 位数 $q = p^m$ の有限体の乗法群 $K^\times := K \setminus \{0\}$ は $q - 1$ 次の巡回群となる．

証明 もし $K^\times$ が巡回群でないと，元の位数の最大値は $q - 1$ の真の約数，例えば r になってしまい，$K^\times$ の元はすべて方程式 $x^r - 1 = 0$ を満たすことになるが，$q - 1 = rs$ と置けば

$$\frac{x^{q-1} - 1}{x^r - 1} = \frac{x^{rs} - 1}{x^r - 1} = x^{r(s-1)} + x^{r(s-2)} + \cdots + x^r + 1$$

より $x^r - 1$ は $x^{q-1} - 1$ の因子なので，やはり重根を持たず，従って $K^\times$ の元の数が $r < q - 1$ 個になってしまい，不合理である． □

定理 8.3 によれば，位数 q の有限体は $x^q - x$ の分解体に他ならないので，定理 7.23 によりその構造は位数だけで決まることが分かります．そこで，位数 q の有限体を区別せず単に $\boldsymbol{F}_q$ あるいは $GF(q)$ と記します．後者は Galois field の略記号です．

実際に位数 $q = p^m$ の有限体を作るときは，$\boldsymbol{F}_p$ 上の既約な m 次多項式 $f(x)$ を一つ選んで，商体 $K = \boldsymbol{F}_p[x]/\langle f(x) \rangle$ として構成する訳です．K における x の剰余類を θ と書けば，これは K における f の一つの根であり，K の任意の元は

$$c_0 + c_1\theta + \cdots + c_{m-1}\theta^{m-1}, \qquad c_j \in \boldsymbol{F}_p$$

の形に一意に表されるので，K は位数 p^m の体となります．この際，$f(x)$ としてどの既約 m 次多項式を取っても同型な体が得られることは上で示した一意性により保証されている訳ですが，そもそもすべての m について m 次既約多項式は必ず存在するのかどうかは少しも自明ではありません．次の証明はやや高級な見掛けを持っていますが，使っているのは微積分だけです．

定理 8.5 任意の m に対し $\boldsymbol{F}_p$ 上の m 次の既約多項式が存在する．

証明 $\boldsymbol{F}_p$ 上のモニックな m 次多項式 $f(x)$ に対し，そのノルムを $N(f) := p^m$ と定義する．これは明らかに乗法的である：

$$N(fg) = N(f)N(g).$$

次に，環 $\boldsymbol{F}_p[x]$ のゼータ関数を

$$\zeta(s) := \prod_f \left(1 - \frac{1}{N(f)^s}\right)^{-1}$$

で定義する．ここに，積は $\boldsymbol{F}_p[x]$ のすべてのモニックな既約多項式に渡るものとする．m 次のモニックな既約多項式の個数を $I(m)$ とすれば，上は

$$\zeta(s) = \prod_{m=1}^{\infty} (1 - p^{-ms})^{-I(m)}$$

と書ける．ここで，m 次のモニックな多項式の総数がちょうど p^m なので，最も粗く見積もっても $I(m) \leq p^m$．よって，上の無限積は少なくとも $\mathrm{Re}\, s > 2$ では収束する．このことは以下のように無限積を無限和で書き直したときにもっとよく見えてくる：今，上の各因子を等比級数に展開して

$$\prod_f \left(1 - \frac{1}{N(f)^s}\right)^{-1} = \prod_f \left(1 + \sum_{k=1}^{\infty} \frac{1}{N(f)^{ks}}\right)$$

と書き，さらに括弧をはずすと，環 $\boldsymbol{F}_p[x]$ における素元分解の一意性により，

$$\prod_f \left(1 + \sum_{k=1}^{\infty} \frac{1}{N(f)^{ks}}\right) = 1 + \sum_g \frac{1}{N(g)^s}$$

となる．ここに最後の和は，モニックなすべての多項式に渡る．よって，

8.1 有限体の構造

$$1 + \sum_g \frac{1}{N(g)^s} = 1 + \sum_{n=1}^{\infty} \sum_{\deg g = n} \frac{1}{N(g)^s}$$
$$= 1 + \sum_{n=1}^{\infty} \frac{p^n}{p^{ns}} = 1 + \sum_{n=1}^{\infty} p^{n(1-s)} = \frac{1}{1-p^{1-s}}$$

となる．以上の計算は少なくとも $s>2$ のときは正当化され，まとめると

$$\prod_{m=1}^{\infty}(1-p^{-ms})^{-I(m)} = (1-p^{1-s})^{-1}$$

が得られる．この両辺の対数を取ると

$$-\sum_{m=1}^{\infty} I(m)\log(1-p^{-ms}) = -\log(1-p^{1-s})$$

従って，log を Taylor 展開して

$$\sum_{m=1}^{\infty} I(m) \sum_{k=1}^{\infty} \frac{1}{kp^{mks}} = \sum_{n=1}^{\infty} \frac{p^n}{np^{ns}}$$

を得る．両辺を $x=p^{-s}$ の冪級数展開とみて，$x^n = p^{-ns}$ の係数を比較すると

$$\sum_{m|n} \frac{m}{n} I(m) = \frac{p^n}{n} \qquad \text{従って} \qquad \sum_{m|n} mI(m) = p^n$$

を得る．ところで初等整数論ではこの形の有限級数がしばしば現れ，これは
Möbius の関数

$$\mu(n) = \begin{cases} 1, & n=1 \text{ のとき} \\ (-1)^r, & n \text{ が異なる } r \text{ 個の素因子の積のとき} \\ 0, & n \text{ が重複素因子を持つとき} \end{cases}$$

というものを用いて反転することができる：

$$I(n) = \frac{1}{n} \sum_{m|n} \mu(m) p^{n/m}$$

この公式の証明は次の補題で行おう．この式から，任意の $n \geq 1$ に対して $I(n) \geq 1$ であることが分かる．実際，$I(n) \geq 0$ であることは定義から分かっ

ているので,$I(n) \neq 0$ であることを言えば十分であるが,もし $I(n) = 0$ だと,$n = p_1^{e_1} \cdots p_r^{e_r}$ として

$$0 = \sum_{m|n} \mu(m) p^{n/m} = p^n - \sum_{i=1}^r p^{n/p_i} + \sum_{i,j=1}^r p^{n/p_i p_j} - + \cdots + (-1)^r p^{n/p_1 \cdots p_r}$$

となるが,右辺を $p^{n/p_1 \cdots p_r}$ で割ったものは $\bmod p$ で $(-1)^r$ に等しく,不合理である. □

補題 8.6 (Möbius の反転公式) 正整数を変数とする関数 $f(n), g(n)$ がすべての正整数 n に対して

$$\sum_{m|n} f(m) = g(n) \tag{8.1}$$

という関係式を満たしていれば,すべての正整数 n に対して

$$\sum_{m|n} \mu(m) \, g\!\left(\frac{n}{m}\right) = f(n) \tag{8.2}$$

が成り立つ.

証明 (8.1) を (8.2) の左辺に代入すると

$$\sum_{k|n} \mu(k) \, g\!\left(\frac{n}{k}\right) = \sum_{k|n} \mu(k) \sum_{m|(n/k)} f(m)$$

ここで,$m \mid (n/k) \iff mk \mid n \iff k \mid (n/m)$ に注意して和の順序を交換すると

$$= \sum_{m|n} f(m) \sum_{k|(n/m)} \mu(k)$$

しかるに,一般に $n = p_1^{e_1} \cdots p_r^{e_r}, r \geq 1$ とするとき

$$\sum_{k|n} \mu(k) = 1 - \sum_{i=1}^r \mu(p_i) + \sum_{1 \leq i < j \leq r} \mu(p_i p_j) - + \cdots + (-1)^r \mu(p_1 \cdots p_r)$$

$$= 1 - {}_rC_1 + {}_rC_2 - + \cdots + (-1)^r = (1-1)^r = 0$$

である.よって上の μ に関する和は $n/m = 1$ のときしか残らず,そのときの和の値は明らかに 1 に等しいので,全体の値は $f(n)$ に等しい. □

ティータイム　ゼータ関数

ゼータ関数は一般に，ある量の分布を調べるときに用いる伝統的な手段です．元祖ゼータ関数は素数の分布を表す **Riemann** のゼータ関数

$$\zeta(s) = \prod_{p:\text{素数}} \left(1 - \frac{1}{p^s}\right)^{-1} = \sum_{n=1}^{\infty} \frac{1}{n^s}$$

です．$\zeta(1) = \infty$，すなわち，$\zeta(s)$ が $s = 1$ に極を持つことが，素数が無限に存在することと同等です．$\zeta(s)$ は関数等式により，全複素平面に解析接続され，負の偶数で自明な零点を持ちますが，それ以外の非自明な零点が $0 < \mathrm{Re}\, s < 1$ に含まれることと，**素数定理**

$$\pi(x) \sim \int_2^x \frac{dx}{\log x} \sim \frac{x}{\log x}$$

とが同等です．ここに，$\pi(x)$ は，x 以下の素数の個数を表す関数です．素数定理は素数の分布が分布密度 $\dfrac{1}{\log x}$ でランダムに分布していると仮定したときの確率論でいわゆる大数の法則に相当しており，Gauss により予想され，J. Hadamard(アダマール) と C. de la Vallée Poussin(ドラ ヴァレ プーサン) により独立に証明されました．素数分布がさらに，平均値からのゆらぎが正規分布に従うという，中心極限定理を満たしているかどうか，すなわち

$$\pi(x) = \int_2^x \frac{dx}{\log x} + O(\sqrt{x} \log x)$$

が成り立つかどうかが，有名な **Riemann 予想**："$\zeta(s)$ の非自明な零点は $\mathrm{Re}\, s = \dfrac{1}{2}$ の線上にある" と同等です．現代暗号の理論では，素数分布に関する深い性質が必要となることがあり，Riemann 予想を仮定した論文なども現れることがあります．

次に，$\boldsymbol{F}_p$ 上の m 次既約多項式 $f(x)$ により $\boldsymbol{F}_q = \boldsymbol{F}_p[x]/\langle f(x) \rangle$ として構成した拡大体 $\boldsymbol{F}_q \supset \boldsymbol{F}_p$ ($q = p^m$) の Galois 群の構造を調べましょう．まず，f はここでどのような根を持つかを調べます．そのため，**Frobenius**(フロベニウス) **写像**と呼ばれる有限体上の重要な写像を導入します．これは

$$\sigma : \boldsymbol{F}_q \ni \alpha \mapsto \alpha^p \in \boldsymbol{F}_q$$

で定義されるもので，体の同型となり，$\boldsymbol{F}_p$ の元を動かしません．実際，積が積に写ることは定義から自明ですが，和の方も標数 p であることを考えると，クロスターム ${}_p\mathrm{C}_k \alpha^{p-k}\beta^k$, $1 \leq k \leq p-1$ は $p \mid {}_p\mathrm{C}_k$ よりすべて消え

$$(\alpha + \beta)^p = \alpha^p + \beta^p$$

となるからです．よって σ は環の準同型となり，かつ $\sigma(1) = 1$ なので，系 1.17 と鳩の巣原理により，体の同型となります．さらに，$\alpha \in \boldsymbol{F}_p$ は $x^p - x = 0$ を満たすので，σ で不変です．以上により σ は $\mathrm{Gal}(\boldsymbol{F}_q/\boldsymbol{F}_p)$ の元となります．逆に σ で不変な $\boldsymbol{F}_q$ の元は $\boldsymbol{F}_p$ の元となることも，それが $x^p - x = 0$ の根となることから分かります．

定理 8.7 θ を $\boldsymbol{F}_q = \boldsymbol{F}_p[x]/\langle f \rangle$ における f の一つの根とすれば，f のすべての根は $\theta^{p^i}, i = 0, \ldots, m-1$ で与えられ，これらはすべて異なる．

証明 $\sigma \in \mathrm{Gal}(\boldsymbol{F}_q/\boldsymbol{F}_p)$ なので，θ が f の根なら θ^p も根となること，従って $(\theta^p)^p = \theta^{p^2}$，一般に θ^{p^i} は再び f の根となる．$i = 0, 1, \ldots, m-1$ についてこれらはすべて異なることを示そう．系 8.4 により $\boldsymbol{F}_q$ には原始元 η が存在するが，それは

$$\eta = c_0 + c_1\theta + \cdots + c_{m-1}\theta^{m-1}$$

と表される．故に，任意の i について，上の式に Frobenius 置換を i 回施せば

$$\eta^{p^i} = c_0 + c_1\theta^{p^i} + \cdots + c_{m-1}\theta^{(m-1)p^i}$$

となるから，もしある $i, j < m$ $(i \neq j)$ について $\theta^{p^i} = \theta^{p^j}$ だと，上の表現から $\eta^{p^i} = \eta^{p^j}$ となってしまう．$p^i, p^j \leq p^{m-1} < q - 1$ なので，これは η が原始元であることに矛盾する．□

系 8.8 $\boldsymbol{F}_p$ 上の m 次の既約多項式 $f(x)$ は $x^{p^m} - x$ の因子となる．

証明 上の定理により $\boldsymbol{F}_p$ 上の任意の m 次既約多項式 $f(x)$ は，それを用いて構成した $\boldsymbol{F}_q = \boldsymbol{F}_p[x]/\langle f \rangle, q = p^m$ において異なる 1 次因子の積に分解されることが分かったので，それらの因子はすべて $x^q - x$ の $\boldsymbol{F}_q$ における q 個の 1 次因子のいずれかでなければならない．よってそれらの積である $f(x)$ も $x^q - x$ の因子となる．最後の主張は，途中で用いた $\boldsymbol{F}_q$ とは独立なことに注意．□

定理 8.9 拡大 $\boldsymbol{F}_q \supset \boldsymbol{F}_p$ の Galois 群は Frobenius 置換 σ を生成元とする巡回群 $\{id, \sigma, \ldots, \sigma^{m-1}\}$ となる．

証明 $\sigma^i \in \mathrm{Gal}(\boldsymbol{F}_q/\boldsymbol{F}_p)$ は既に示されているが，ここで $i \neq j$, $i, j < m$ のとき $\sigma^i \neq \sigma^j$ となることは，上で θ の行き先 $\sigma^i(\theta) = \theta^{p^i} \neq \sigma^j(\theta) = \theta^{p^j}$ が異なっていることが確認されたことから分かる．逆に，$\mathrm{Gal}(\boldsymbol{F}_q/\boldsymbol{F}_p)$ の任意の元 τ は f の根を f の根に写さなければならないから，ある $i < m$ について $\tau(\theta) = \theta^{p^i}$ となる．これから $\tau = \sigma^i$ となることが，$\boldsymbol{F}_q$ の元が θ の $m-1$ 次多項式として一意に表現されていることから分かる．□

以上を総合すると次の定理が得られます．

定理 8.10 拡大 $\boldsymbol{F}_q \supset \boldsymbol{F}_p$ は Galois 拡大である．

証明 g を $\boldsymbol{F}_p$ 上の n 次の既約多項式とせよ．もし g が $\boldsymbol{F}_q$ 内に根 θ を持てば，$\boldsymbol{F}_{p^n} \cong \boldsymbol{F}_p(\theta) \cong \boldsymbol{F}_p[x]/\langle g(x) \rangle$ は $\boldsymbol{F}_q$ の部分体となる．定理 8.7 により g は $\boldsymbol{F}_{p^n}$ 内に n 個の異なる根を持つことが分かっているので，それらはすべて $\boldsymbol{F}_q$ に含まれ，g はそこで異なる 1 次因子の積に分解される．故に $\boldsymbol{F}_q \supset \boldsymbol{F}_p$ は正規拡大かつ分離拡大，従って Galois 拡大である．□

$\boldsymbol{F}_q$ で根を持つような既約多項式は次数 n が m を割り切り，かつそれ自身 $x^q - x$ の因子でなければならないことが上の証明と系 8.2 から分かります．実は，$\boldsymbol{F}_q$ で少なくとも一つ根を持つという仮定は不要です．このことは次節で Galois 群の部分群の構造を調べるとき一緒に証明しましょう（系 8.13 参照）．

問 8.1 有限体上の幾何学は有限群の重要な例を提供する．素体 $\boldsymbol{F}_2$ 上の平面 $\boldsymbol{F}_2^2$ の線形変換の群 $GL(2, \boldsymbol{F}_2)$，アフィン変換の群，および射影平面 $(\boldsymbol{F}_2^3 \setminus \{(0,0,0)\})/\boldsymbol{F}_2^\times$ の射影変換群 $PGL(3, \boldsymbol{F}_2)$ は，それぞれどんな有限群となるか？（なお，$GL(n, \boldsymbol{F}_q)$ 等は有限群論では通常 $GL(n, q)$ 等と略記される．）

■ 8.2 有限体の有限次拡大

前節で，$\boldsymbol{F}_p$ の拡大体としての有限体の構造とその Galois 群が解明できました．次に，一般の有限体 $\boldsymbol{F}_q$, $q = p^m$ の有限次拡大を考えます．補題 8.1 により，$\boldsymbol{F}_q$ の有限次拡大体は位数が q の冪となるのでした．そこで拡大 $\boldsymbol{F}_{q^n} \supset \boldsymbol{F}_q$ の構造を調べましょう．

定理 8.11 (1) $f(x) \in \boldsymbol{F}_q[x]$ とするとき，$\alpha \in \boldsymbol{F}_{q^n}$ が f の根なら，α^q も f の根となる．

(2) $g(x) \in \boldsymbol{F}_{q^n}[x]$ はモニックな多項式とする．もし g の各根 β に対し β^q もまた g の根となるなら，実は $g(x) \in \boldsymbol{F}_q[x]$ である．

証明 (1) $f(x) = c_0 + c_1 x + \cdots + c_\nu x^\nu, c_j \in \boldsymbol{F}_q$ とする．$q = p^m$ のとき q 乗は p 乗を m 回繰り返したものだから，やはり体の同型であり，また定理 8.3 により係数 c_j を不変にするから，

$$f(\alpha)^q = c_0^q + c_1^q \alpha^q + \cdots + c_\nu^q \alpha^{q\nu} = c_0 + c_1 \alpha^q + \cdots + c_\nu \alpha^{q\nu} = f(\alpha^q)$$

が成り立つ．よって，$f(\alpha) = 0$ なら $f(\alpha^q) = 0$ となる．

(2) $g(x) = \sum_{i=0}^\nu c_j x^j, c_j \in \boldsymbol{F}_{q^n}$ とする．これは $\boldsymbol{F}_{q^n}$ の，従って $\boldsymbol{F}_q$ の適当な拡大体上で

$$g(x) = (x - \beta_1) \cdots (x - \beta_\nu)$$

と 1 次因子に分解される．仮定により $\beta_1^q, \ldots, \beta_\nu^q$ もまた g の根となるが，q 乗は体の同型なので，$\beta_i = \beta_j$ のとき，かつそのときに限り $\beta_i^q = \beta_j^q$ となる．故に，集合として $\beta_1^q, \ldots, \beta_\nu^q$ は $\beta_1, \ldots, \beta_\nu$ と同じものでなければならず，従って

$$g(x) = (x - \beta_1^q) \cdots (x - \beta_\nu^q)$$

となる．ここで，$\beta_1^q + \cdots + \beta_\nu^q = (\beta_1 + \cdots + \beta_\nu)^q$，一般に基本対称式 s_j について $s_j(\beta_1^q, \ldots, \beta_\nu^q) = (s_j(\beta_1, \ldots, \beta_\nu))^q$ が成り立つから，上の式の右辺を展開すれば，根と係数の関係により

$$g(x) = \sum_{i=0}^\nu c_j^q x^j$$

よって g の最初の表現と係数比較して $c_j^q = c_j$ が各 j について得られ，従ってこれらは $\boldsymbol{F}_q$ の元となる． □

系 8.12 $\boldsymbol{F}_{q^n} \supset \boldsymbol{F}_q$ は Galois 拡大であり，Galois 群 $\mathrm{Gal}(\boldsymbol{F}_{q^n}/\boldsymbol{F}_q)$ は同型 $\tau : \alpha \mapsto \alpha^q$ を生成元とする n 次の巡回群となる．

8.2 有限体の有限次拡大

証明 $\tau \in \mathrm{Gal}(\boldsymbol{F}_{q^n}/\boldsymbol{F}_q)$ は既に示したことから明らかである．$\boldsymbol{F}_{q^n} \supset \boldsymbol{F}_q \supset \boldsymbol{F}_p$ は拡大体の列を成し，前節定理 8.10 で示したように $\boldsymbol{F}_{q^n}, \boldsymbol{F}_q$ はいずれも $\boldsymbol{F}_p$ の Galois 拡大である．故に前章の補題 7.3 および系 7.11 により，$\boldsymbol{F}_{q^n} \supset \boldsymbol{F}_q$ も Galois 拡大となる．$\mathrm{Gal}(\boldsymbol{F}_{q^n}/\boldsymbol{F}_p), \mathrm{Gal}(\boldsymbol{F}_q/\boldsymbol{F}_p)$ はそれぞれ Frobenius 写像 σ を生成元とする mn 次，および m 次の巡回群である．$\tau = \sigma^m$ なので，$\tau^i, i = 0, \ldots, n$ はちょうど $\boldsymbol{F}_q$ の元を固定する $\mathrm{Gal}(\boldsymbol{F}_{q^n}/\boldsymbol{F}_p)$ の元の全体と一致する．故に Galois 拡大の中間体と Galois 群の部分群の対応定理 7.14 により，これは $\mathrm{Gal}(\boldsymbol{F}_{q^n}/\boldsymbol{F}_q)$ を与える． □

系 8.13 $q = p^m, f(x)$ を $\boldsymbol{F}_p$ 上の n 次の既約多項式とするとき，次は同値である：

(1) $f(x)$ は $\boldsymbol{F}_q$ で少なくとも一つ根を持つ．
(2) $f(x)$ は $\boldsymbol{F}_q$ で 1 次因子の積に分解される．
(3) $f(x) \mid (x^q - x)$．
(4) $n \mid m$．

証明 (1) $\Longrightarrow$ (2) $\Longrightarrow$ (3) $\Longrightarrow$ (4) は既に前節定理 8.12 の証明とその後の注意で示した通りである．よって (4) $\Longrightarrow$ (1) を言えばよい．これには，$\boldsymbol{F}_{p^n}$ がすべて同型であったことから，$\boldsymbol{F}_q$ に位数 p^n の部分体が少なくとも一つ存在することを言えばよい．

そこで $n \mid m$ とし，$r = m/n$ と置くとき，$\mathrm{Gal}(\boldsymbol{F}_q/\boldsymbol{F}_p)$ の位数 r の部分群で $\tau = \sigma^n$ で生成されるものが存在するが，定理 7.14 により中間体 $\boldsymbol{F}_q \supset M \supset \boldsymbol{F}_p$ で $\mathrm{Gal}(\boldsymbol{F}_q/M)$ がこの部分群に等しいようなものが存在する．巡回群の部分群はすべて正規なので，$M \supset \boldsymbol{F}_p$ は $\mathrm{Gal}(\boldsymbol{F}_q/\boldsymbol{F}_p)/\mathrm{Gal}(\boldsymbol{F}_q/M)$ を Galois 群とする Galois 拡大となるが，この Galois 群は位数 n の巡回群に同型であり，従って M は $\boldsymbol{F}_p$ の n 次拡大となり，$M \cong \boldsymbol{F}_{p^n}$ となる． □

問 8.2 任意の有限体 $\boldsymbol{F}_q$ と，任意の正整数 m について，$\boldsymbol{F}_q$ 上には m 次の既約多項式が存在することを示せ．[ヒント：拡大体 $\boldsymbol{F}_{q^m} \supset \boldsymbol{F}_q$ の存在を用いよ．]

有限体の代数的閉包の存在は既に定理 7.25 で保証されていますが，有限体は位数だけで定まるので，代数的閉包は次のように，一般の体より簡単に作ることができます．

定理 8.14 標数 p の有限体の代数的閉包は

$$\overline{\boldsymbol{F}_p} := \bigcup_{n=1}^{\infty} \boldsymbol{F}_{p^{n!}}$$

で与えられる．ここに，合併は自然に $\boldsymbol{F}_{p^{n!}} \subset \boldsymbol{F}_{p^{(n+1)!}}$ とみなしたものについて取られているものとする．

証明 標数 p の任意の有限体は $\boldsymbol{F}_p$ の代数拡大なので，$\boldsymbol{F}_p$ の代数的閉包を作ればよい．$\boldsymbol{F}_p$ の有限次代数拡大として p の任意の冪を位数に持つ体が得られるので，代数的閉包はそれらをすべて含んだものでなければならない．従ってそれは少なくとも上の $\overline{\boldsymbol{F}_p}$ を含まねばならないことは明らかである．$\overline{\boldsymbol{F}_p}$ が体となることを見よう．$n! \mid (n+1)!$ なので，自然に $\boldsymbol{F}_{p^{n!}} \subset \boldsymbol{F}_{p^{(n+1)!}}$ とみなせるから，上は体の増大列の合併となり，従って体の公理が満たされることは容易に分かる．他方，$n \mid n!$ は明らかだから，$\overline{\boldsymbol{F}_p}$ は任意の有限体を部分体として含むことも明らかである．よって後はこれが代数的閉体であることを見ればよい．$\overline{\boldsymbol{F}_p}$ 上の既約多項式 f の係数は有限個しかないから，それらは集合の合併の定義により，ある $\boldsymbol{F}_{p^{n!}}$ にすべて含まれる．よって，f の分解体がこの有限次拡大として構成できるが，それは明らかに $\overline{\boldsymbol{F}_p}$ に含まれる． □

【有限体の計算と原始元】 以上に論じて来たことから，具体的に有限体 $\boldsymbol{F}_{p^n}$ を使うには，素体 $\boldsymbol{F}_p$ の上に n 次の既約多項式 $f(x)$ を選び，その根 α を用いて

$$c_1 \alpha^{n-1} + c_2 \alpha^{n-2} + \cdots + c_{n-1} \alpha + c_n, \qquad c_j \in \boldsymbol{F}_p$$

の形の元を扱い，体の演算は，これらを α の多項式として計算し $\mathrm{mod}\, f(\alpha)$ を取ればよい，ということが分かります．その際，$f(x)$ は何でもよかったのですが，実用計算を高速にするためには，なるべく 0 でない係数の個数が少ないものを選びます．$x^{p^n-1} - 1$ の完全な素因子分解は n が大きいと重い計算になるので，普通は，$\boldsymbol{F}_p$ 上のモニックな n 次多項式の各係数を 0 から $p-1$ まで順に変えながら，既約なものを探索することでよい $f(x)$ を見出します．

$f(x)$ の選び方で，更にもう一つ気を付けなければならないことがあります．有限体 $\boldsymbol{F}_{p^n}$ の乗法群 $\boldsymbol{F}_{p^n}^\times$ は，系 8.4 で示されたように，常に巡回群となりますが，根 α は $f(x)$ の選び方によって，その生成元，すなわち原始元となったりならなかったりします．$f(x)$ は $x^{q-1} - 1$ の因子ですが，$f(x)$ はさらに $q-1$

のある約数 r について, $x^r - 1$ の因子となっていることがあるからです. 系 8.4 により, 原始元 α は必ず存在するので, 系 2.11 により原始元は $\varphi(p^n - 1)$ 個, 従ってそれを根に持つ既約多項式はちょうど $\dfrac{1}{n}\varphi(p^n - 1)$ 個存在する訳ですが, 運が悪いとそうでないものに当たってしまいます. 根が原始元かどうかは, 実際に冪乗を計算するか, 多項式が $q - 1$ の真の約数 r について $x^r - 1$ の因子となっていないことを確かめるかする以外によい判定法は無いようです.

例 8.1 F_2 の 8 次拡大体 F_{2^8} を作るとき, F_2 上の 8 次既約多項式として

(1) $x^8 + x^4 + x^3 + x + 1$ $\quad (\mid x^{51} - 1)$
(2) $x^8 + x^4 + x^3 + x^2 + 1$
(3) $x^8 + x^5 + x^3 + x + 1$
(4) $x^8 + x^5 + x^3 + x^2 + 1$
(5) $x^8 + x^5 + x^4 + x^3 + 1$ $\quad (\mid x^{17} - 1)$
(6) $x^8 + x^5 + x^4 + x^3 + x^2 + x + 1$ $\quad (\mid x^{85} - 1)$
(7) $x^8 + x^6 + x^3 + x^2 + 1$
(8) $x^8 + x^6 + x^4 + x^3 + x^2 + x + 1$
(9) $x^8 + x^6 + x^5 + x + 1$
(10) $x^8 + x^6 + x^5 + x^2 + 1$
(11) $x^8 + x^6 + x^5 + x^3 + 1$
(12) $x^8 + x^6 + x^5 + x^4 + 1$
(13) $x^8 + x^6 + x^5 + x^4 + x^2 + x + 1$ $\quad (\mid x^{85} - 1)$
(14) $x^8 + x^6 + x^5 + x^4 + x^3 + x + 1$ $\quad (\mid x^{85} - 1)$
(15) $x^8 + x^7 + x^2 + x + 1$
(16) $x^8 + x^7 + x^3 + x + 1$ $\quad (\mid x^{85} - 1)$
(17) $x^8 + x^7 + x^3 + x^2 + 1$
(18) $x^8 + x^7 + x^4 + x^3 + x^2 + x + 1$ $\quad (\mid x^{51} - 1)$
(19) $x^8 + x^7 + x^5 + x + 1$ $\quad (\mid x^{85} - 1)$
(20) $x^8 + x^7 + x^5 + x^3 + 1$
(21) $x^8 + x^7 + x^5 + x^4 + 1$ $\quad (\mid x^{51} - 1)$
(22) $x^8 + x^7 + x^5 + x^4 + x^3 + x^2 + 1$ $\quad (\mid x^{85} - 1)$
(23) $x^8 + x^7 + x^6 + x + 1$
(24) $x^8 + x^7 + x^6 + x^3 + x^2 + x + 1$
(25) $x^8 + x^7 + x^6 + x^4 + x^2 + x + 1$ $\quad (\mid x^{17} - 1)$
(26) $x^8 + x^7 + x^6 + x^4 + x^3 + x^2 + 1$ $\quad (\mid x^{85} - 1)$
(27) $x^8 + x^7 + x^6 + x^5 + x^2 + x + 1$
(28) $x^8 + x^7 + x^6 + x^5 + x^4 + x + 1$ $\quad (\mid x^{51} - 1)$
(29) $x^8 + x^7 + x^6 + x^5 + x^4 + x^2 + 1$
(30) $x^8 + x^7 + x^6 + x^5 + x^4 + x^3 + 1$ $\quad (\mid x^{85} - 1)$

がありますが, このうち右側に示したように, より低い次数の多項式の因子と

なっているものは根が原始元となりません．原始元を与える多項式は意外に少なく，特に，最初に見付かったものではだめなこともあるのです．

🐇 同じ巡回群と言っても，$F_{p^n}^{\times}$ と，第 4 章 4.4 節で取り上げた $Z_{p^n}^{*}$ とでは，その位数も構造も全く異なることに十分注意しましょう．

問 **8.3** 有限体 F_2 上の多項式 $x^{15} - 1$ の素因子分解を既知として (付録の Pari/GP による実行例参照)，有限体 F_{2^4} の原始元 α を一つ求め，この体の演算表を作れ．

── ティータイム **有限体のプログラミング** ──

現代情報社会では，暗号や符号でコンピュータによる有限体の計算が日常的に行われています．有限素体 F_p は整数計算を $\bmod p$ で行うだけなので，p が普通の大きさなら，プログラミングをちょっとでもやった人はすぐに実装できるでしょう．拡大体 F_{p^m} は基本的に，体 F_p 上の多項式の計算なので，多項式の計算をプログラムする方法さえ知っていれば，実装できます．コンピュータで多項式を扱うときは，出力結果は人間に分かりやすいように，変数 x も込めて多項式を表す文字列として表現するにしても，コンピュータの内部では，単に，係数を並べたベクトルとして扱えばよいのです．F_{p^m} の元の計算では，F_p 上の既約多項式 $f(x)$ を一つ決めて，二つの多項式の計算結果を $\bmod f(x)$ することで四則演算が実装できます．その際，除算の計算には，前に述べたように拡張 Euclid 互除法が必須です．コンピュータの世界では，素体として F_2 が重要なのはもちろんですが，拡大体も，F_{2^8} がよく使われます．この体の元は，8 桁の二進数で表現され，情報量としては 0 〜 255，すなわち，いわゆる 1 バイトですが，F_{2^8} の意味の計算はこの範囲のサイズの整数の計算とはずいぶん異なるものであることに注意しましょう．この体の計算は次世代標準暗号 AES の基礎を成し，そこではなぜか例 8.1 の (1) が標準で使われていますが，このくらいのサイズの体の計算だと，記憶しておいた演算表を引くという"手荒い"方法も有効です．

8.2 有限体の有限次拡大

この節の最後に，やや高級ですが応用上よく使われる定理の紹介をしておきます．そのため，まず，$\alpha \in \boldsymbol{F}_q$ に対し次の二つの関数を定義します．

$$\operatorname{norm}_m(\alpha) = \prod_{i=0}^{m-1} \sigma^i(\alpha) = \prod_{i=0}^{m-1} \alpha^{p^i}, \qquad \operatorname{tr}_m(\alpha) = \sum_{i=0}^{m-1} \sigma^i(\alpha) = \sum_{i=0}^{m-1} \alpha^{p^i}$$

これらはそれぞれ α のノルム，トレースと呼ばれる重要な量で，一般の Galois 拡大においても，σ^i のところを Galois 群のすべての元に換えて同様に定義されます．これらの値は σ により不変になるので，基礎体 $\boldsymbol{F}_p$ に属すことに注意しましょう．さらに，定義式から明らかに，ノルムの方は $\boldsymbol{F}_q^\times$ から $\boldsymbol{F}_p^\times$ への乗法群の準同型，トレースは $\boldsymbol{F}_q$ から $\boldsymbol{F}_p$ への加法群の準同型となっています．

次の定理は，ある形の方程式の可解性の判定条件を与えるものです．この奇妙な名前は，Hilbert が Minkowski と協力して，当時 (19 世紀末までに) 知られていた整数論の結果の集大成を行ったとき，Hilbert の方が作成したテクストに振った定理の番号がそのまま用いられているものです．

定理 8.15 (Hilbert の定理 90) $\alpha \in \boldsymbol{F}_q, q = p^m$ について次が成り立つ：
(1) $\operatorname{norm}_m(\alpha) = 1 \iff \exists \beta \in \boldsymbol{F}_q \text{ s.t. } \alpha = \dfrac{\beta}{\beta^p}$
(2) $\operatorname{tr}_m(\alpha) = 0 \iff \exists \beta \in \boldsymbol{F}_q \text{ s.t. } \alpha = \beta - \beta^p$

証明 (1) $\alpha = \beta/\beta^p$ なら，$\operatorname{norm}(\beta) \in \boldsymbol{F}_p^\times$ より

$$\operatorname{norm}_m(\alpha) = \operatorname{norm}(\beta)/\operatorname{norm}(\beta)^p = \operatorname{norm}(\beta)/\operatorname{norm}(\beta) = 1.$$

逆を示すため，θ を $\boldsymbol{F}_q$ の原始元とする．$i = 0, 1, \ldots, m-1$ に対し，

$$R(\alpha, \theta^i) := \theta^i + \alpha \theta^{ip} + \alpha^{1+p} \theta^{ip^2} + \cdots + \alpha^{1+p+\cdots+p^{m-2}} \theta^{ip^{m-1}}$$

と置き，これを Lagrange-Hilbert のレゾルベントと呼ぶ．この式の右辺を $1, \alpha, \alpha^{1+p}, \ldots, \alpha^{1+p+\cdots+p^{m-2}}$ に関する 1 次式と見ると，その係数行列は $\theta, \theta^p, \ldots, \theta^{p^{m-1}}$ の Vandermonde 行列

$$\begin{pmatrix} 1 & 1 & \cdots & 1 \\ \theta & \theta^p & \cdots & \theta^{p^{m-1}} \\ \vdots & \vdots & & \vdots \\ \theta^{m-1} & \theta^{(m-1)p} & \cdots & \theta^{(m-1)p^{m-1}} \end{pmatrix}$$

になるので，ある $R(\alpha, \theta^i)$ は 0 でない．このとき $\gamma = \theta^i$ と置けば

$$\beta := \gamma + \alpha\gamma^p + \alpha^{1+p}\gamma^{p^2} + \cdots + \alpha^{1+p+\cdots+p^{m-2}}\gamma^{p^{m-1}} \neq 0$$

となり，

$$\alpha\beta^p = \alpha\gamma^p + \alpha^{1+p}\gamma^{p^2} + \alpha^{1+p+p^2}\gamma^{p^3} + \cdots + \alpha^{1+p+\cdots+p^{m-1}}\gamma^{p^m}$$

で，最後の項は $\gamma^q = \gamma$ と，仮定 $\mathrm{norm}_m(\alpha) = 1$ とから γ に帰着し，従って右辺は β に等しい．故に $\alpha = \beta/\beta^p$ となる．

(2) $\alpha = \beta - \beta^p$ なら，p 乗が体の同型を与えることと $\mathrm{tr}_m(\beta) \in \boldsymbol{F}_p$ とから，同様に

$$\mathrm{tr}_m(\alpha) = \mathrm{tr}_m(\beta) - \mathrm{tr}_m(\beta^p) = \mathrm{tr}_m(\beta) - \mathrm{tr}_m(\beta)^p = \mathrm{tr}_m(\beta) - \mathrm{tr}_m(\beta) = 0$$

逆に，

$$\mathrm{tr}_m(\theta^i) = \theta^i + \theta^{ip} + \cdots + \theta^{ip^{m-1}}, \qquad i = 0, 1, \ldots, m-1$$

を $1, 1, \ldots, 1$ の 1 次式と見ると，係数行列は上と同じ Vandermonde 型なので，どれかの $\mathrm{tr}_m(\theta^i)$ は 0 でない．このとき $\gamma = \theta^i$ と置き，

$$\beta := \frac{1}{\mathrm{tr}_m(\gamma)}\{\alpha\gamma^p + (\alpha + \alpha^p)\gamma^{p^2} + \cdots + (\alpha + \alpha^p + \cdots + \alpha^{p^{m-2}})\gamma^{p^{m-1}}\}$$

を考えれば，同じく $\mathrm{tr}_m(\gamma)^p = \mathrm{tr}_m(\gamma)$ と p 乗が体の同型であることから

$$\begin{aligned}
&\beta - \beta^p \\
&= \frac{1}{\mathrm{tr}_m(\gamma)}\{\alpha\gamma^p + (\alpha + \alpha^p)\gamma^{p^2} + \cdots + (\alpha + \alpha^p + \cdots + \alpha^{p^{m-2}})\gamma^{p^{m-1}}\} \\
&\quad - \frac{1}{\mathrm{tr}_m(\gamma)}\{\alpha^p\gamma^{p^2} + (\alpha^p + \alpha^{p^2})\gamma^{p^3} + \cdots + (\alpha^p + \alpha^{p^2} + \cdots + \alpha^{p^{m-1}})\gamma^{p^m}\}
\end{aligned}$$

ここで $\gamma^{p^m} = \gamma$, また仮定により $\mathrm{tr}_m(\alpha) = 0$ だから，$\alpha^p + \alpha^{p^2} + \cdots + \alpha^{p^{m-1}} = -\alpha$ となる．よって右辺第 2 項の括弧内の最後の項は $-\alpha\gamma$ となり，従って打ち消し合うものを消去した後では

$$\beta - \beta^p = \frac{\alpha}{\mathrm{tr}_m(\gamma)}\{\gamma^p + \gamma^{p^2} + \cdots + \gamma^{p^{m-1}} + \gamma\} = \frac{\alpha}{\mathrm{tr}_m(\gamma)}\mathrm{tr}_m(\gamma) = \alpha$$

となり，β は求める元であることが分かった． □

付録

代数計算のフリーソフトウエア

　今や，純粋数学といえども，計算機ソフトの助けを借りるのは当り前の時代になりました．講義の補助としても有効ですし，本書執筆に際しても，いくつかのソフトを使いました．ここでは，本書の内容に密接に関連し，かつ入手が容易なフリーソフトに限って，主なものを紹介します．いずれもプロの研究者も使っている，本格的なものです．この他，汎用数式処理ソフト maxima なども利用可能です．なお，以下の説明では計算機に不慣れな人には初めての言葉が出てくるでしょうが，主な用語は後の♋で一通り解説しました．より詳しい記事を本書のサポートページに掲げる予定です．

【GAP】 (Groups, Algorithms and Programming) 有限群論と離散数学の計算ソフト．有限群の構造などを計算できます．本稿執筆時点でのバージョンは 4r4p6 です．http://www.gap-system.org/ からソースまたはバイナリがダウンロードできます．GPL に従うフリーソフトです．コマンドを打ち込む窓から gap.sh と入力するか，xgap のアイコンをマウスでクリックするかして立ち上げます．
指令の例：プロンプト (入力促進記号) gap> の次が打ち込んだコマンドで，次の行が GAP の応答です．

```
gap> g:=Group((1,2,3,4),(1,2));        この二つで生成される置換群
Group([ (1,2,3,4), (1,2) ])
gap> Order(g);
24                                      これから g = S_4 が分かる
gap> Elements(g);
[ (),(3,4),(2,3),(2,3,4),(2,4,3),(2,4),(1,2),(1,2)(3,4),(1,2,3),
  (1,2,3,4),(1,2,4,3),(1,2,4),(1,3,2),(1,3,4,2),(1,3),(1,3,4),
  (1,3)(2,4),(1,3,2,4),(1,4,3,2),(1,4,2),(1,4,3),(1,4),(1,4,2,3),
  (1,4)(2,3) ]
gap> h:=Group((1,2,3),(2,3,4));;Order(h);
12
gap> IsNormal(g,h);                    正規部分群か？
true
gap> k:=ConjugateGroup(h,(2,3));       共役 (2,3)h(2,3)^{-1}
Group([ (1,3,2), (2,4,3) ])
gap> h=k;                              h = k かどうか？
true
gap> quit;
```

【PARI/GP】 名前の起源は Pascal ARIthmetic だそうですが，C で書かれた整数論の計算用ソフトです．本稿執筆時点での安定版バージョンは 2.1.7, 開発版は 2.2.10 です．http://pari.math.u-bordeaux.fr/ からソース・バイナリがダウンロードできます．GPL に従うフリーソフトで，ソースの一部を自分のプログラムに取り込むことも可能です．対話型の実行プログラムは，コマンドラインから gp で起動します．
指令の例：プロンプト？の次が打ち込んだコマンドで，次の行が応答です．

```
? poldisc(x^3+q*x+r)                              判別式
-4*q^3 - 27*r^2
? polresultant(x^2+2*x*y+2*y^2-4*x-2,x^2+y^2-2*y-3,x)       終結式
5*y^4 - 20*y^3 + 42*y^2 + 20*y - 47
? polgalois(x^3+x+1)                              多項式の最小分解体の Galois 群
[6,-1,1]                                          マニュアルの一覧表によれば $S_3$ を表す．
? factormod(x^15-1,2)                             多項式の mod 2 での素因数分解
[Mod(1,2)*x+Mod(1,2),1; Mod(1,2)*x^2+Mod(1,2)*x+Mod(1,2),1; Mod(1,2)
*x^4+Mod(1,2)*x+Mod(1,2),1; Mod(1,2)*x^4+Mod(1,2)*x^3+Mod(1,2),1;
Mod(1,2)*x^4+Mod(1,2)*x^3+Mod(1,2)*x^2+Mod(1,2)*x+Mod(1,2),1]
? quit;
```

【KANT/KASH】 KANT は Computational Algebraic Number Theory を哲学者の名前にかけた洒落です．KASH はユーザーインターフェースの名前で，Kant Shell の略．整数論の計算用ソフト．対話形式の電卓的な利用が主ですが，プログラミングも可能です．バイナリのみの公開で，独自ライセンスに従っています．http://www.math.tu-berlin.de/~kant/ からダウンロードできます．
指令の例：プロンプト kash> の次が打ち込んだコマンドで，次の行が応答です．

```
kash> Galois(x^3+x+1,"complex");                  Galois 群
"S3"
kash> Galois(x^4+2*x^2+3,"complex");              同
"D(4)"
```

【Risa/Asir】 多変数多項式環のイデアルの計算が主で，本書よりは高級なテーマが対象ですが，多項式計算用の電卓としても便利で，本書の代数計算もほとんどこれでチェックしました．非可換環の計算ソフト KAN と組み合わされ，OpenXM という名前で http://www.math.kobe-u.ac.jp/OpenXM/index.html の中からソースまたはバイナリがダウンロードできます．Risa/Asir のコア部分の著作権は富士通が所有しており，ライセンス形態は部品により異なります．詳細は上記サイトを参照．
指令の例：プロンプト [番号] の次が打ち込んだコマンドで，次の行が応答です．

```
[92] fctr(5*y^4-20*y^3+42*y^2+20*y-47);           因数分解
[[1,1],[y+1,1],[5*y^2-20*y+47,1],[y-1,1]]         二つ目の数字は重複度
[93] sdiv(x^3+2*x^2*y+x-5,x^2+x*y-y^2,x);         多項式除算の商
x+y
[94] srem(x^3+2*x^2*y+x-5,x^2+x*y-y^2,x);         同・剰余
x+y^3-5;
```

付　録　代数計算のフリーソフトウエア

```
[95] coef((1+x)^100,50,x);          $(1+x)^{100}$ の展開における $x^{50}$ の係数
100891344545564193334812497256
[96] gr([x^2+2*x*y+2*y^2-4*x-2,x^2+y^2-2*y-3],[x,y],2); Gröbner 基底
                                    の計算 (連立方程式を解くのに使える)
[5*y^4-20*y^3+42*y^2+20*y-47,-18*x+5*y^3-10*y^2+13*y+28]
```

🐍 [1] インターネットにフリーソフトとして公開されているものは，自分のコンピュータの OS (WindowsXP[TM] とか Linux[TM] とか) にあわせて作られたバイナリ版と呼ばれる実行可能ファイルを取って来てインストールすればすぐ使えるものと，ソースパッケージを取って来てメイクという作業を行い実行可能ファイルを自分で作るもの，の2種に大きく分けられます．前者の場合も，圧縮されていたり，独自インストーラが組み込まれていたりすることが有るので，持って来て置くだけではなく，何か作業をしなければならないことが多いのです．

[2] 一般にソフトは購入した場合も，インターネットからダウンロードした場合も，著作権者が定めたライセンス契約に従った使い方をしなければなりません．フリーソフトはただで使えますが，そのライセンス形態にはいろんな種類があります．GPL はフリーソフトの代表的ライセンスの一形態で，利用者にソースの公開を義務付けている点が最大の特徴です．普通に使う場合は気にする必要はありませんが，GPL ライセンスのパッケージを利用したプログラムを公開・配布しようという人は，次を熟読してください：http://www.fsf.org/licensing/licenses/gpl.html

[3] 一般的なソースファイルからのインストール手順は次のようになります．これらを実行するには，Linux などの PC Unix 環境か，WindowsXP 上でそれをエミュレート (模擬) する Cygwin のような開発環境が必要です．

(1) ソースパッケージをダウンロードしてくる．これは hoge.X.tar.gz または hoge.X.tar.bz2 などの形式の名前が付いており，ここで hoge はパッケージの名前，X はバージョン番号，すなわち，過去に改良を重ねて来た履歴を識別するための数字や記号の列です．

(2) それを適当な場所で展開する．コマンドが打ち込める窓を開き，そこで

    tar zxvf hoge.X.tar.gz または tar jxvf hoge.X.tar.bz2

を実行する．一般にソースパッケージは，多くのファイルをアーカイヴ (一つにまとめること)，圧縮して一つの巨大なファイルになっています．上で tar コマンドのオプション中の x を t に変えると，展開せずに内容が確認できます．

(3) できたディレクトリ (hoge.X など) の中に移動し，

```
./configure
make
make install
```

を実行する．自分の機械でない，共用の機械にインストールする場合は，その機械の管理者にやってもらうのが一番ですが，それができないときは，上の過程で --prefix=/home/mizuka のように，自分のディレクトリの中へのインストールを指示するオプションを追加する必要があるのが普通です．ただし，学生が大学の共用の機械でやろうという場合は，計算機資源の無駄使いにならないよう，代表で一人がインストールし，他の人はそれを使うようにするのがよいでしょう．

問 の 解 答

第1章

問 1.1 S_3 において $p = (1,2,3)$, $q = (1,2)$ と置くとき, $p^{-1} = (1,3,2)$ を用いて $x = p^{-1}q = (1,3,2)(1,2) = (2,3)$, $y = qp^{-1} = (1,2)(1,3,2) = (1,3)$. 積の順序を間違えないように.

問 1.2 (1) $\overline{N}$ は逆元が必ずしも存在しないのでだめ, その他は群になる. (2) すべてだめ. 0 に対して逆元が存在しない. (3) $\overline{N}, Z$ は逆元が必ずしも存在しないのでだめ, Q, R, C は 0 を除くと乗法群になる. (4) これは要するに $6Z$ で, 例 1.5 (2) の特別な場合なので, 群になる. (5) 群になる. (6) 群になる. (7) $r = 1$ のときは群になる. それ以外は積がこの集合から飛び出すのでだめ. (8) 群になる. (9) 群になる. (10) $\theta_1, \ldots, \theta_n$ が $\{2k\pi/n \mid k = 0,1,\ldots,n-1\}$ と同じ集合のとき積が定義でき群になる. それ以外はだめ.

問 1.3 群の公理を順に確かめればよい. 単位元は 0. その他は略す. ちなみにこれは第4章で学ぶ商群 R/Z と同じものである.

問 1.4 $A \setminus B = A \cap \mathsf{C}B$, および $A \ominus B = (A \cap \mathsf{C}B) \cup (B \cap \mathsf{C}A)$ に注意し, de Morgan の法則を用いて結合法則を確かめる.

$$(A \ominus B) \ominus C = [\{(A \cap \mathsf{C}B) \cup (B \cap \mathsf{C}A)\} \cap \mathsf{C}C] \cup [C \cap \mathsf{C}\{(A \cap \mathsf{C}B) \cup (B \cap \mathsf{C}A)\}]$$
$$= \{(A \cap \mathsf{C}B \cap \mathsf{C}C) \cup (B \cap \mathsf{C}A \cap \mathsf{C}C) \cup [C \cap \{\mathsf{C}A \cup B\} \cap (\mathsf{C}B \cup A)]\}$$
$$= \{(A \cap \mathsf{C}B \cap \mathsf{C}C) \cup (B \cap \mathsf{C}C \cap \mathsf{C}A) \cup \{(C \cap \mathsf{C}A \cap \mathsf{C}B) \cup (C \cap B \cap A)\}$$
$$= (A \cap B \cap C) \cup (A \cap \mathsf{C}B \cap \mathsf{C}C) \cup (B \cap \mathsf{C}C \cap \mathsf{C}A) \cup (C \cap \mathsf{C}A \cap \mathsf{C}B)$$

最後の表現は明らかに A, B, C について対称である. 容易に分かるように $A \ominus B$ は可換なので, 以上より $(A \ominus B) \ominus C = (B \ominus C) \ominus A = A \ominus (B \ominus C)$. 単位元は空集合でよい. 実際, $A \ominus \emptyset = A \setminus \emptyset \cup \emptyset \setminus A = A \cup \emptyset = A$. A の逆元は A 自身でよい. 実際, $A \ominus A = (A \setminus A) \cup (A \setminus A) = \emptyset \cup \emptyset = \emptyset$.

問 1.5 (1) 逆元を持たないものがあるからだめ. (2) これも一対一でも全射とは限らず, 逆写像があるとは限らないからだめ. ちなみに, 一対一だが全射ではない写像の例としては, 右シフト $S: x \mapsto x+1$ が有る. (3) 全射でも一対一とは限らず, 逆写像があるとは限らないからだめ. ちなみに, 全射だが一対一ではない写像の例としては, 左シフト $S: x \mapsto x-1$ (ただし $1 \mapsto 1$ とする) が有る. (4) 写像 $N \ni x \mapsto x+n \in N$ を T_n で表せば, 容易に分かるように T_0 が単位元, T_{-n} が T_n の逆元の候補であるが, これらは $T_n, n > 0$ に含まれていないので, 群ではない. (5) 群になる. 結局偶数の全体に作用する一対一全射な写像の全体が成す群と同じものになる. (6) 群になる. 奇数の全体に作用する一対一全射な写像の全体が成す群と, 偶数の全体に作用する一対一全射な写像の全体が成す群の直積 (第3章定義 3.2 参照) となる. (7) 単位元である恒等写像が入らないのでだめ.

問 1.6 (1) 群になる. (2) 対称行列でも正則でないものが有るので, 逆元を持つとは

限らず，だめ．(3) 群になる．(4) 歪対称行列でも逆元を持つとは限らないのでだめ．
(5) 行列のトレースは加法的なので群になる．(6) だめ．行列のトレースは乗法的では
ないので積が集合から飛び出すことがある．例えば $\begin{pmatrix} 1 & 0 \\ 0 & -1 \end{pmatrix}^2 = \begin{pmatrix} 1 & 0 \\ 0 & 1 \end{pmatrix}$．(7) 群
になる．(8) だめ．対角型行列でも正則とは限らないので逆元の存在が保証できない．
(9) 群になる．(10) 上三角型行列でも正則とは限らないので逆元を持つとは限らず，だ
め．(11) 和の行列式の値は r 以外の値に (0 にさえ) 成り得るのでだめ．(12) 積の行
列式は r^2 になるので，$r = 1$ のときに限って群になる．(13) 単位元の存在や結合律は
行列のレベルで満たされている．$\begin{pmatrix} x & y \\ \lambda y & x \end{pmatrix} \begin{pmatrix} a & b \\ \lambda b & a \end{pmatrix} = \begin{pmatrix} xa + \lambda yb & xb + ya \\ \lambda(xb + ya) & xa + \lambda yb \end{pmatrix}$
より積は同じ形となるので OK．逆元は少々ややこしいが，$\begin{pmatrix} \frac{x}{x^2 - \lambda y^2} & \frac{-y}{x^2 - \lambda y^2} \\ \frac{-\lambda y}{x^2 - \lambda y^2} & \frac{x}{x^2 - \lambda y^2} \end{pmatrix}$ と
なる．従って，零行列でないものに常に逆元が存在するためには $\lambda < 0$ でなければな
らない．答：$\lambda < 0$ のとき群となり，$\lambda \geq 0$ のときは群とならない．前者は $x + y\sqrt{\lambda}$
の形の 0 でない複素数の全体が成す乗法群と同型である．

問 1.7 (1) 二つの奇数の和は奇数にならず，演算が定義されないのでだめ．(2) $8\boldsymbol{Z}$
は環であり，零因子は無いが乗法の単位元は持たない．(3) これは $\boldsymbol{Z}_8$ に等しく，従っ
て環であり，零因子を含む (例：$2 \times 4 = 0$) が乗法の単位元 $1 \bmod 8$ を持つ．(4) 非負
の有理数の全体は加法の逆元が負の数と成り得るので環ではない．(5) 環となる．(結
合法則や分配法則は実数の演算として成り立っている．) 零因子は持たず，単位元は
$1 = 1 + 0\sqrt{2}$ である．(6) $\{a + b\sqrt{2} + c\sqrt{3} \mid a, b, c \in \boldsymbol{Z}\}$ は $\sqrt{2}$ と $\sqrt{3}$ の積 $\sqrt{6}$ を
含んでいないので環ではない．(7) 環となる．零因子を持たず，乗法の単位元 1 を持
つ．(8) $\{a + b\sqrt[3]{2} \mid a, b \in \boldsymbol{Z}\}$ は $\sqrt[3]{2}^2 = \sqrt[3]{4}$ を含まないので環ではない．(9) 環と
なる．零因子を持たず，乗法の単位元 1 を持つ．(10) 例えば $\frac{1}{2} \in \frac{1}{2}\boldsymbol{Z}$ だが，これの 2
乗は $\frac{1}{4} \notin \frac{1}{2}\boldsymbol{Z}$ なので，環にはならない．(11) 既約分数で表したとき，分母が 6 の約
数となるような有理数の全体は，和は再び同じ形となるが，積はそうならない．例えば，
$\frac{1}{6} \times \frac{1}{6} = \frac{1}{36}$ はもはやこの集合に含まれない．よって環にならない．(12) 環になる．
実際，積が再び同じ形となることは自明であり，和についても 2 冪の範囲で通分して
分子を足し算でき，やはり同じ形になる．零因子は持たず，乗法の単位元 1 を持つ．

問 1.8 和や差が再び同じ形となることは明らかだから，積を調べればよい．それも
$\left(\frac{1+\sqrt{D}}{2}\right)^2$ が再びこの形となることを見れば十分である．$\left(\frac{1+\sqrt{D}}{2}\right)^2 = \frac{1+D+2\sqrt{D}}{4} = \frac{D-1}{4} + \frac{1+\sqrt{D}}{2}$ だから，$D - 1$ が 4 の倍数となっていることが必要かつ十分である．結
合法則や分配法則は複素数の演算として満たされているので，この条件が満たされる
とき環になる．ちなみに $D = -3$ は最も有名な例．

問 1.9 (1) 整数を要素とする 2 次正方行列の全体は環 $M(2, \boldsymbol{Z})$ である．零因子は存
在する．乗法の単位元は単位行列．(2) 二つの実対称行列の和は再び対称行列となるが，
積は必ずしも対称とならない．例えば，$\begin{pmatrix} 1 & 1 \\ 1 & 3 \end{pmatrix} \begin{pmatrix} 2 & 3 \\ 3 & 1 \end{pmatrix} = \begin{pmatrix} 5 & 4 \\ 11 & 6 \end{pmatrix}$．よって環になら
ない．(3) 実直交行列の全体は積では保たれるが和で保たれない (正則でさえなくなる

ことがある) ので環にならない．(4) $GL(2, \boldsymbol{R})$ の二つの元 (すなわち正則行列) の和は必ずしも正則ではないので，環にならない．(5) 上三角型行列の全体は和，差，積で再び上三角型となるので環になる．(結合法則や分配法則は $M(2, \boldsymbol{R})$ の元として満たしている．) 単位元は単位行列 (対角行列も上三角型の一部である)．零因子の例は次の問と共通でよい．(6) 実対角型行列の全体はもちろん環になる．零因子は存在する．例えば $\begin{pmatrix} 1 & 0 \\ 0 & 0 \end{pmatrix} \begin{pmatrix} 0 & 0 \\ 0 & 1 \end{pmatrix} = \begin{pmatrix} 0 & 0 \\ 0 & 0 \end{pmatrix}$．単位元は単位行列．なお，この環は環の直和 $\boldsymbol{R} \oplus \boldsymbol{R}$ と同型である．(7) $\begin{pmatrix} x & y \\ 3y & x \end{pmatrix}$, $x, y \in \boldsymbol{Z}$ の形の 2 次行列の全体は和や差では閉じていることが明らかである．積についても $\begin{pmatrix} x & y \\ 3y & x \end{pmatrix} \begin{pmatrix} a & b \\ 3b & a \end{pmatrix} = \begin{pmatrix} ax + 3by & bx + ay \\ 3(bx + ay) & ax + 3by \end{pmatrix}$ となり，再び同じ形になるので，これは環を成す．零因子は存在しない．実際，上の積の結果が零行列になったとすると，$ax + 3by = 0, bx + ay = 0$．従って $(a^2 - 3b^2)y = 0$．ここで $a, b \in \boldsymbol{Z}$ だと $a^2 - 3b^2 = 0$ となるのは $a = b = 0$ のときに限るので，これから $y = 0$．従って $x = 0$ か，そうでなければ $a = b = 0$ となる．単位行列は上の形のものに含まれるので単位元は存在する．

問 1.10 命題 1.4 (1) の $(-1)a = -a$ に $a = -1$ を代入すると，左辺は $(-1)^2$，また右辺は再び命題 1.4 (1) より $-(-1) = 1$ となる．直接証明すれば，$(-1) + 1 = 0$ の両辺に (-1) を掛け，左辺に分配律を使うと，$(-1)^2 + (-1) = 0 \cdot (-1) = 0 = 1 + (-1)$．よって両辺から (-1) をキャンセルして $(-1)^2 = 1$.

問 1.11 Boole 代数では，例えば $x + x = x = x + 0$ が常に成り立つが，両辺から x をキャンセルした式 $x = 0$ は成り立つとは限らない．有限 Boole 代数は基本的に同じものなので，有限集合で $B, C \subset A$，かつ $B \neq C$ なるものについて $A \cup B = A \cup C$ を反例としてもよいだろう．[$a + b = a + c$ から $b = c$ が成り立つとは限らないとだけ答える人がいるが，反例をあげる場合はなるべく具体的な例にしよう．なお，これらの例では，等号の両辺から共通項をキャンセルできない理由はキャンセルしたい共通項に加法の逆元が存在しないためで，結合法則自身は Boole 代数でも成立している．]

問 1.12 群 G から任意の 2 元 x, y を取るとき，仮定により $e = (xy)^2 = xyxy$．この両辺に左から x を，右から y を掛けると $xy = x^2yxy^2 = eyxe = yx$．よって G は可換群．

問 1.13 x, y が可換なら $(xy)^2 = xyxy = x^2y^2$ は明らか．逆に $(xy)^2 = x^2y^2$ が成り立っていれば，$xyxy = x^2y^2$ より左から x^{-1} を，右から y^{-1} を掛けて $yx = xy$.

問 1.14 (0) n に関する帰納法で容易に示せる．
(∗) 以降の証明のために，まず数学的帰納法を用いて $n \geq 0$ に対し特殊な場合の可換性 $g^n \circ g = g \circ g^n$ を証明しておく．$n = 0$ のときは自明．$n = k$ に対して成り立つと仮定すれば，$n = k + 1$ のとき $g^{k+1} \circ g = (g^k \circ g) \circ g = (g \circ g^k) \circ g = g \circ (g^k \circ g) = g \circ g^{k+1}$．よって証明された．
(1) $n = 0$ のときは $e^{-1} = e$ より自明．$n = k$ のとき $(g^k)^{-1} = g^{-k} := (g^{-1})^k$ が成り立つとする．$n = k + 1$ のとき，$(g^{k+1})^{-1} = (g^{-1})^{k+1}$ を示すには，$g^{k+1} \circ (g^{-1})^{k+1} = (g^{-1})^{k+1} \circ g^{k+1} = e$ を示せばよい．正の冪乗の定義と最初に示した (∗) より $g^{k+1} = g^k \circ g = g \circ g^k$．また $(g^{-1})^{k+1} = (g^{-1})^k \circ g^{-1}$ で，帰納法の仮定

よりこれは $= (g^k)^{-1} \circ g^{-1}$ となるので、確かに上が成り立つ。 $[(a \circ b)^{-1} = b^{-1} \circ a^{-1}$ は命題 1.3 の (1) あるいは命題 1.4 の (2) により保証される。それでも (∗) を最初に示しておくことが必要になる。]

(2) $m, n \geq 0$ のとき、m は固定して n に関する単純帰納法による。$n = 0$ のときは自明。$n = k$ まで成り立つとすると、$n = k+1$ のとき $g^m \circ g^{k+1} = g^m \circ (g^k \circ g) = (g^m \circ g^k) \circ g = g^{m+k} \circ g = g^{m+k+1}$。ここで最後の等式は正の冪乗の帰納的定義による。またその一つ前は帰納法の仮定。以上でこの場合は $g^m \circ g^n = g^{m+n}$ が示された。$m + n = n + m$ なので、$g^m \circ g^n = g^n \circ g^m$ も同時に示された。[この段階で、m, n が非負の場合は g のみならず任意の元について同じ等式が証明できたことに注意せよ。]

次に $m \geq 0$ で $n = -k$ が負のときは、$m \geq k$ なら、既に示したところを用いて $g^m \circ g^{-k} = (g^{m-k} \circ g^k) \circ g^{-k} = g^{m-k} \circ (g^k \circ g^{-k}) = g^{m-k} \circ e = g^{m-k}$。$m < k$ のときは、同様に $g^{-k} = (g^{-1})^k = (g^{-1})^m \circ (g^{-1})^{k-m} = (g^m)^{-1} \circ g^{m-k}$ と変形しておき、左から g^m を掛ければ証明できる。[ここでは g^{-1} に対し $m, n \geq 0$ の場合に確立された等式を利用した。] $m < 0, n \geq 0$ のときも同様である。

最後に $m, n < 0$ のときは、(1) より $g^m = (g^{-1})^{-m}$ 等が成り立つので、g^{-1} を g と思えば、既に証明されたすべての指数が正の場合の指数法則を用いて $g^{m+n} = (g^{-1})^{-m-n} = (g^{-1})^{-m} \circ (g^{-1})^{-n} = g^m \circ g^n$ が言える。

以上で指数法則が一般の場合に証明された。一般の場合の可換性も指数法則からすぐに分かる。[m が負のときに $g^m \circ g = g^{m+1}$ を断わり無しに用いてはいけない。これは冪乗の定義には含まれていないことに注意せよ。]

(3) まず $n \geq 0$ のとき、n に関する帰納法で示す。$n = 0$ のときは自明。$n = k$ で成り立つとすると、$n = k+1$ のとき、g^m に冪乗の帰納的定義を適用して、$(g^m)^{k+1} = (g^m)^k \circ g^m$。ここで帰納法の仮定と、既に証明された指数法則により $= g^{mk} \circ g^m = g^{mk+m} = g^{m(k+1)}$。

次に、$n = -k < 0$ のときは、(1) を用いて $(g^m)^n = (g^m)^{-k} = ((g^m)^k)^{-1} = (g^{mk})^{-1} = g^{-mk} = g^{mn}$。[これも二重帰納法を使う必要はない。ただし、冪乗の定義や既に証明した公式が、一つの固定した g だけでなく一般の元について (逆元を含むものについては、それが存在する限り) 成立することに注意するのが肝要。]

問 1.15 $n = 3$ のときは結合法則そのものである。$n - 1$ 個まで成り立つとし、n 個の積の 2 種類の括弧の付け方を比較する。一番最後に行われる演算 ∘ が、それぞれ a_i および a_j の次に書かれており $i < j$ としても一般性を失わない。帰納法の仮定により、∘ の左側、および右側はどのように括弧を入れて計算しても結果が変わらないので、結局 $(a_1 \circ \cdots \circ a_i) \circ ((a_{i+1} \circ \cdots \circ a_j) \circ (a_{j+1} \circ \cdots \circ a_n))$ と $((a_1 \circ \cdots \circ a_i) \circ (a_{i+1} \circ \cdots \circ a_j)) \circ (a_{j+1} \circ \cdots \circ a_n)$ を比較することに帰着するが、この二つは結合法則により等しい。

問 1.16 (1) 正しい。$x, y \in H_1 \cap H_2$ なら、$x, y \in H_1$ より $xy \in H_1$、$x, y \in H_2$ より $xy \in H_2$。よって $xy \in H_1 \cap H_2$。単位元は H_1, H_2 のどちらにも含まれるので $H_1 \cap H_2$ にも含まれる。逆元は $x \in H_1 \cap H_2$ なら $x \in H_1$ より $x^{-1} \in H_1$、$x \in H_2$ より $x^{-1} \in H_2$。よって $x^{-1} \in H_1 \cap H_2$。 (2) 一般には (というか、ほとんど常に) 誤り。反例は $g_1 \in H_1, g_2 \in H_2$ だが $g_1 g_2 \notin H_1 \cup H_2$ となるようなも

のを探せばよい. 例えば $H_1 = \{e, (1,2)\} \subset S_3, H_2 = \{e, (1,3)\} \subset S_3$ と取れば, $(1,2)(1,3) = (1,3,2) \notin H_1 \cup H_2$. (3) 一般には誤り. 反例としては, $H_1 H_2 \supsetneq H_1 \cup H_2$ に注意して, $h_1 \in H_1, h_2 \in H_2$ で $h_2 h_1 \notin H_1 H_2$ となるようなものを探せばよい. 例えば, 上述の G, H_1, H_2 に対して, $H_1 H_2 = \{e, (1,2), (1,3), (1,3,2)\}$ であり, $(1,3)(1,2) = (1,2,3)$ が含まれないので部分群にはならない. なお, H_1, H_2 の一方が正規部分群 (第4章参照) なら正しい. 例えば, $H_2 = \{e, (1,2,3), (1,3,2)\}$ と取ると, $H_1 H_2 = S_3$ は部分群となる. (4) 正しい. $B_1 \cap B_2$ が部分加群となることは (1) の特別な場合である. 後は積で閉じていることを見ればよいが, それも (1) の証明と同様. (5) $B_1 + B_2$ は部分加群とはなるが, 積については必ずしも閉じていない. 例えば, $A = \{a + b\sqrt{2} + c\sqrt{3} + d\sqrt{6} \mid a, b, c, d \in \mathbf{Z}\}$ は環で, $B_1 = \{a + b\sqrt{2} \mid a, b \in \mathbf{Z}\}$, $B_2 = \{a + b\sqrt{3} \mid a, b \in \mathbf{Z}\}$ は部分環であるが, $B_1 + B_2 = \{a + b\sqrt{2} + c\sqrt{3} \mid a, b, c \in \mathbf{Z}\}$ となり, これは部分環ではない. (問 1.7 の (5) – (7) の解答参照.)

問 1.17 $\forall x, y \in G$ に対し, $\varphi(x \circ y) = \varphi(x) * \varphi(y)$.

問 1.18 (1) $\varphi(m + n) = 2(m + n) = 2m + 2n = \varphi(m) + \varphi(n)$ より, 準同型. (2) これも同様に準同型. (3) $\varphi(m + n) = 2^{m+n} = 2^m \cdot 2^n = \varphi(m) \cdot \varphi(n)$ より準同型. (4) $\varphi(xy) = (xy)^2 = x^2 \cdot y^2 = \varphi(x) \cdot \varphi(y)$ より準同型. (5) $\varphi(m + n) = e^{2(m+n)\pi i/7} = e^{2m\pi i/7} \cdot e^{2n\pi i/7} = \varphi(m) \cdot \varphi(n)$ より準同型.

問 1.19 加法群 $\mathbf{Z}$ と $n\mathbf{Z}$ は同型. 同型対応は $\mathbf{Z} \ni a \mapsto na \in n\mathbf{Z}$ で与えられる. 加法群 $\mathbf{R}$ と乗法群 $\mathbf{R}^+$ は同型. 対応は $\mathbf{R} \ni a \mapsto 2^a \in \mathbf{R}^+$. $SO(2, \mathbf{R})$ と絶対値 1 の複素数の乗法群は同型. 対応は $\begin{pmatrix} \cos\theta & -\sin\theta \\ \sin\theta & \cos\theta \end{pmatrix} \mapsto e^{i\theta}$. 加法群 $\mathbf{R}$ と $\mathbf{C}$ は同型. Hamel(ハメル) 基底 Σ ([16], 例題 10.5) を用いて対応 $\Sigma \cup \Sigma \to \Sigma$ から作れる. 以上ですべて. 🖳

問 1.20 $(\mathbf{F}_5^\times, \cdot)$ は位数 4 の巡回群であり, 2 または 3 で生成される. よって例えば $\mathbf{Z}_4 \ni k \longleftrightarrow 2^k \in \mathbf{F}_5^\times$ と対応させれば, 前者の加法が後者の乗法に対応する.

問 1.21 加法群 $\mathbf{Z}$ の群の自己同型 φ による 1 の像を a とすれば, $\varphi(n) = \varphi(\underbrace{1 + \cdots + 1}_{n}) = \underbrace{\varphi(1) + \cdots + \varphi(1)}_{n} = na$. よって φ が全射なためには, $a = \pm 1$ のいずれかでなければならない. 従って φ は恒等写像か, 符号のみを変える写像である.

問 1.22 (1) 対応 $2^m 3^n \longleftrightarrow (m, n)$ は明らかに一対一であり, $2^{m_1} 3^{n_1} \cdot 2^{m_2} 3^{n_2} = 2^{m_1 + m_2} 3^{n_1 + n_2} \longleftrightarrow (m_1 + m_2, n_1 + n_2)$. よって自由加群 $\mathbf{Z}^2$ と演算も込めて同一視できる. (2) 同様に, $a + b\sqrt{2} \longleftrightarrow (a, b)$ と対応させると, $(a_1 + b_1 \sqrt{2}) + (a_2 + b_2 \sqrt{2}) = (a_1 + a_2) + (b_1 + b_2)\sqrt{2} \longleftrightarrow (a_1 + a_2, b_1 + b_2)$. よって自由加群 $\mathbf{Z}^2$ と演算も込めて同一視できる.

問 1.23 (1) 準同型だとすると $-1 = \varphi(1) = \varphi(1 \cdot 1) = \varphi(1)^2 = (-1)^2 = 1$ となり, 矛盾. (2) 準同型である. 実際, $\varphi(f(x) + g(x)) = f(1) + g(1) = \varphi(f(x)) + \varphi(g(x))$, $\varphi(f(x)g(x)) = f(1)g(1) = \varphi(f(x))\varphi(g(x))$ が容易に確かめられる. (3) 準同型である. 証明は上と同様. (4) $\varphi(AB) = {}^t(AB) = {}^tB \cdot {}^tA$ は, 必ずしも ${}^tA \cdot {}^tB$ と等しくはないので, 準同型ではない. (5) 積が積に写るとは限らないので, 準同型ではない. 例えば, $n = 2$ での反例は $\varphi\left(\begin{pmatrix} 0 & 1 \\ 1 & 0 \end{pmatrix}^2\right) = \varphi\left(\begin{pmatrix} 1 & 0 \\ 0 & 1 \end{pmatrix}\right) = 1 \neq 0 = \varphi\left(\begin{pmatrix} 0 & 1 \\ 1 & 0 \end{pmatrix}\right)^2$. (6) 積が積に写るとは限らないので, 準同型ではない. 例えば, $0 = \varphi(2i) = \varphi((1+i)^2) \neq$

$\varphi(1+i)^2 = 1^2$.

問 1.24 (1) 体の同型になる．証明はよく知られた複素共役の性質による．(2) 体の同型ではない．積が積に写らない．例えば，$-1 = i^2 = \varphi(1)^2 \neq \varphi(1^2) = i$．(3) 体の同型ではない．積は積に写るが，和が和に写らない．例えば，$\varphi(1+1) = (1+1)^2 = 4 \neq 1^2 + 1^2 = \varphi(1) + \varphi(1)$．(4) 体の同型になる．積が積に写るのは明らかだが，和が和に写ることは $(x+y)^p$ の展開式において，両端を除くすべての 2 項係数 ${}_p\mathrm{C}_k$, $1 \leq k \leq p-1$ が p の倍数となるので，交差項が無くなり，$x^p + y^p$ に等しくなる．

問 1.25 問 1.18 の (1) の核は $\{0\}$，像は $2\boldsymbol{Z}$．(2) の核は $\{0\}$，像は $\boldsymbol{Z}$ 全体．(3) の核は $\{0\}$，像は 2 の冪が成す無限巡回群．(4) の核は $\{\pm 1\}$，像は有理数の平方となるような数の全体．(5) の核は $7\boldsymbol{Z}$，像は 1 の 7 乗根の全体 $e^{2n\pi i/7}, n = 0, 1, \ldots, 6$．

問 1.23 の (2) の核は $f(0) = 0$，すなわち，定数項を欠く多項式の全体，像は $\boldsymbol{R}$ 全体．(3) の核は $\{0\}$，像は冪が 3 の倍数であるような単項式より成る多項式の全体．

問 1.26 多項式について $\deg(p_1 p_2) = \deg p_1 + \deg p_2$ が成り立つことは明らかなので，分母・分子各々でこの式が成り立ち，従って引き算すれば全体として準同型性が成り立つ．像は $\boldsymbol{Z}$ 全体．核は $\deg f = 0$，すなわち，分母と分子の次数が等しいような有理関数の全体．

第 2 章

問 2.1 (1) $1 \mapsto 4 \mapsto 1$ でまず一つ閉じ，残った $2 \mapsto 3 \mapsto 2$ で二つ目が閉じるので，$(1,4)(2,3)$．これは巡回置換への分解と同時に互換への分解となっており，符号は $+1$．
(2) $1 \mapsto 4 \mapsto 3 \mapsto 1$ でまず一つ閉じる．残った $2 \mapsto 5 \mapsto 2$ ですべてが尽くされる．よって互いに素な巡回置換への分解は $(1,4,3)(2,5)$．この場合は積の順序はどうでもよい．互換への分解は，巡回置換を分解する常套手段により $(1,4)(3,4)(2,5)$．従ってこれは奇置換で，符号は -1．[$(3,4)$ のところは巡回置換の互換への分解公式通りだと $(4,3)$ となるが，互換の表現は普通小さい方を先に書くようです．]
(3) $1 \mapsto 4 \mapsto 2 \mapsto 1$ でまず一つ閉じる．次に $3 \mapsto 5 \mapsto 6 \mapsto 3$ でもう一つの輪が得られ，これですべて尽くされた．よって互いに素な巡回置換への分解は $(1,4,2)(3,5,6)$．互換への分解は，それぞれの巡回置換を分解して $(1,4)(2,4)(3,5)(5,6)$．従ってこれは偶置換で，符号は $+1$．

問 2.2 S_3 の元に，$1 \leftrightarrow e$, $2 \leftrightarrow (1,2)$, $3 \leftrightarrow (1,3)$, $4 \leftrightarrow (2,3)$, $5 \leftrightarrow (1,2,3)$, $6 \leftrightarrow (1,3,2)$ と番号を振り，これを乗積表の一番上の行に書き込んで，乗積表の各行について積の結果それがどういう順列に変化するかを二番目の行から順に見てゆくと

$S_3 \ni e \mapsto e \in S_6, \quad S_3 \ni (1,2) \mapsto (1,2)(3,6)(4,5) \in S_6,$

$S_3 \ni (1,3) \mapsto (1,3)(2,5)(3,6) \in S_6, \quad S_3 \ni (2,3) \mapsto (1,4)(2,6)(3,5) \in S_6,$

$S_3 \ni (1,2,3) \mapsto (1,5,6)(2,3,4) \in S_6, \quad S_3 \ni (1,3,2) \mapsto (1,6,5)(2,4,3) \in S_6$

と比較的容易に対応が分かる．奇置換は奇置換に，偶置換は偶置換に写っていること，各元の位数は変わらないこと，元の間の関係式は行った先でも保たれることなどに注意すれば，検算ができる．

問 2.3 (i) $x^{-1}x = e \in H$．(ii) $x^{-1}y \in H$ なら，$y^{-1}x = (x^{-1}y)^{-1} \in H$．

(iii) $x^{-1}y \in H, y^{-1}z \in H$ なら, $x^{-1}z = (x^{-1}y)(y^{-1}z) \in H$. よって ∼ は同値関係である. $x \sim y \Longleftrightarrow x^{-1}y \in H \Longleftrightarrow y \in xH \Longleftrightarrow yH \subset xH$ より, 両者の類別も一致.

問 2.4 群の元の位数の定義が理解できていれば容易. 答は順に,
$e:1$, $(1,2):2$, $(1,3):2$, $(2,3):2$, $(1,2,3):3$, $(1,3,2):3$.

問 2.5 $k = 1, 5, 7, 11$ のときは位数 12, $k = 2$ のとき 6, 3 のとき 4, 4 のとき 3, 6 のとき 2, 8 のとき 3, 9 のとき 4, 10 のとき 6, 12 のとき 1. つまりは $\mathrm{LCM}(k, 12)/k$.

問 2.6 (1) 計算すると a^4 が初めて e となることが分かるので 4. あるいは $a = (1, 2, 4, 3)$ は長さ 4 の巡回置換なので, 位数 4.
(2) a の位数は 4 で, これはすぐ分かるように S_4 の元の最大位数なので, $x^m = a$ なる x が存在すると, x 自身も位数 4 の元でなければならず, かつ $\mathrm{GCD}(m, 4) = 1$ でなければならない. 従って $m = 1, x = a$ でなければ $m = 3$. このとき $x^3 = a$ から $a^3 = x^9 = x$ よって $x = (1, 3, 4, 2)$ と定まる.

問 2.7 S_3 の元 $a = (1, 2, 3), b = (1, 2)$ の基本関係式は $a^3 = e, b^2 = e, ab = ba^2$.

S_4 の位数は $4! = 24 = 8 \times 3$ で, 最大位数は 4 であり, 例えば巡回置換 $a = (1, 2, 3, 4)$ が位数 4 で奇置換である. これと互換 $b = (1, 2)$ を掛けると

$$ab = (1, 2, 3, 4)(1, 2) = (1, 3, 4)$$

で, 位数 3 の巡回置換が得られる. 以下同様にして,
$a^2 = (1, 2, 3, 4)^2 = (1, 3)(2, 4)$, $a^3 = (1, 4, 3, 2)$, $ba = (1, 2)(1, 2, 3, 4) = (2, 3, 4)$,
$a^2 b = (1, 3)(2, 4)(1, 2) = (1, 4, 2, 3)$, $a^3 b = (1, 4, 3, 2)(1, 2) = (2, 4, 3) = baba$,
$ba^2 = (1, 2)(1, 3)(2, 4) = (1, 3, 2, 4)$, $ba^3 = (1, 2)(1, 4, 3, 2) = (1, 4, 3)$

これに単位元を加えて 11 個の元が得られた. Lagrange の定理により, a, b で生成される S_4 の部分群で位数が 9 以上のものは 12 か 24 の可能性しかないが, 位数 12 の部分群は A_4 だけであり, 既に奇置換を含んでいるので A_4 の可能性はない. 以上により S_4 全体となることが結論されるが, 以下, 頑張ってすべての元を求めると,
$aba = (1, 2, 3, 4)(2, 3, 4) = (1, 2, 4, 3) = ba^3 b$, $aba^2 = (1, 3, 4)(1, 3)(2, 4) = (1, 4, 2)$,
$a^2 ba = (1, 4, 2, 3)(1, 2, 3, 4) = (1, 3, 2)$, $a^2 ba^2 = (1, 4, 2, 3)(1, 3)(2, 4) = (3, 4)$,
$bab = (2, 3, 4)(1, 2) = (1, 3, 4, 2) = a^3 ba^3$, $ba^2 b = (1, 2)(1, 4, 2, 3) = (1, 4)(2, 3)$,
$aba^3 = (1, 3, 4)(1, 4, 3, 2) = (2, 3)$, $a^3 ba = (2, 4, 3)(1, 2, 3, 4) = (1, 4) = baba^2$,
$a^2 ba^3 = (1, 4, 2, 3)(1, 4, 3, 2) = (1, 2, 4)$, $a^3 ba^2 = (2, 4, 3)(1, 3)(2, 4) = (1, 2, 3)$,
$ba^2 ba = (1, 3, 2, 4)(2, 3, 4) = (1, 3)$, $ba^2 ba^3 = (1, 3, 2, 4)(1, 4, 3) = (2, 4)$,
$ba^2 ba^2 = (1, 3, 2, 4)^2 = (1, 2)(3, 4)$,

これで S_4 のすべての元が得られた. 最後に, 生成元 a, b の間の基本関係は

$$a^4 = e, \ b^2 = e, \ a^3 b = baba$$

がこれまでに得られたが, これだけでよいことは, 上の関係式から得られる

$$ba^3b = b(baba) = aba, \quad abab = (ba^3b)b = ba^3, \quad ababa = a \cdot a^3 b = b$$

等も用いて, a, b の交代が 4 回以下の語が上の 24 個のどれかに帰着すること, および, a, b がちょうど 5 回交代する語が

$$aba^2ba = aba \cdot aba = ba^3b \cdot ba^3b = ba^2b, \quad aba^3ba = ab \cdot baba \cdot a = a^2ba^2$$

等と, 必ず 4 回以下の語に帰着できることを確かめることにより帰納法で示すことができる. ちなみに, 互換・巡回置換にに相当する語がそれぞれ位数 2, 3 となることも

$$(1,3)^2 \longleftrightarrow ba^2ba \cdot ba^2ba = ba^2(a^3b)aba = bababa = b \cdot b = e,$$
$$(2,3,4)^3 \longleftrightarrow bababa = e$$

等々により確かめることができる. **別解**として, $a = (1,2,3,4)$, $b = (1,2,3)$ を取れば, 基本関係式は $a^4 = b^3 = e$, $ba^3 = ab^2$ となり, a^ib^j の形で 12 個の元が直ちに得られ, 生成元であることがもっと早く突き止められる.

次に, A_4 の元はすべて偶置換なので, 取りあえず $a = (1,2,3)$ と $b = (1,2)(3,4)$ を取ってみると

$$ba = (1,2)(3,4)(1,2,3) = (2,4,3), \quad ab = (1,2,3)(1,2)(3,4) = (1,3,4),$$
$$a^2 = (1,3,2), \quad a^2b = (1,3,2)(1,2)(3,4) = (2,3,4) = (ba)^2 = baba,$$
$$aba = (1,2,3)(2,4,3) = (1,2,4), \quad aba^2 = aba^{-1} = (1,3,4)(1,3,2) = (1,4)(2,3),$$
$$ba^2 = (2,4,3)(1,2,3) = (1,4,3) = (ab)^2 = abab,$$
$$a^{-1}ba = a^2ba = (1,3,2)(2,4,3) = (1,3)(2,4),$$
$$(aba)^2 = (1,4,2) = aba^2ba = a \cdot ba^2 \cdot ba = a \cdot abab \cdot ba = a^2ba^2$$

これと単位元ですべて出揃った. 基本関係式は $ba^2 = abab$ だけでよいことが

$$a^2b = b(ba^2)b = b(abab)a = baba, \quad ba^2b = abab \cdot b = aba$$

を用いて

$$baba^2 = a^2ba, \quad aba^2b = ab \cdot baba = a^2ba, \quad a^2bab = aba^2$$

等とすべての語が a, b の交代 3 回以下の語に帰着できることから分かる. **別解**として $a = (1,2,3)$, $b = (2,3,4)$ を取れば, 基本関係式 $a^3 = b^3 = e$, $ba = ab^2$ で, a^ib^j の形で 9 個以上の元がすぐに求まり, 生成元であることがもっと早く結論できる.

問 2.8 $\mathrm{GCD}(k, 15) = 1$ なる k の全体なので, $\{1, 2, 4, 7, 8, 11, 13, 14\}$ の 8 個. なお, 第 4 章で学ぶ Euler の関数を用いると, その計算方法を与える定理より, 求める値は $\varphi(15) = \varphi(3)\varphi(5) = 2 \times 4 = 8$ と計算できる.

問 2.9 位数 24 の巡回群 G の部分群は, 位数が 24 の約数であるような巡回群となるので, 位数の可能性は $1, 2, 3, 4, 6, 8, 12, 24$ の 8 通りである. 実際に, G の生成元を g とすれば,

e のみより成る単位群　位数 1,　g^{12} で生成される巡回群　位数 2,
g^8 で生成される巡回群　位数 3,　g^6 で生成される巡回群　位数 4,
g^4 で生成される巡回群　位数 6,　g^3 で生成される巡回群　位数 8,
g^2 で生成される巡回群　位数 12,　g で生成される巡回群　位数 24

問 2.10 (1) 群 G の二つの巡回部分群 H_1, H_2 の共通部分はそれぞれの群の部分群となるが, 系 2.11 によれば, 一般に巡回群の部分群は再び巡回群となるので, 共通部分 $H_1 \cap H_2$ も巡回群となる.
(2) 共通部分の位数は, もとの群の位数の公約数なので, それらが互いに素なら, 位数は 1, すなわち単位元しか有り得ない.
問 2.11 (b) は $(1,5,9,13,2,6,10,14,3,7,11,15,4,8,12)$ という順列とみなせ, この転倒数は $3+6+9+2+4+6+1+2+3 = 36$ なので, 並べ替え可能. (c) は, 空白を右下に移動して, 例えば $(13,9,5,1,14,10,6,2,15,11,7,3,12,8,4)$ という順列とみなせ, この転倒数は $12+8+4+9+6+3+6+4+2+2+1 = 57$ なので, 並べ替え不可能. (d) は, 同様に空白を右下に移動して, 例えば $(1,2,3,4,12,13,14,5,11,15,6,7,10,9,8)$ という順列とみなせ, この転倒数は $7+7+7+5+5+2+1 = 34$ なので, 並べ替え可能.
問 2.12 前半は略. 後半は, 紐による置換が上蓋から下蓋に誘導されるものとすれば,
$\begin{pmatrix} 1 & 2 & 3 & 4 & 5 \\ 3 & 1 & 2 & 5 & 4 \end{pmatrix} \begin{pmatrix} 1 & 2 & 3 & 4 & 5 \\ 3 & 1 & 5 & 2 & 4 \end{pmatrix} = \begin{pmatrix} 1 & 2 & 3 & 4 & 5 \\ 2 & 3 & 4 & 1 & 5 \end{pmatrix}$.

第 3 章

問 3.1 正 n 角形の頂点に $1, 2, \ldots, n$ の番号を付け, D_n の元による頂点の変化を記述すればよい. D_3 の生成元のうち, $120°$ の回転は $(1,2,3)$ で, y 軸に関する鏡映は $(2,3)$ で表されるが, これらは S_3 を生成するので, $D_3 = S_3$. 同様に D_4 の $90°$ の回転は $(1,2,3,4)$ に, y 軸に関する鏡映は $(2,4)$ に対応し, これらから生成されるのは S_4 に含まれる位数 8 の群 $\{(1), (1,3), (2,4), (1,3)(2,4), (1,2)(3,4), (1,4)(2,3), (1,2,3,4), (1,4,3,2)\}$ である. (S_4 の 2-Sylow 群と呼ばれるもの.) D_5 は, 同様に $(1,2,3,4,5)$ と $(2,5)(3,4)$ で生成され, $\{(1), (1,2)(3,5), (1,3)(4,5), (1,4)(2,3), (1,5)(2,4), (2,5)(3,4), (1,2,3,4,5), (1,3,5,2,4), (1,4,2,5,3), (1,5,4,3,2)\}$ が元のすべて.
問 3.2 (1) 正 4 面体の頂点に $1, 2, 3, 4$ の番号を振る. 頂点 1 を通る軸の回りの $120°$ の回転は, 巡回置換 $(2,3,4), (2,4,3)$ をもたらす. 同様にして $(1,3,4), (1,4,3)$ および $(1,2,3), (1,3,2)$ が得られる. 次に, ねじれの位置にある対合稜の中点を結ぶ軸の回りの $180°$ の回転で $(1,2)(3,4), (1,3)(2,4), (1,4)(2,3)$ が得られる. これらと単位元を合わせると既に 10 個の元を有し, これらはすべて偶置換なので, これらで生成される S_4 の部分群は, A_4 の部分群で, 位数 10 以上, 従って A_4 と一致しなければならない. 次に鏡映を含めると, 例えば, 頂点 1,4 と辺 2,3 の中点を通る鏡による鏡映は互換 $(2,3)$ をもたらすので, これで S_4 が生成されることが分かる.
(2) 立方体に図のようにさいころと同様にラベルを付け, 立方体の運動をこれらのラベルの置換で表現すると,

x 軸に関する回転：$(1,2,6,5), (1,6)(2,5), (1,5,6,2)$
y 軸に関する回転：$(1,3,6,4), (1,6)(3,4), (1,4,6,3)$
z 軸に関する回転：$(2,4,5,3), (2,5)(3,4), (2,3,5,4)$
対角線 AC を対角線 EG に写すような回転：$(1,6)(3,5)(2,4)$
対角線 BD を対角線 FH に写すような回転：$(1,6)(2,3)(5,4)$
対角線 DE を対角線 CF に写すような回転：$(1,5)(2,6)(3,4)$
対角線 AH を対角線 BG に写すような回転：$(1,2)(3,4)(5,6)$
対角線 BE を対角線 CH に写すような回転：$(1,4)(2,5)(3,6)$
対角線 AF を対角線 DG に写すような回転：$(1,3)(2,5)(4,6)$
対角線 AG の回りの回転：$(1,2,4)(3,6,5), (1,4,2)(3,5,6)$
対角線 BH の回りの回転：$(1,3,2)(4,5,6), (1,2,3)(4,6,5)$
対角線 DF の回りの回転：$(1,4,5)(2,6,3), (1,5,4)(2,3,6)$
対角線 CE の回りの回転：$(1,3,5)(2,6,4), (1,5,3)(2,4,6)$

以上と恒等置換 e で 24 個の運動群の元がすべて尽くされる．これで，S_4 と位数が等しいことは分かった．位数 4 の元を一つ取り，$a = (1,2,6,5)$ と置く．また位数が 2 の元を一つ選び $b = (1,6)(2,3)(4,5)$ と置くと，

$$a^3 b = (1,5,6,2)(1,6)(2,3)(4,5) = (1,2,3)(4,6,5),$$
$$ba = (1,6)(2,3)(4,5)(1,2,6,5) = (1,3,2)(4,5,6)$$
$$\therefore\ bab a = (1,3,2)^2(4,5,6)^2 = (1,2,3)(4,6,5) = a^3 b$$

となり，問 2.7 で調べた S_4 の生成元と基本関係を満たしているので，二つは同型．

なお，**別解**として，立方体の運動を 4 本の対角線 AG, BH, CE, DF の置換で表すと，直接 S_4 との対応が付けられる．各自試みてみよ．

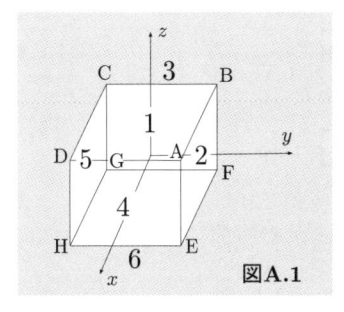

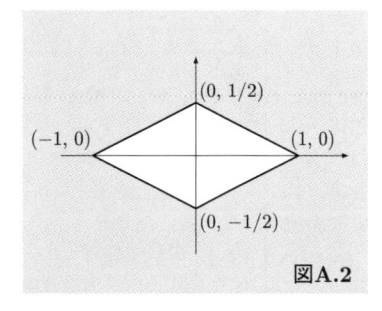

図A.1

図A.2

問 3.3 線形変換は多項式の次数を変えないので，$f(x)$ が $O(n)$ で不変なら，$f(x)$ の各同次部分も $O(n)$-不変となる．よって始めから $f(x)$ は k 次同次と仮定してよい．$O(n)$ の元により，ベクトル $(1,0,\ldots,0)$ は任意の単位ベクトル $(a_1,\ldots,a_n)$ に変換できるから，$f(x)$ が $O(n)$-不変なら，$f(1,0,\ldots,0) = f(a_1,\ldots,a_n)$．すなわち，$f(x)$ は単位球面上で定数値 c となる．半径 r の球面上での値は，同次性により cr^k，よって $f(x) = c\sqrt{x_1^2 + \cdots + x_n^2}^k$．$f$ は多項式だから，k は偶数でなければならず，従って f は $x_1^2 + \cdots + x_n^2$ の単項式となる．以上の証明から分かるように，$SO(n)$-不変だけで同じ結論が得られる．

問 3.4 菱形 $\{|x|+2|y| \leq 1\}$ を不変にする線形写像の成す群は, 頂点 $(1,0)$, $(0,1/2)$ の行き先で定まる.

$(1,0) \mapsto (1,0)$, $(0,1/2) \mapsto (0,1/2)$ なら, $\begin{pmatrix} 1 & 0 \\ 0 & 1 \end{pmatrix}$

$(1,0) \mapsto (1,0)$, $(0,1/2) \mapsto (0,-1/2)$ なら, $\begin{pmatrix} 1 & 0 \\ 0 & -1 \end{pmatrix}$

$(1,0) \mapsto (-1,0)$, $(0,1/2) \mapsto (0,1/2)$ なら, $\begin{pmatrix} -1 & 0 \\ 0 & 1 \end{pmatrix}$

$(1,0) \mapsto (-1,0)$, $(0,1/2) \mapsto (0,-1/2)$ なら, $\begin{pmatrix} -1 & 0 \\ 0 & -1 \end{pmatrix}$

$(1,0) \mapsto (0,1/2)$, $(0,1/2) \mapsto (-1,0)$ なら, $\begin{pmatrix} 0 & -2 \\ 1/2 & 0 \end{pmatrix}$

$(1,0) \mapsto (0,1/2)$, $(0,1/2) \mapsto (1,0)$ なら, $\begin{pmatrix} 0 & 2 \\ 1/2 & 0 \end{pmatrix}$

$(1,0) \mapsto (0,-1/2)$, $(0,1/2) \mapsto (1,0)$ なら, $\begin{pmatrix} 0 & 2 \\ -1/2 & 0 \end{pmatrix}$

$(1,0) \mapsto (0,-1/2)$, $(0,1/2) \mapsto (-1,0)$ なら, $\begin{pmatrix} 0 & -2 \\ -1/2 & 0 \end{pmatrix}$

以上の 8 個の元より成る群である. 群としては正方形の対称群 D_4 と同型である. 注意すべき点は, Euclid の運動群で考えると左右と上下を入れ換えることはできないので, Klein の 4 元群だけになってしまうが, アフィン変換だと正方形と同じになるということである. 従ってこの問では, 最初から正方形と同じだとみなして解答することも可能である.

問 3.5 複素平面の任意の点 $x+iy$ は $\{a+b\sqrt{-5} \mid a,b \in \mathbf{Z}\}$ の形の元で調整するとき, 必ず $x_0 + iy_0$, $0 \leq x_0 < 1$, $0 \leq y_0 < \sqrt{5}$ の形にできる. よって $\{(x,y) \mid 0 \leq x < 1, 0 \leq y < \sqrt{5}\}$ が一つの基本領域である.

問 3.6 $(1,0)$, $\left(\dfrac{1}{2}, \dfrac{\sqrt{3}}{2}\right)$, $\left(-\dfrac{1}{2}, \dfrac{\sqrt{3}}{2}\right)$, $(-1,0)$, $\left(-\dfrac{1}{2}, -\dfrac{\sqrt{3}}{2}\right)$, $\left(\dfrac{1}{2}, -\dfrac{\sqrt{3}}{2}\right)$ の 6 点を動く. 要するに正 6 角形の頂点の集合が軌道となる.

問 3.7 群の構造と生成元を示す. 以下, S, T は二つの 1 次独立な平行移動を, K, L, M, N は異なる軸に関する鏡映を, P_θ, Q_θ, R_θ は異なる中心に関する角 θ の回転を表す. また X, Y は並進鏡映 (鏡映と平行移動を組み合わせたもの) を表す. 紙数の関係で詳細な図は本書のサポートページに回す. **p1**: $\langle S, T \rangle$, 基本領域はパターン一つ分. **p2**: $\langle S, T, R_\pi \rangle$, 基本関係は $R_\pi^2 = id$, $R_\pi S R_\pi = S^{-1}$, $R_\pi T R_\pi = T^{-1}$. または, $\langle P_\pi, Q_\pi, R_\pi \rangle$, $S = PQ$, $T = RQ$ の関係にある. 基本領域はパターンの左半分. **pm**: $\langle S, T, M \rangle$, 基本関係は $ST = TS$, $TM = MT$, $M^2 = (MS)^2 = id$ で, $L = MS$ が M に平行な軸を持つ第 2 の鏡映となる. あるいは $\langle L, M, T \rangle$ (二つの鏡映と一つの平行移動), $S = ML$ が残りの平行移動に対応. 基本領域は長方形一つ分. なお, 群構造は同じだが, 鏡映の軸が 45° 傾いたパターンも有る. **pg**: $\langle X, Y \rangle$ (共通の対称軸を持つ二つの並進鏡映: $X = SM$, $Y = TM$, ただし S, T, M 自身は含まれない), 基本関係は $X^2 = Y^2$. これと XY^{-1} が二つの平行移動を与える. 基本領域はパターン一つ分. **cm**: pg に鏡映が加わったもの. $\langle S, T, M \rangle$. あるいは, $\langle X, M \rangle$ (一つの鏡映とそれを軸とする並進鏡映), ちなみに $S = XM$, $T = MX$ で, もう一つの並進鏡映は

$Y = MXM$ で与えられる．基本領域はパターン一つの左半分．**pmm**: $\langle K, L, M, N\rangle$ (長方形の 4 辺に関する鏡映)．KM, LN が平行移動の基本ベクトルを成し，その他の組合せは可換．あるいは，$\langle L, M, Q_\pi, R_\pi\rangle$ (互いに垂直な軸に関する二つの鏡映とそれぞれの軸上の点を中心とする二つの 180° 回転)．L と M，L と Q，M と R はそれぞれ可換で，LQ, MR が残り二つの鏡映となる．$S = MRL, T = MLQ$ が平行移動．基本領域は長方形一つ分．**pmg**: $\langle M, Q_\pi, R_\pi\rangle$ (一つの鏡映とその軸上に無い 2 点を中心とする二つの 180° 回転)，基本領域はパターンの左半分．**pgg**: $\langle X, Y\rangle$ (二つの垂直な軸を持つ並進鏡映)，関係式は $(YX)^2 = (XY^{-1})^2 = 1$ で，これらが 180° の回転を与える．X^2 と Y^2 が可換な平行移動となる．基本領域は長方形を細長い方に切った半分．**cmm**: $\langle L, M, R_\pi\rangle$ (二つの垂直な鏡映と一つの 180° 回転)，関係式は $LM = ML, L^2 = M^2 = R^2 = id$．基本領域は 4 分の 1 長方形．**p4**: p4m から鏡映を除いたもの $\langle S, T, R_{\pi/2}\rangle$．あるいは $\langle Q_\pi, R_{\pi/2}\rangle$ (一つの 180° 回転と一つの 90° 回転)，関係式は $Q_\pi^2 = R_{\pi/2}^4 = id, (Q_\pi R_{\pi/2})^4 = id$．平行移動は $S = QR^2, T = RQR$，基本領域は正方形 1 個分．**p4m**: 平行移動と D_4 の合成．あるいは直角 2 等辺 3 角形の 3 辺に関する鏡映．基本領域は直角 2 等辺 3 角形 1 個分．**p4g**: $\langle R_\pi, M\rangle$ (一つの鏡映とその上に無い点を中心とする一つの 90° 回転)，基本領域は長方形の半分を成す正方形．**p3**: p6 から鏡映を除いたもの．二つの 120° 回転 Q, R で生成される．もう一つの回転は (QR) で $(QR)^3 = id$ が関係式．Q^2R と RQ^2 が独立な平行移動となる．基本領域は正 3 角形 2 個が成す菱形．**p3m1**: $\langle R_{2\pi/3}, M\rangle$ (一つの鏡映と一つの 120° 回転)，関係式は $M^2 = R_{2\pi/3}^3 = 1$．$(MR_{2\pi/3})^2$ と $(R_{2\pi/3}M)^2$ が独立な平行移動となる．基本領域は正 6 角形の頂点と中心を結ぶ線分を対称軸とする 6 分の 1 領域．**p31m**: 平行移動と D_3 の合成 $\langle S, T, R_{2\pi/3}, M\rangle$，基本関係は $R_{2\pi/3}^3 = M^2 = id, R_{2\pi/3}S = SR_{2\pi/3}, R_{2\pi/3}M = MR_{2\pi/3}$．あるいは $\langle K, L, M\rangle$ (正 3 角形の 3 辺に関する鏡映)，基本関係は $K^2 = L^2 = M^2 = id, (KL)^3 = (KM)^3 = (LM)^3 = id$．ちなみに，$S = LKLM, T = LMLK$ が独立な平行移動．基本領域は正 3 角形 1 個分．**p6**: p6m から鏡映を除いたもの．最小生成元としては，$\langle Q_\pi, R_{2\pi/3}\rangle$ (一つの 180° 回転と一つの 120° 回転) が取れる．QR が $-60°$ の回転，$S = R(QR)^2, T = R(RQ)^2$ が独立平行移動となる．基本領域は正 3 角形一つ分．**p6m**: 正 6 角形の対称群 D_6 とその中心の平行移動より成る．これは，D_6 が正 6 角形に作用するときの基本領域である $30°, 60°$ の直角 3 角形の 3 辺に関する鏡映 K, L, M でも生成される．基本関係は $K^2 = L^2 = M^2 = id, (KM)^2 = (ML)^3 = (KL)^6 = id$．基本領域は上述の直角 3 角形 1 個分． 🖥

問 3.8 (1) $\frac{az+b}{cz+d} = \frac{ac|z|^2 + bd + (ad+bc)\operatorname{Re} z + i\operatorname{Im} z}{c^2|z|^2 + d^2}$ なので，$\operatorname{Im} z > 0$ ならこの虚部も正．よって $SL(2, \boldsymbol{R})$ は確かに上半平面 $\boldsymbol{H}$ に作用する．$z = i$ の像 $\frac{(ac+bd)+i}{c^2+d^2}$ が $\boldsymbol{H}$ の任意の点となることは容易に分かるので，推移的．さらに i の固定群は，これより $ac + bd = 0, c^2 + d^2 = 1$ を満たす元の全体なので，$ad - bc = 1$ とあわせると，$c = \sin\theta, d = \cos\theta, a = \cos\theta, b = -\sin\theta$ と書ける．すなわち，平面の回転群 $SO(2, \boldsymbol{R})$ と同型．(2) まず任意の定数 $R, r > 0$ について，$|\operatorname{Re} z| \leq R, \operatorname{Im} z \geq r$ なる領域には，$\frac{az+b}{cz+d} = z$, すなわち $cz^2 - (a-d)z - b = 0$ となる z と $\begin{pmatrix} a & b \\ c & d \end{pmatrix}$ が有限

個しかないことを言う．この 2 次方程式を解くと，$z = \frac{a-d \pm \sqrt{(a+d)^2-4}}{2c}$．これが上半平面に有るためには，$|a+d| < 2$ なるを要し，従って $z = \frac{a-d+\sqrt{4-(a+d)^2}\,i}{2c}$．よって，$2cr \leq \sqrt{4-(a+d)^2} < 2$，$|a-d| \leq 2cR$．これらを満たす整数 a, c, d は有限個しかない．条件 $ad - bc = 1$ より b も有限個となる．よって z も有限個である．これから，$\forall z \in \boldsymbol{H}$ の固定群が有限群であることが言える．次に，方程式を $\frac{az+b}{cz+d} = z + \varepsilon z$，すなわち $c(1+\varepsilon)z^2 - (a-d(1+\varepsilon))z - b = 0$ に変えても，$|\varepsilon| < 1$ なら上の議論はほとんど修正無しに通用するので，作用が離散的であることが言える．行列 $\begin{pmatrix} 1 & n \\ 0 & 1 \end{pmatrix}$ に対応する変換 $z \mapsto z+n$ により，$\boldsymbol{H}$ の点はまず $-\frac{1}{2} < \mathrm{Re}\, z \leq \frac{1}{2}$ に写せる．また，$\begin{pmatrix} 0 & -1 \\ 1 & 0 \end{pmatrix}$ に対応する変換 $z \mapsto -\frac{1}{z}$ により，$|z| < 1$ の点は $|z| > 1$ に写せる．写像先の虚部は動径と同じ割合で大きくなるので，既に示した離散性により，この 2 種類の変換を交互に使えば，$-\frac{1}{2} < \mathrm{Re}\, z \leq \frac{1}{2}$，$|z| < 1$ の点は有限回のステップで $-\frac{1}{2} < \mathrm{Re}\, z \leq \frac{1}{2}$ かつ $|z| \geq 1$ の点に写せる．しかも，$|z| = 1$ 上の $-\frac{1}{2} < \mathrm{Re}\, z < 0$ の部分は，変換 $z \mapsto -\frac{1}{z}$ により，$|z| = 1$ 上の $0 < \mathrm{Re}\, z < \frac{1}{2}$ の部分に写るので不要．最後に，この領域内の 2 点は $SL(2, \boldsymbol{Z})$ の元で互いに写り合うことが無いことを言う．$z = x + iy$ をこの領域の任意の点とするとき，$\frac{az+b}{cz+d} = \frac{ac|z|^2 + (ad+bc)x + bd + iy}{c^2|z|^2 + d^2}$．ここで $c = 0, d = 1$ なら，$a = 1$ で，変換は $z \mapsto z + b$ の形となり，この領域から外に飛び出すことは明らか．また $c = 1, d = 0$ なら，$b = -1$ となり，変換は $z \mapsto -\frac{1}{z}$ と $z \mapsto z + a$ の合成で，前者は $|z| > 1$ を $|z| < 1$ に写し，また $|z| = 1$ 上の $0 < \mathrm{Re}\, z < \frac{1}{2}$ の部分を $-\frac{1}{2} < \mathrm{Re}\, z < 0$ の部分に写す．これ以外の場合は，虚部 $\frac{y}{c^2|z|^2 + d^2} \leq \frac{y}{y^2+1} \leq \frac{1}{2}$ となるので，像は確かに領域外の点となる．

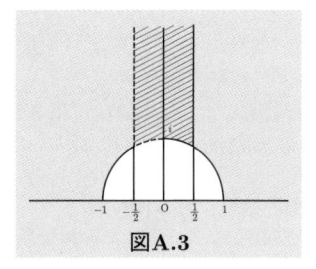

図A.3

問 3.9
$$x_1^4 + \cdots + x_n^4 = (x_1^2 + \cdots + x_n^2)^2 - 2(x_1^2 x_2^2 + \cdots + x_{n-1}^2 x_n^2)$$
$$= \{(x_1 + \cdots + x_n)^2 - 2(x_1 x_2 + \cdots + x_{n-1} x_n)\}^2$$
$$\quad - 2\{(x_1 x_2 + \cdots + x_{n-1} x_n)^2 - 2(x_1^2 x_2 x_3 + \cdots + x_{n-2} x_{n-1} x_n^2)$$
$$\quad - 6(x_1 x_2 x_3 x_4 + \cdots + x_{n-3} x_{n-2} x_{n-1} x_n)\}$$
$$= s_1^4 - 4 s_1^2 s_2 + 4 s_2^2 - 2 s_2^2$$
$$\quad + 4\{(x_1 + \cdots + x_n)(x_1 x_2 x_3 + \cdots + x_{n-2} x_{n-1} x_n) - 4 s_4\} + 12 s_4$$
$$= s_1^4 - 4 s_1^2 s_2 + 2 s_2^2 + 4 s_1 s_3 - 4 s_4$$

$n = 3$ のときは，上で $s_4 = 0$ と置いたもの，$n = 2$ のときは更に $s_3 = 0$ と置いたものが答となる．（$x_4 = 0$，あるいは $x_3 = 0$ だと考えよ．）

問 3.10 (1) 部分集合 $\{1, 2\}$ を固定する S_4 の部分群で，$\{e, (1,2), (3,4), (1,2)(3,4)\}$ となる．これは $1, 2$ の両方を固定する部分群 $\{e, (3,4)\}$ と，両者を入れ換える部分群 $\{e, (1,2)\}$ の直積である．

(2) 位数 8 の部分群 $\{e,(1,2),(3,4),(1,2)(3,4),(1,3)(2,4),(1,4)(2,3),(1,3,2,4),(1,4,2,3)\}$ となる.
(3) 1, 2, 3 のみの置換を行う部分群で S_3 に同型なものとなる.
(4) x_1 を不変にするのは元 1 を固定する置換の全体, すなわち $\{2,3,4\}$ のみの置換で, S_3 に同型な部分群.
(5) $\{2,3,4\}$ に働く S_3 全体がこの元を不変にする. 前問と同じになる理由は, 次問にあるように, 両多項式の和がもともと S_4 全体で不変であることによる.
(6) S_4 全体がこの元を不変にする.

第 4 章

問 4.1 $\forall g \in G_1$ に対し, $g^{-1}Hg \subset H$ であり, 他方, $g^{-1}G_1g \subset G_1$ は明らかなので, $g^{-1}G_1 \cap Hg \subset G_1 \cap H$.

問 4.2 仮定により x を y に写す元 $g \in G$ が存在し, このとき g^{-1} は y を x に写す. すると, $\forall h \in G_y$ に対し, $g^{-1}hg$ は明らかに x を固定する. 逆に $k \in G_x$ なら, $h = gkg^{-1}$ は y を固定し, かつ $k = g^{-1}hg$ と書ける. 故に $G_x = g^{-1}G_yg$.

問 4.3 (1) 正しい. $x, y \in \varphi^{-1}(H_1)$ なら $\varphi(x), \varphi(y) \in H_1$. 従って $\varphi(xy^{-1}) = \varphi(x)\varphi(y)^{-1} \in H_1$. すなわち $xy^{-1} \in \varphi^{-1}(H_1)$. よって部分群の判定条件を満たしている.
(2) 正しい. $g, h \in \varphi(G_1)$ とすれば $\exists x, y \in G_1$ s.t. $g = \varphi(x), h = \varphi(y)$. このとき $xy^{-1} \in G_1$ より $gh^{-1} = \varphi(x)\varphi(y)^{-1} = \varphi(xy^{-1}) \in \varphi(G_1)$. よって部分群の判定条件を満たしている. **別解**として, 命題 1.18 を G_1 に適用すると $\varphi(G_1)$ は Image $\varphi = \varphi(G)$ の部分群となることが分かり, 部分群の部分群はもとの群の部分群なので成り立つ.
(3) 正しい. $\forall g \in G, \forall x \in \varphi^{-1}(H_1)$ に対し, $\varphi(x) = h \in H_1$ で, $H \triangleright H_1$ より $\varphi(gxg^{-1}) = \varphi(g)h\varphi(g)^{-1} \in H_1$. すなわち $gxg^{-1} \in \varphi^{-1}(H_1)$ で正規部分群の条件を満たす. **別解**として, $\varphi^{-1}(H_1)$ は φ と H から商群 H/H_1 への標準写像の合成写像 $\overline{\varphi}$ により, 商群の単位元を引き戻したもの, すなわち Ker $\overline{\varphi}$ に等しいので, 命題 4.2 により成り立つ.
(4) φ が全射なら正しいが, 一般には正しくない. S_4 は A_4 を正規部分群として含むが, 自然な単射準同型 $S_4 \to S_5$ による A_4 の像は S_5 の正規部分群ではない. 実際, $(1,2)(3,4) \in A_4, (4,5) \in S_5$ に対し $(4,5)(1,2)(3,4)(4,5) = (1,2)(3,5) \notin A_4$. 最後の結論は S_5 の正規部分群が A_5 しかないことを指摘してもよい.

問 4.4 H_1 も H_2 も正規部分群なので, $\forall x \in H_1, \forall y \in H_2$ に対し, $xyx^{-1} \in H_2, yx^{-1}y^{-1} \in H_1$. よって $xyx^{-1}y^{-1} = (xyx^{-1})y^{-1} \in H_2, xyx^{-1}y^{-1} = x(yx^{-1}y^{-1}) \in H_1$, よって $xyx^{-1}y^{-1} \in H_1 \cap H_2 = \{e\}$. よって $xyx^{-1}y^{-1} = e$. よって $xy = yx$.

問 4.5 (1) G は有限群なので, 任意の元 g はある有限の位数 n を持つ. このとき $1 = \chi(e) = \chi(g^n) = \chi(g)^n$. よって $\chi(g)$ は 1 の n 乗根となり, 絶対値は 1 である.
(2) $\chi(g) \equiv 1$ のとき, 和は $|G|$ 個の 1 を加えたものだから, 明らか. $\chi(g) \neq 1$ なる g があると

$$\chi(g)\sum_{x\in G}\chi(x) = \sum_{x\in G}\chi(gx) = \sum_{x\in G}\chi(x). \qquad \therefore \quad (\chi(g)-1)\sum_{x\in G}\chi(x) = 0$$

となるから,仮定より $\sum_{x\in G}\chi(x) = 0$.

問 4.6 $g \in Hg_1K \cap Hg_2K$ なら, $\exists h_1, h_2 \in H$, $\exists k_1, k_2 \in K$ s.t. $g = h_1g_1k_1 = h_2g_2k_2$. よって $g_2 = h_2^{-1}h_1g_1k_1k_2^{-1} \in Hg_1K$, 従って $Hg_2K \subset Hg_1K$. 逆の包含関係も同様に成り立つから,この二つの集合は一致する.

問 4.7 いずれもイデアルの条件 (1), (2) とも明らか.積の方の条件 (1) については,定義における n が任意でよいので,2元の和は単に項の数が増えるだけであることに注意せよ.後半の主張も直接確かめられる.

問 4.8 (1) $\forall x \in \varphi^{-1}(\mathcal{I})$ と $\forall a \in A$ に対し, $\varphi(x) \in \mathcal{I}$ で $\mathcal{I}$ が B のイデアルであることから $\varphi(ax) = \varphi(a)\varphi(x) \in \mathcal{I}$, 従って $ax \in \varphi^{-1}(\mathcal{I})$ となるから, $\varphi^{-1}\mathcal{I}$ は A のイデアルである.

(2) $b \in B$ がもし $b = \varphi(a)$ と書けていれば,上と同様に, $y = \varphi(x) \in \varphi(\mathcal{I})$, $x \in \mathcal{I}$ に対し $by = \varphi(ax) \in \varphi(\mathcal{I})$. 従って φ が全射なら $\varphi(\mathcal{I})$ もイデアルとなる.従って反例は全射でない環準同型から探す.例えば,1変数多項式環 $K[x]$ からそれ自身への $\varphi(x) = x^2$ で定まる写像は環準同型で, $K[x]$ のイデアル $\langle x \rangle$ の φ による像は定数項を持たない偶多項式全体となるが,この集合は x による積で閉じていないので,イデアルではない.

問 4.9 剰余環 $K[x]/\langle x-a\rangle$ の一般の元は $f(x) + \langle(x-a)\rangle$ と書ける.ここで, $x-a$ で割り切れる項はみな $\langle x-a\rangle$ の方に繰り込め,因数定理により

$$f(x) = f(a) + g(x)(x-a) \qquad \left(g(x) = \frac{f(x)-f(a)}{x-a} \in K[x]\right)$$

と書けるので,結局 $f(a) \in K$ をこの剰余類の代表元として用いることができる.この対応により,剰余環と K が環として同型となることが容易に確かめられる.すなわち,剰余環 $K[x]/\langle x-a\rangle$ は体となる.同様に,剰余環 $K[x,y]/\langle x-a\rangle$ の一般の元は $f(x,y) + \langle(x-a)\rangle$ と書け,

$$f(x,y) = f(a,y) + g(x,y)(x-a) \qquad \left(g(x,y) = \frac{f(x,y)-f(a,y)}{x-a} \in K[x,y]\right)$$

と変形できるので, $f(a,y)$ をこの剰余類の代表元として用いることができる. $f(a,y)$ としては y の任意の1変数多項式が現れ得るので,集合として $K[x,y]/\langle x-a\rangle$ は $K[y]$ と同一視できる.環の演算も両者で一致することが容易に分かるので,答は $K[y]$ (と同型な環) となる.**別解**として, $\varphi: K[x,y] \ni f(x,y) \mapsto f(a,y) \in K[y]$ で定まる対応が環の準同型となり, $\mathrm{Ker}\,\varphi = \langle x-a\rangle$ となることが直ちに分かるから,準同型定理を用いて $K[x,y]/\langle x-a\rangle \cong K[y]$ を結論してもよい.

問 4.10 (1) $f(x,y)g(x,y) \in \langle x-a\rangle$ とすると, $f(x,y)g(x,y) = h(x,y)(x-a)$ の形となる.従って $f(a,y)g(a,y) = 0$ となり,これより $f(a,y) = 0$ または $g(a,y) = 0$ のいずれかが成り立ち,因数定理により,それに応じて $f(x,y) \in \langle x-a\rangle$ または $g(x,y) \in \langle x-a\rangle$ が結論される.よって $\langle x-a\rangle$ は素イデアルである.

別解として,前問の $K[x,y]/\langle x-a\rangle \cong K[y]$ を用い,体上の1変数多項式の環は零

因子を持たないという事実から, 補題 4.9 により結論してもよい.

なお, これはより大きなイデアル $\langle x-a, y-b \rangle$ に含まれるので, 極大イデアルではない. あるいは, $K[x,y]/\langle x-a \rangle \cong K[y]$ が体でないことを用いてもよい.

(2) $\langle x-a, y-b \rangle$ に属さない元 $f(x,y)$ は $f(a,b) \neq 0$ を満たす. 実際,
$$f(x,y) = f(a,b) + g(x,y)(x-a) + h(x,y)(y-b)$$
の形に書け, 右辺の第 2, 第 3 項は $\langle x-a, y-b \rangle$ に属するからである. よって, $\langle x-a, y-b \rangle$ を含み, それより真に大きなイデアルは 0 と異なる定数を含み, 従ってその逆元を掛けて得られる $1 \in K$ を含むから, 結局すべての元を含み $K[x,y]$ と一致する.

別解として, $K[x,y]$ から K への環準同型 $f(x,y) \mapsto f(a,b)$ が全射で, かつその核が $\langle x-a, y-b \rangle$ となることから, 準同型定理により $K[x,y]/\langle x-a, y-b \rangle \cong K$. ここで K が体なので, 極大イデアルの判定条件により, $\langle x-a, y-b \rangle$ は極大イデアルと結論してもよい.

剰余体は, 上の別解より分かるように K に等しい.

問 4.11 (1) 前半 : $A/\mathcal{I}$ のイデアル $\mathcal{J}$ を取る. 自然な写像 $\varphi : A \to A/\mathcal{I}$ による $\mathcal{J}$ の引き戻し $\varphi^{-1}(\mathcal{J})$ は問 4.8 により A のイデアルで, 従って $\exists f \in A$ により $\varphi^{-1}(\mathcal{J}) = \langle f \rangle$ と書ける. このとき, $\mathcal{I}$ は $\varphi(f)$ で生成される. 実際, $\forall x \in \mathcal{I}$ に対し $\varphi(y) = x$ となる $y \in \varphi^{-1}(\mathcal{I})$ を任意に選べば, $\exists a \in A$ s.t. $y = af$ よって, $x = \varphi(a)\varphi(f)$. 後半 : $\mathcal{I} = \langle f \rangle = \langle g \rangle$ とすると, $f \in \langle g \rangle$ より $\exists b \in A$ s.t. $f = bg$, また $g \in \langle f \rangle$ より $\exists a \in A$ s.t. $g = af$. よって, $f = bg = baf$. 整域を仮定しているので, これより $1 = ab$ となり, a, b は単元である.

(2) 例えば, p を素数とするとき, $\mathcal{I} = \langle p, x \rangle$ は単項生成でない. 剰余環は体 $\boldsymbol{F}_p$ に同型となるので, これは極大イデアルである.

問 4.12 (1) 既約元 a を素元分解したものは, 既約元の定義により ep, ここに e は単元で p は素元, としか成り得ない. よって $\langle a \rangle = \langle p \rangle$ は素イデアルとなる. (2) a, b を素元分解したとき, 単元以外の共通因子を集めて積を取ったもの d が GCD(a, b) となることは明らか. (3) 分解の可能性 : A を素元分解環とする. $A[x]$ の元 $f(x)$ に対し, 1 次以上の多項式因子が存在する間は因数分解すれば, 次数が下がるので, 次数に関する帰納法により, 多項式としては分解できないところまで分解できることが分かる. 次に, 各多項式因子から係数の GCD を取り出して, その積を A において素元分解すれば, $A[x]$ で素元の積に分解される. 分解の一意性 : $f(x) = a g_1(x) \cdots g_k(x) = b h_1(x) \cdots h_l(x)$ と二通りに素元分解されたとせよ. ヒントに述べた Gauss の補題により, a, b はもとの f の係数の GCD と一致するので, 単元因子を除き一致する. よって, 係数が共通因子を持たないような素元多項式について, $g \mid h_1 h_2$ なら, $g \mid h_1$ または $g \mid h_2$ を示せば, 定理 4.15 の証明と同様にして, 一意性が示せる. Gauss の補題を証明するには, GCD$(a_0, a_1, \ldots, a_m)$GCD$(b_0, b_1, \ldots, b_n)$ が GCD$(c_0, c_1, \ldots, c_{m+n})$ を割り切ることは明らかなので, GCD$(a_0, a_1, \ldots, a_m) =$ GCD$(b_0, b_1, \ldots, b_n) = 1$ のときに GCD$(c_0, c_1, \ldots, c_{m+n}) = d = 1$ を言えばよい. $d \neq 1$ とし, $d \mid a_i, 0 \leq i \leq k-1, d \nmid a_k, d \mid b_j, 0 \leq j \leq l-1, d \nmid b_l$ とすれば, $c_{k+l} = \cdots + a_{k-1}b_{l+1} + a_k b_l + a_{k+1}b_{l-1} + \cdots$ において, 中央の $a_k b_l$ 以外の項は d で割り切れるので, $d \nmid c_{k+l}$ となり, 不合理. 最

後に, $g \mid h_1 h_2$ なら, $g \mid h_1$ または $g \mid h_2$ を, 割る方の次数に関する帰納法により示す. g が 1 次のときは明らか. $n-1$ 次以下まで成り立つとして n 次の既約な多項式 g を取る. もし $g \nmid h_j, j = 1, 2$ なら, h_j をそれぞれ g で割った余りで置き換えることにより $\deg h_j \leq n-1$ と仮定してよい. (体の元を係数とする多項式では無いので, g の最高次の係数 a が 1 でないと, 分数が出てしまい A の上では割り算ができないが, 予め h_j に a の適当な冪を掛けておいて実行する.) すると $gq = r_1 r_2$ の形の式が成り立つことになるが, $\deg q \leq 2(n-1) - n = n-2$ なので, 帰納法の仮定により q を素元分解したときの因子は r_j のいずれかを割り切るので, 結局 $g = r_1' r_2'$ の形の式を得る. r_j' はいずれも $n-1$ 次以下なので, これは g の既約性に反する.

問 4.13 (1) $\boldsymbol{C}[x]$ のイデアル $\mathcal{I}$ はある多項式 $f(x)$ の倍元全体の形をしている. f は 1 次因子に分解されるので, その一つを $x - a$ とすれば, $\langle x - a \rangle \supset \mathcal{I}$. 故に極大イデアルはこれより小さくはなり得ない. 定理 4.12 と補題 4.16 を用いると, これが実際に極大イデアルであることを結論できる. あるいは, 補題 4.10 と問 4.9 から結論してもよい. 直接証明は次の通り: $\langle x - a \rangle$ に含まれない元 g を取ると, $g(x) = q(x)(x-a) + b$ で $b \neq 0$. 故に, $\langle x - a \rangle$ より大きなイデアルは定数 $b \neq 0$ を含み, 従って全体と一致するから, $\langle x - a \rangle$ は極大イデアルである.

(2) $\boldsymbol{R}[x]$ のイデアル $\mathcal{I}$ はある多項式 $f(x)$ の倍元全体の形をしている. f は $\boldsymbol{R}$ 上 1 次または 2 次の既約多項式の積に分解される. よって極大イデアルは 1 次または 2 次の既約多項式で生成されなければならない. 定理 4.12 と補題 4.16 により, これらは極大イデアルである.

(3) $\boldsymbol{R}[x]/\langle x^2 + 1 \rangle \cong \{a + bx \mid a, b \in \boldsymbol{R}\}$. ここで $x^2 = -1$ だから, 結局複素数体 $\boldsymbol{C}$ と同型となる.

問 4.14 連立合同式 $x \equiv 2 \bmod 3, x \equiv 3 \bmod 5, x \equiv 2 \bmod 7$ を解けばよい.

$$35 \times 2 \equiv 1 \bmod 3, \quad 21 \times 1 \equiv 1 \bmod 5, \quad 15 \times 1 \equiv 1 \bmod 7$$

なので, 公式によれば,

$$x \equiv 2 \times 2 \times 35 + 3 \times 1 \times 21 + 2 \times 1 \times 15 \equiv 233 \equiv 23 \bmod 105.$$

なお, この問題は第 1 と第 3 の剰余が 2 で一致することから, 一般論を要しない初等的な解法が有る. すなわち, $x - 2$ は 3, 7 の公倍数なので, $x = 21n + 2$ と置けるから, これを第 2 の式に代入して $21n + 2 - 3 = 21n - 1 = 20n + (n-1)$ が 5 で割り切れる条件を求めると, $n = 5m + 1$. よって答は $21(5m+1) + 2 = 105m + 23$. 孫子がこの解法によらず, 一般に通用する中国剰余定理を示しているのはさすがである.

問 4.15 $n = pq, p, q$ は互いに素, なので, $x^{de} \equiv x \bmod p, x^{de} \equiv x \bmod q$ を言えば $x^{de} \equiv x \bmod pq$ が言える. $d = \mathrm{GCD}(p-1, q-1)$ と置けば, $\mathrm{LCM}(p-1, q-1) = (p-1)(q-1)/d$ であり, 仮定より $de = 1 + k(p-1)(q-1)/d$. よって $x \neq 0$ なら, Fermat の小定理により $x^{p-1} \equiv 1 \bmod p$. 従って $x^{de} \equiv x \cdot 1^{k(q-1)/d} \equiv x \bmod p$ となる. $x = 0$ なら最初から $x^{de} = 0 \equiv x \bmod p$. 故にいずれにしても $x^{de} \equiv x \bmod p$ が成立する. q についても同様.

問 4.16 $C_4 \times C_4$ の位数 4 の元の個数は 7 である. 実際, g を C_4 の生成元, h を一般の元とすれば, 直積 $C_4 \times C_4$ における位数 4 の元は (g, h) または (h, g) の形をし

ており (g,g) は両者に共通だから, 総数は $4+4-1=7$ となる. しかるに, 位数 8 の群 G に位数 4 の元がいくつ有っても, その一つを g とし, C_2 の生成元を h とすれば, 直積 $C_2 \times G$ における位数 4 の元は, $(h,g), (e,g)$ の形だから, 総数は偶数でなければならない. よって両者が等しくなることはない.

問 4.17 $F_p^\times$ からそれ自身への写像を $x \mapsto x^2$ で定めると, これは明らかに群の準同型となるので, 命題 1.18 により像は $F_p^\times$ の部分群 Q_+ となる. その元がちょうど平方剰余の全体と対応していることは明らかである. この写像により $\pm x$ が同一の元 x^2 にゆくので, 鳩の巣原理と同様の考えで, Q_+ は $F_p^\times$ のちょうど半分の元より成る. 平方非剰余な元の全体 Q_- は $F_p^\times$ の部分群 Q_+ による剰余類を成し, $F_p^\times/Q_+ \cong C_2$ となって, Legendre 記号はこの自然な準同型を表現する.

問 4.18 もし, $xy \in \mathcal{P}$ なら, $\mathcal{P}$ が素イデアルであったことから x, y のいずれかが $\mathcal{P}$ の元となってしまう. よって $x, y \in A \setminus \mathcal{P}$ なら $xy \in A \setminus \mathcal{P}$. 次に, $\mathcal{I} \subsetneq A_\mathcal{P}$ を任意のイデアルとすれば, $A \setminus \mathcal{P}$ の元は $A_\mathcal{P}$ では可逆なので, $\mathcal{I}$ はこれらを含み得ない. よって $\mathcal{I} \subset \mathcal{P}A_\mathcal{P}$ となるから, $\mathcal{P}A_\mathcal{P}$ はすべてのイデアルを含み, 最大のイデアルとなる.

第 5 章

問 5.1 $0m = (0+0)m = 0m+0m$ の両辺に $0m$ の逆元を加え, 結合法則を用いると $0 = 0m$. 次に $(-a)m + am = (-a+a)m = 0m = 0$ より $(-a)m$ は am の逆元 $-(am)$ と一致する.

問 5.2 イデアルの条件 "$\forall x, y \in \mathcal{I}$ に対し $x - y \in \mathcal{I}$" が補題 5.7 の条件 (1) に, またイデアルの条件 "$\forall a \in A, \forall x \in \mathcal{I}$ に対し $ax \in \mathcal{I}$" が条件 (2) に相当する.

問 5.3 $\xrightarrow{\text{第 2 行 } \times 2 \text{ を}}_{\text{第 1 行から引く}}$ $\begin{vmatrix} 0 & 6 & -16 \\ 1 & -2 & 7 \\ 0 & -1 & 7 \end{vmatrix} = -\begin{vmatrix} 6 & -16 \\ -1 & 7 \end{vmatrix} = -26.$

問 5.4 (1) $\begin{pmatrix} 1 & 0 \\ 0 & 15 \end{pmatrix}$. (2) $\longrightarrow \begin{pmatrix} 1 & 2 \\ 1 & 4 \end{pmatrix} \longrightarrow \begin{pmatrix} 1 & 0 \\ 1 & 2 \end{pmatrix} \longrightarrow \begin{pmatrix} 1 & 0 \\ 0 & 2 \end{pmatrix}$.
(3) $\begin{pmatrix} 1 & 0 & 0 \\ 0 & 1 & 0 \\ 0 & 0 & 60 \end{pmatrix}$. (4) $\begin{pmatrix} 1 & 0 & 0 \\ 0 & 1 & 0 \\ 0 & 0 & 38 \end{pmatrix}$. (5) $\begin{pmatrix} 1 & 0 & 0 \\ 0 & 3 & 0 \\ 0 & 0 & 9 \end{pmatrix}$. (6) $\begin{pmatrix} 1 & 0 & 0 & 0 \\ 0 & 1 & 0 & 0 \\ 0 & 0 & 1 & 0 \\ 0 & 0 & 0 & 12 \end{pmatrix}$.

問 5.5 (1) $\begin{pmatrix} 1 & 0 \\ 0 & (x-3)(x-5) \end{pmatrix}$. (2) $\begin{pmatrix} 1 & 0 \\ 0 & (x-4)^2 \end{pmatrix}$.
(3) $\begin{pmatrix} 1 & 0 & 0 \\ 0 & 1 & 0 \\ 0 & 0 & (x-3)(x-4)(x-5) \end{pmatrix}$. (4) $\begin{pmatrix} 1 & 0 & 0 \\ 0 & x-1 & 0 \\ 0 & 0 & (x-1)^2 \end{pmatrix}$.
(5) $\begin{pmatrix} 1 & 0 & 0 \\ 0 & 1 & 0 \\ 0 & 0 & (x-2)^3 \end{pmatrix}$.

問 5.6 Z_8 に対しては 3 倍は可逆 (もう一度 3 倍すると元に戻る) ので, この元のうちで 6 倍すると 0 となるものは, 実は 2 倍すると 0 となるもので, 0 と 4 のみ. 同様に, Z_{12} の元で 6 倍すると 0 となるのは $0 \sim 11$ のうちで, 6 倍すると 12 で割り切れるようになるものなので, $0, 2, 4, 6, 8, 10$. よって $Z_{12} \oplus Z_8$ の元で 6 倍すると 0

となるのは,これらの直和で $\{(2i,4j) \mid i=0,\ldots,5, j=0,1\} \cong \mathbf{Z}_6 \oplus \mathbf{Z}_2$.

問 5.7 $\mathbf{Z}_6 \oplus \mathbf{Z}_{30}$.

問 5.8 n 次の巡回群を C_n で表す.
(1) 位数 12 の Abel 群の可能な形は次の二つである: C_{12} (位数の最大値 12), $C_6 \times C_2$ (位数の最大値 6). なお, $C_4 \times C_3$ は C_{12} と, また $C_3 \times C_2 \times C_2$ は $C_6 \times C_2$ と一致する.
(2) 位数 24 の Abel 群の数え上げは, 単因子により行うことができる.

$\quad\quad\quad C_{24} \longleftrightarrow (1,24)$　　(位数の最大値 24),
$\quad\quad\quad C_{12} \times C_2 \longleftrightarrow (1,2,24)$　　(位数の最大値 12),
$\quad\quad\quad C_6 \times C_2 \times C_2 \longleftrightarrow (1,2,4,24)$　　(位数の最大値 6),

この表に無い, 例えば $C_8 \times C_3$ は C_{24} と同型 (従って位数の最大値が 8 となることは無い), また $C_4 \times C_2 \times C_3$ や $C_6 \times C_4$ は $C_{12} \times C_2$ と同型になるから, 上に含まれる. (なお, 群論の方では, それぞれ $(24), (2,12), (2,2,6)$ のことを単因子と呼ぶこともある.)

問 5.9 (1) 命題 4.27 により $\mathbf{Z}_{24}^* \cong \mathbf{Z}_3^* \times \mathbf{Z}_8^*$. ここで命題 4.25, 4.26 により $\mathbf{Z}_3^* \cong C_2$, $\mathbf{Z}_{2^3}^* \simeq C_2 \times C_2$ よって $\mathbf{Z}_{24}^* \cong C_2 \times C_2 \times C_2$.
(2) 同じく $\mathbf{Z}_{96}^* \cong \mathbf{Z}_3^* \times \mathbf{Z}_{2^5}^*$. ここで $\mathbf{Z}_{2^5}^* \simeq C_{2^3} \times C_2$. よって $\mathbf{Z}_{96}^* \cong C_2 \times C_2 \times C_8$.

問 5.10 $\mathbf{Z}_p$ においては, p と互いに素な素数 q は可逆となるので, $\mathbf{Z}_p \otimes_{\mathbf{Z}} M = \frac{1}{q^k}\mathbf{Z}_p \otimes_{\mathbf{Z}} q^k M$. よって, M の直和因子のうち, 位数が p と素な巡回群はすべて消失し, 位数が p-冪の巡回群だけが残る.

第 6 章

問 6.1 例 3.2 に示した基本関係 $\tau\sigma = \sigma^{-1}\tau$ より $\tau\sigma\tau^{-1} = \sigma^{-1}$. これから σ の生成する部分群 C_n が正規であることが分かる. (指数 2 の部分群なので, 実は命題 4.4 から明らか.) さらに, $\tau = \tau^{-1}$ なので, $\tau\sigma^k \circ \tau\sigma^l = \tau\sigma^k\tau^{-1}\sigma^l$ は半直積の定義そのままである. (例 3.2 の後で注意したように, n の値によっては D_n は C_2 を一つの因子とする直積に分解することがあるが, その場合でも上の C_n は直積因子とはならないことに注意.)

問 6.2 (1) (6.2) において $G = H \rtimes K$ が半直積なら, $k \in K$ に対し $\varphi(k) = ke$ が ρ の右逆となることは明らか. 逆に, ρ の右逆 φ が存在すれば, 一般に右逆は明らかに一対一写像なので, G は φ の像として K に同型な部分群を含む. 以下それも K と記せば, 対応 $(h,k) \mapsto hk$ は, 集合として $H \times K$ から G への全単射となる. 実際, $hk = e$ なら, $e = \rho(hk) = \rho(k)\rho(h) = \rho(k)$ より $k = e$. また $g \in G$ に対し, $k = \rho(g) \in K$ と置けば, $h = gk^{-1}$ は ρ により e にゆくので H の元となり, $g = hk$. 最後に, 群の演算は $h_1k_1 \cdot h_2k_2 = h_1h_2'k_1k_2$, ここに $H \triangleleft G$ により $k_1h_2k_1^{-1} = h_2'$ と書けるものとした. (2) (6.2) において $G = H \times K$ が直積なら, $g = hk \in G$ に対し $\varphi(g) = h$ が ι の左逆となることは明らか. 逆に, ι の左逆 φ が存在すれば, $K' = \mathrm{Ker}\,\varphi$ は G の正規部分群となり, 明らかに $G = HK$ かつ $H \cap K = \{e\}$. よって問 4.4 により, H と K は可換となり, $G = H \times K$.
(3) $yx = x^{-1}y$ を繰り返し使うと, $yx^k = x^{-k}y$. 特に $y^3 = yx^t = x^{-t}y = y^{-1}$, よっ

て $y^4 = x^{2t} = e$. 故に, この Q_t の元は $x^k, x^k y, 0 \leq k \leq 2t-1$ の形に一意的に表され, 群の位数は $4t$ となる. 巡回部分群 $\langle x \rangle$ の位数は $2t$, 従って指数 2 なので, 命題 4.4 よりこれは正規部分群となる. もし $Q_t \cong \langle x \rangle \rtimes C_2$ なら, Q_t には C_2 に対応する部分群の生成元として, $\langle x \rangle$ に属さない位数 2 の元が存在しなければならないが, $(x^k y)^2 = x^k y x^k y = x^k x^{-k} y^2 = y^2 \neq e$ なので, 不合理.

問 6.3 (1) 積の逆元は逆順となるので, $[x,y]^{-1} = (xyx^{-1}y^{-1})^{-1} = yxy^{-1}x^{-1} = [y,x]$. (2) $[xy,z] = (xy)z(xy)^{-1}z^{-1} = xyzy^{-1}x^{-1}z^{-1} = x[y,z]zx^{-1}z^{-1} = x[y,z]x^{-1}[x,z]$. 二つ目も同様, あるいは一つ目の両辺の逆元を取って (1) を適用すれば出る. (3) $x[y,z] = xyzy^{-1}z^{-1} = xyzy^{-1}x^{-1}xz^{-1} = [xy,z]xz^{-1} = [xy,z][z,x]x$. $xy[y^{-1},x^{-1}] = xyy^{-1}x^{-1}yx = yx$.

問 6.4 G は可解群で, その標準的な可解列を $G = G_0 \supset G_1 \supset G_2 \supset \cdots \supset G_n = \{e\}, G_{j+1} = [G_j, G_j]$ とする. $H \subset G$ が部分群なら, 明らかに $[G_j \cap H, G_j \cap H] \subset [G_j, G_j] \cap H$ という等式が成り立つので, H の標準的な可解列は $[G_j, G_j] \cap H$ を項とする列よりも早く単位元に落ちなければならず, 従って H は可解となる. H が正規部分群のときは, 第 2 同型定理より $G_j/(G_j \cap H) = G_j H/H$ に注意すると, $[G_j/(G_j \cap H), G_j/(G_j \cap H)] = [G_j H/H, G_j H/H] = [G_j, G_j]H/H$. 従って G/H の標準可解列はこれらが成す列よりも早く単位元に落ちるので G/H も可解である.

G が冪零群のときも同様に, その降中心列を $G = G_0 \supset G_1 \supset G_2 \supset \cdots \supset G_n = \{e\}, G_{j+1} = [G, G_j]$ とするとき, H が部分群なら, $[H, G_j \cap H] \subset [G, G_j] \cap H$ より, また H が正規部分群なら $[G/H, G_j/G_j \cap H] = [G/H, G_j H/H] = [G, G_j]H/H$ により, もとの列の有限性を用いて同様にこれらの降中心列の有限性が示される.

問 6.5 (1) ヒントに書かれたように, まず, 二つの互換の積, および長さ 5 の巡回置換がすべて生成される. よって偶数個の互換の積はすべて生成される. 後は, 同じような工夫で長さが奇数の任意の巡回置換が生成できることを示せばよい. $(1,2,3,4,5,6,7) = (1,6,7)(1,2,3,4,5)$ となることが容易に確かめられるので, 後は帰納法により同様にゆく. (2) ヒントに書かれた通り. (3) ヒントに書かれた第 1 の場合は, G が素な巡回置換の積に分解したとき少なくとも長さ 4 の因子を含むような元を持つ場合である. また第 2 の場合は, 長さ 3 の因子しか含まない場合である. それが一つなら証明は必要無いので, 長さ 3 の因子が少なくとも二つ有る場合を考えれば, 完全な場合分けとなる. 後はヒントに書かれた計算をすれば, それぞれの場合に長さ 3 の巡回置換が G の元として作れる.

以上を総合すると, A_n の $\{e\}$ 以外の正規部分群は, (3) により長さ 3 の巡回置換を少なくとも一つ含み, 従って (2) により長さ 3 の巡回置換をすべて含むことになって, (1) により A_n と一致することが言える.

問 6.6 $\mathrm{Ker}\,\varphi$ は S_n の正規部分群となる. 他方, A_n も正規部分群であるから, 問 4.1 により $\mathrm{Ker}\,\varphi \cap A_n$ は A_n の正規部分群となる. 従って A_n の単純性により $\mathrm{Ker}\,\varphi \supset A_n$ または $\mathrm{Ker}\,\varphi \cap A_n = \{e\}$ となる. 両者の位数はともに $|S_n|/2$ であるから, 前者の場合は $\mathrm{Ker}\,\varphi = A_n$ となる. また, 後者の場合は, $\mathrm{Ker}\,\varphi$ の元は単位元以外は奇置換より成ることになるが, 二つの奇置換の積は偶置換であり, かつ位数を考えると $\mathrm{Ker}\,\varphi$ には積が単位元にはならないような元の組が必ず存在するので, これは不合理だから, 有

り得ない.

問 6.7 一般に S_n の元 x の位数は x を互いに素な巡回置換の積に分解したとき, その分解成分の長さの最小公倍数となることに注意せよ. (1) S_2 の元は単位元以外は互換なので, 位数は 2 である. S_3 の元は, 互換と 3 次の巡回置換のいずれかで, 後者が位数 3 となる. S_4 の元は, 長さ 4 の巡回置換 (位数 4), 長さ 3 の巡回置換 (同 3), 独立な互換の積 (同 2) などがあるが, 位数の最大値は最初の 4 である. S_6 の元は長さが 6 の巡回置換 (位数 6), 長さが 5 の巡回置換 (同 5), 長さ 4 の巡回置換と互換の積 (同 4), 長さ 3 の巡回置換二つの積 (同 3) などがあるが, 6 が最大である. (2) 同様に論ずると, 長さ 2, 3, 5 の独立な巡回置換の積, 例えば $(1,2)(3,4,5)(6,7,8,9,10)$ が位数最大で 30 となる. (3) $n = n_1 + n_2 + \cdots + n_k$ を勝手な分割とする. 今, これらが全部互いに素だとすれば, この分割に対応する独立な巡回置換の積の位数は,

$$n_1 n_2 \cdots n_k \tag{A.1}$$

となるが, ここである n_i が素数冪でなければ, その最小の素因子に対する因子を q^a とすると, $n_i = n_i' q^a, n_i' > q \geq 2$ であり,

$$n_i = n_i' q^a \geq n_i' + q^{a+1}$$

が $a = 1, q = 2, m = 3$ のときを除き成り立つ. 例外の場合は大勢に影響無いのでそのままにすると, それ以外のときは上のように因数分解した方が積 (A.1) を少なくとも q 倍に大きくできる. よって最大位数の見積りの際には, 各 n_i は素数の冪の形をしていると仮定しても差し支えない. 一般に相加相乗平均の不等式により,

$$n_1 \cdots n_k \leq \left(\frac{n_1 + \cdots + n_k}{k}\right)^k = \left(\frac{n}{k}\right)^k =: f(k)$$

であり, 等号がほぼ成り立つのは各 n_i の大きさがほぼ等しいときである. よって k を固定したときは, 各 n_i の大きさがほぼ揃うように素数冪の冪指数を調節するものとする. 次に k についての最大値を取ってみる. k を連続的に動かして $\log f(k) = k(\log n - \log k)$ の最大値を見れば, $\log n - \log k - 1 = 0$. $\therefore k = n/e$. よって上は $\leq e^{n/e}$ となるが, 実際には n 以下の相異なる素数は素数定理により高々 $n/\log n$ 程度しか存在しないので, k は n/e までは動けず, 素数定理により $k \leq n/\log n$ の範囲でしか探索できない. それだけではなく, 使用する最大の素数を p とすれば, ほぼ $k = n/p$ にしなければならないので, $k = n/\log n$ に取ってしまうと, ほぼ最大の素数を使うので, 実は $k = 1$ となってしまう. 再び素数定理により, 使用する最大の素数を p とすれば, それ以下の素数をすべて使うとして, $k = n/p = p/\log p$ という等式がほぼ成り立つことになり, 従って $p = \sqrt{n \log n}, k = \sqrt{n/\log n}$ というオーダーになる. 上の最大値の手前では $(n/k)^k$ は k の単調増加関数なので, 結局最大値は

$$\left(\frac{n}{k}\right)^k = (\sqrt{n \log n})^{\sqrt{n/\log n}} = e^{\sqrt{n \log n}}$$

と評価される.

逆向きの評価は, 実際にそのくらいの長さのものが存在することを示す. 素数定理により, $\sqrt{n \log n}$ 以下の素数はほぼ $\sqrt{n \log n}/\frac{1}{2} \log n = 2\sqrt{n/\log n}$ 個有るから, これらを

$p_1 = 2, p_2 = 3, \ldots, p_k \doteqdot \sqrt{n \log n}$ とし,これらの適当な冪を取って $p_1^{s_1} \doteqdot p_2^{s_2} \doteqdot p_k$ となるようにすれば,これらの和はほぼ

$$p_1^{s_1} + p_2^{s_2} + \cdots + p_k \doteqdot \sqrt{n \log n} \times 2\sqrt{\frac{n}{\log n}} = 2n$$

であって,(最初に n を $n/2$ に変えておけば) 許される n の分割となっており,これに対応する独立な巡回置換の積の位数は

$$p_1^{s_1} \cdot p_2^{s_2} \cdots p_k \doteqdot \sqrt{n \log n}^{2\sqrt{n/\log n}} = e^{\frac{1}{2} \log n \cdot 2\sqrt{n/\log n}} = e^{\sqrt{n \log n}}$$

となる.途中で n を $n/2$ に変えたので,最後の評価で少なくとも n を $n/2$ に変えたもの $\geq e^{\frac{1}{2}\sqrt{n \log n}}$ では下から評価されるであろう.

問 6.8 $N(P)$ が群となること:$e \in N(P)$ は自明. $x, y \in N(P)$ なら $xyPy^{-1}x^{-1} = P$ より $xy \in N(P)$. また $x \in N(P)$ なら,$xPx^{-1} = P$ より,$\forall z \in P$ に対して $xzx^{-1} \in P$,従って P が群であることから $(xzx^{-1})^{-1} = x^{-1}z^{-1}x \in P$. $z^{-1} \in P$ は任意の元に成り得るので,$x^{-1}Px = P$,従って $x^{-1} \in N(P)$. $N(P) \triangleright P$ なること:定義より明らか. $N(P)$ の最大性:$H \triangleright P$ とすると,$\forall h \in H$ について $hPh^{-1} = P$ より $h \in N(P)$. よって $H \subset N(P)$.

問 6.9 互いに素な巡回置換に分解したときの成分の型で決まるので,以下の 7 種類になる (括弧内は各共役類に含まれる元の個数):

恒等置換 (1) $(1,2)$ 型 $({}_5C_2 = 10)$
$(1,2)(3,4)$ 型 $({}_5C_1 \times {}_3C_1 = 15)$ $(1,2,3)$ 型 $({}_5C_3 \times 2 = 20)$
$(1,2,3)(4,5)$ 型 $({}_5C_3 \times 2 = 20)$ $(1,2,3,4)$ 型 $({}_5C_1 \times 3! = 30)$
$(1,2,3,4,5)$ 型 $(4! = 24)$

合計は確かに 120 になる.

問 6.10 $|A_4| = 12$ なので,もし位数 6 の部分群 H が有れば,命題 4.4 によりそれは正規部分群となり,自然な準同型 $\varphi : A_4 \to \{\pm 1\}$ が生じて H がその核となる. A_4 の元で他の元の 2 乗となるものは,準同型性により 1 に写され,従って H に属する.特に $(1,2,3) = (1,3,2)^2$, $(1,3,2) = (1,2,3)^2 \in H$. 同様に $(1,3,4), (1,4,3), (2,3,4), (2,4,3) \in H$. もちろん $e \in H$ なので,$|H| \geq 7$ となり,不合理.

問 6.11 $|S_4| = 24$ なので 2-Sylow 群は位数 8 である. $h = (1,2,3,4)$ が位数 4 の巡回部分群を生成するので,これを位数 2 の元で拡大すれば求まる.例えば $g = (1,2)(3,4)$ を取れば,$hg = (1,3)$,よって $hgh = g$, $g^4 = e$, $h^2 = e$ となり, $\{e, h, h^2, h^3, g, gh, gh^2, gh^3\}$ が群を成すことが分かる.これは半直積 $C_4 \rtimes C_2$ の形をしている.これと共役な群は補題 6.10 によりあと 2 個存在する可能性があるが,実際,それらの生成元はそれぞれ $(1,3,2,4)$ と $(1,3)(2,4)$,および $(1,2,4,3)$ と $(1,2)(3,4)$ で与えられる.

次に $|S_5| = 120$ なので, 2-Sylow 群はやはり位数 8 である.ということは,上で求めた S_4 の位数 8 の部分群がそのまま S_5 の 2-Sylow 群にもなっている.さらに,$1, 2, 3, 4$ のどれかの数字を 5 に変えたものを合わせると,少なくとも 12 個は存在す

るので,補題 6.10 により $120 \div 8 = 15$ 個の共役群が存在することが分かる.

問 6.12 位数 15 の群 G は Sylow の定理により位数 3 および 5 の部分群を含み,これらは巡回群で,単位元以外の任意の元が生成元となる.よってこれらの群に共役な部分群がもし有れば,単位元以外の元を共有できない.Sylow の定理により,位数 5 の部分群に共役な群の個数は 1 でなければ次は 6 だが,他方,補題 6.10 により,それは 3 の約数なので,位数 5 の部分群に共役なものはそれ自身のみであり,従ってそれは正規部分群となる.次に,位数 3 の部分群に共役な群の個数は同じく Sylow の定理により 1, 4, 7, 10, ... のいずれかであるが,他方,補題 6.10 よりそれは 5 の約数でなければならず,従って 1 以外に可能性は無いからこれも正規部分群となる.これら二つの正規部分群は明らかに共通元を含み得ないから,問 4.4 の状況となり,これらは可換である.従って $G = C_3 \times C_5 = C_{15}$ となる.

位数 $91 = 13 \times 7$ の群についても全く同様である.

問 6.13 前問と同様に論ずると,位数 21 の群 G の位数 7 の部分群は正規であることが分かるが,位数 3 の部分群については,共役な群の個数が,1 のときと 7 のときが可能性を残す.前者の場合は前問と同様にして 21 次の巡回群となる.後者の場合,位数 3 の群の一つの生成元を g,位数 7 の群の生成元を h とすれば,$ghg^{-1} = h^k$ と書けるが,このとき類等式の各項は $|G| = 21$ の約数でなければならないから,$21 = 1 + (2 \times 7) + 3 + 3$ しか可能性が無い.よって g の共役作用による h の軌道は 3 個の元より成り,従って $g^3 h g^{-3} = h^{k^3} = h$.よって,$7 \mid k^3 - 1$ でなければならないから $k = 2$ または 4.$k = 4$ のときは $g^2 h g^{-2} = h^2$ となるから,位数 3 の群の生成元を g^2 に取り換えれば前者に帰着する.以上により,残る可能性は,生成元: g, h, 基本関係式: $g^3 = e, h^7 = e, gh = h^2 g$, で定義される群のみとなった.これは $\varphi(x) = x^2$ で定まる巡同型写像 $\varphi : C_7 \to C_7$ による二つの巡回群の半直積 $C_3 C_7$ に他ならないが,この存在は初等的にも乗積表を用いた群の左作用を見ることにより,S_{21} の部分群で

$$g = (1, 8, 15)(2, 10, 19)(3, 12, 16)(4, 14, 20)(5, 9, 17)(6, 11, 21)(7, 13, 18),$$

$$h = (1, 2, 3, 4, 5, 6, 7)(8, 9, 10, 11, 12, 13, 14)(15, 16, 17, 18, 19, 20, 21)$$

により生成されたものとして実現することで確かめることができる.

問 6.14 (1) 位数が 1 の群は単位群 $\{e\}$ のみ.

(2) 位数が 2 の群は,2 次の巡回群のみ.

(3) 位数が 3 の群は,3 次の巡回群のみ.

(4) 位数が 4 の群には,まず 4 次の巡回群がある.巡回群でないときは,単位元以外の元の位数は 2 となる.g をそのような元の一つとすれば,$\{e, g\}$ は位数 2 の部分群 H を成し,これは指数 2 だから正規部分群である.よって H に属さない元 x を一つ取れば,$x\{e, g\}x^{-1} = \{e, g\}$.ここで $xgx^{-1} = e$ だと矛盾するから $xgx^{-1} = g$.すなわち $xg = gx$ で,これは g とも x とも等しくない.故にこの群は x と g を生成元とする二つの 2 次の巡回群の直積 (Klein の 4 元群) に同型となる.(問 1.12 を用いて可換を結論してもよい.)

(5) 位数が 5 の群は,5 が素数なので 5 次の巡回群のみ.

(6) 位数が 6 の群には,まず 6 次の巡回群 C_6 がある.巡回群でないときは,単位元以外の元の位数は 2 または 3 である.Cauchy の定理により位数 3 の元 g と位数 2 の元 x が

必ず存在する. g で生成される 3 次の巡回部分群 H は指数 2 なので, 正規部分群. 故に H に属さない元 x は $xHx^{-1} = H$ を満たす. 従って $xgx^{-1} = g$ または $xgx^{-1} = g^2$ のいずれかが成り立つ. 前者の場合は $xg = gx$ で, 群は可換となり, C_3 と C_2 の直積, 従って C_6 となる. 後者は位数 6 の非可換群となるので S_3 になるはずであるが, 実際に $g = (1,2,3)$, $x = (1,2)$ と取れば $xgx^{-1} = (1,2)(1,2,3)(1,2) = (1,3,2) = g^2$ となり, 両者は同型である (問 2.7 参照).

(7) 位数が 7 の群は, 7 次の巡回群のみ.

(8) 位数が 8 の群には, まず 8 次の巡回群がある. 巡回群でないときは, 単位元以外の元の位数は 4 または 2 となる. 位数 4 の元が存在するときは, それで生成される 4 次の巡回部分群 H があり, それは指数 2 なので正規部分群となる. H に属さない元 x を一つ取ると, $xHx^{-1} = H$. 故に $xgx^{-1} = g$, $xgx^{-1} = g^3$ のいずれかが成り立つ. ($xgx^{-1} = g^2$ は g とその共役元の位数が一致しなくなるので有り得ない.) 前者の場合は可換群となり, $C_4 \times C_2$ に同型. 後者の場合は, もし x として位数 2 のものが取れれば C_4 と C_2 の半直積を定めるが, 具体的には 2 面体群 D_4 である. これは S_4 の部分群で巡回置換 $(1,2,3,4)$ と互換 $(1,3)$ で生成される位数 8 のもの (S_4 の 2-Sylow 群) としても実現される. また, x として位数 4 の元しか取れないときは, $\{e, g, g^2, g^3, x, x^2, x^3, xg, xg^2, xg^3\}$ の元のうちで, 同じものが少なくとも 2 組は無ければならないが, $x \neq g$ と両者の位数がともに 4 ということから $x^2 = g^2$, $xg^2 = x^3$ が結論される. このとき, $(xg)^2 = xgxg = g^3 x^2 g = g^2$ でもある. なお, $x = i$, $g = j$, $xg = k$ と対応させてみれば, この群は 4 元数群 Q であることが分かる.

最後に, 位数 4 の元が一つも無い場合は可換群 $C_2 \times C_2 \times C_2$ となることが (直接にも示せるが) 問 1.12 により分かる.

(9) 位数が 9 の群には, まず 9 次の巡回群がある. 巡回群でないときは, 単位元以外の元の位数はすべて 3 となる. 位数 3 の元 g を一つ取り, それにより生成される 3 次の巡回部分群を H と置く. H に含まれない元 x を取ると, この位数も 3 であり, $g^i x^j$, $0 \leq i \leq 2, 0 \leq j \leq 2$ は 9 個の異なる元を与える. 実際, もし $g^i x^j = g^k x^l$ ですべての指数が 0 ~ 2 の間にあるとすると, $g^{i-k} = x^{l-j}$ となり, $i - k \neq 0$, $l - j \neq 0$ なので, $a(l - j) \equiv 1 \bmod 3$ なる a が選べて $g^{a(i-k)} = x^{a(l-j)} = x$ は H の元となって矛盾する. よって g と x が可換なら全体は可換群 $C_3 \times C_3$ に同型となる.

なお, この群の位数は素数の 2 乗なので, 後述の問 6.16 により可換群となることが一般に言えるが, ここでは初等的議論でそれを示そう. 可換でないとすると, 積 xg は上のどれかと一致しなければならないので, 例えば $xg = g^i x^j$ と仮定すれば, $1 \leq i, j \leq 2$. ここで $j = 1$ なら, 非可換と仮定しているので $i = 2$ で $xg = g^2 x$. このとき左から x^2 を掛けて $g = x^2 g^2 x$. 右から x^2 を掛けて $gx^2 = x^2 g^2$. よって $(gx^2)^2 = x^2 g^2 \cdot gx^2 = x$. $(gx^2)^6 = e$. Lagrange の定理により gx^2 の位数は 6 では有り得ないので, 3. 従って $x^2 = (gx^2)^4 = gx^2$. これより $g = e$ となり矛盾. よってこの場合は無い. また $j = 2$ なら, $i = 1$ だと $gx^2 g^{-1} = x$ となるが, これは $g \mapsto x$, $x^2 \mapsto g$ と読み替えれば一つ前の場合に帰着しやはり有り得ない. 最後に $j = i = 2$ だと $xg = g^2 x^2 = g^{-1} x^{-1}$, よって $gxgx = e$ となり, 位数が 2 の元 gx が生じて Lagrange の定理に矛盾する. よって結局位数 9 の非可換群は存在しない.

(10) 位数が 10 の群 G には，まず 10 次の巡回群がある．巡回群でないときは，Cauchy の定理より位数 5 の元が存在し，それは巡回部分群 H を生成する．H の指数は 2 なので，これは正規部分群である．H の生成元 g を取る．Cauchy の定理により，G には位数 2 の元 x が存在する．これは H には属さないので，G は g と x で生成される．$G \triangleright H$ なので，$xgx^{-1} = g^k$, $k = 1, 2, 3, 4$ のいずれかが成立する．$xgx^{-1} = g$ ば可換群で $G = C_5 \times C_2 \simeq C_{10}$ となる．$xgx^{-1} = g^2$ の場合は $xgx^{-1} = g^2 \Longrightarrow xg = g^2 x \Longrightarrow g = xg^2 x \Longrightarrow gx = xg^2$. よって $gxg^2 = gx \cdot g^2 = xg^2 \cdot g^2 = xg^4$, $gxg^2 = g \cdot xg^2 = g \cdot gx = g^2 x = xg$. これより $g^3 = e$ となり矛盾．故にこのような群は存在しない．$xgx^{-1} = g^3$ のときは，$g^3 = h$ と置けば，$h^2 = g^6 = g$ なので，$xhx^{-1} = h^2$ となる ($x^{-1} = x$ に注意)．よって上に示したようにこの場合も有り得ない．最後に $xgx^{-1} = g^4 = g^{-1}$ のときは，$x^{-1} = x$ より $xgxg = e$ となり，x の代わりに $y = xg$ を取れば，やはり位数 2 であって $ygy^{-1} = xg^2 g^{-1} x^{-1} = xgx^{-1} = g^{-1}$, すなわち $ygyg = e$. 以下同様にして x, xg, xg^2, xg^3, xg^4 と位数 2 の元が 5 個求まる．よってこの群は上のものとは構造が異なることが分かる．具体的には，2 面体群 D_5 で実現される．

問 6.15 G は位数 p の部分群 H を持ち，その指数は 2 なので，一般論により正規部分群である．仮定により G は位数 2 の正規部分群 K を持つ．H の元の中には位数が 2 のものは存在しないので，K の生成元 x は H に属さず，従って H, xH が G/H の 2 元を与え，$G = KH$ となる．H の生成元を g とすれば，仮定により K は正規部分群なので，$gx = x^k g$ なる k が存在する．ここで $k = 0$ では有り得ないので，$k = 1$ 従って $gx = xg$. これから G の任意の 2 元 $x^k g^l, x^{k'} g^{l'}$ が可換なことが示され，G は可換群となる．

問 6.16 類等式 (6.5) $|G| = \sum_{x:共役類の代表元} \dfrac{|G|}{|C_G(x)|}$ において，$|C_G(x)|$ は x の中心化群の位数であり，x の冪は中心化群に含まれるので，Lagrange の定理により p か p^2 のいずれかである．p^2 は x がすべての元と可換，すなわち $x \in Z_G$ を意味する．それ以外の項は p で割り切れる．よって $|Z_G|$ は p で割り切れ，p か p^2 に等しい．後者なら G は可換群となる．前者のときは，商群 G/Z_G が考えられ，これは位数 p の巡回群となる．その生成元の代表元を $g \in G$ とすれば，G の元は $g^k c, 0 \leq k \leq p-1$, $c \in Z_G$ の形に一意的に表され，これらの元は明らかに相互に可換となり，不合理．よって G 全体が可換群でなければならない．

問 6.17 類等式 (6.5) の右辺において，中心に属する元は各々1 を寄与し，それ以外の項は p-冪である．よって中心の位数は p の倍数でなければならない．中心には少なくとも単位元が含まれるから，中心の位数は p 以上となり，従って Lagrange の定理により p-冪である．よって $G \supset Z_G \supset \{e\}$ という列が得られる．商群 G/Z_G も p-群であるから，上の議論が適用でき，これを繰り返せば遂に可解列を得る．

問 6.18 (1) 零元は $0 \cdot e$, 乗法の単位元は $1 \cdot e$ となる．環のその他の公理を確認するのは自明なので略す．(2) $\varphi(\sum_{g \in G} a_g g) = \sum_{g \in G} a_g \varphi(g)$ で写像 $\mathbf{Z}[G] \to \mathbf{Z}[H]$ を定めれば，環の準同型の公理を満たすことが明らか．(3) 構造は $\mathbf{Z}e + \mathbf{Z}x, x^2 = e$ の定義から明らかだが，例えば，$M(2, \mathbf{Z})$ の部分環 $\mathbf{Z} \begin{pmatrix} 1 & 0 \\ 0 & 1 \end{pmatrix} + \mathbf{Z} \begin{pmatrix} 0 & 1 \\ 1 & 0 \end{pmatrix}$ などで実現さ

れる．乗法の単位元は持つが，零因子，例えば $(e+x)$, $(e-x)$ が存在する．

第7章

問 7.1　$b=q/p, c=r/p, \mathrm{GCD}\,(p,q,r)=1$ と分数で表したとき，$2b^3+c^3-6bc+4=0$ は $2q^3+r^3-6pqr+4p^3=0$ と同値になるが，この等式から r がまず 2 で割り切れることが分かり，$r=2r'$ と置き，共通因子 2 を除けば，$q^3+4r'^3-4pqr'+2p^3=0$，よって更に q が 2 で割り切れることが分かり，$q=2q'$ と置いて共通因子 2 を除けば，最後に p も 2 で割れることになり，仮定に反する．

問 7.2　ヒントに挙げた $\theta=\sqrt[3]{2}+\omega$ に対し，$(\theta-\omega)^3=2$. $\therefore \theta^3-3\theta^2\omega+3\theta\omega^2-1=2$. 従って $\omega^2=-\omega-1$ を用いて，上から ω が θ の有理式で表され，よって $\sqrt[3]{2}$ も θ で表される．ちゃんと計算すると θ の方程式は 6 次：$\theta^6+3\theta^5+6\theta^4+3\theta^3+9\theta+9=0$ であることが分かる．

問 7.3　前問の θ の定義多項式の次数から既に分かっているが，$[L:\boldsymbol{Q}]=[L:\boldsymbol{Q}(\sqrt[3]{2})][\boldsymbol{Q}(\sqrt[3]{2}),\boldsymbol{Q}]=2\times 3=6$.

問 7.4　(1) $x^2-ax+b^2=0$ を $x(a-x)=b^2$ と変形して解く．直径 a の半円を描き，直径 AB に対して幅 b の平行線を引く．円周との交点 P から直径に下した垂線の足を Q とすれば，AQ もしくは QB が x を与えることが方冪の定理から分かる．なお，この 2 次方程式は，実根を持てば必ず 2 根とも正となる．
(2) 半径 $\dfrac{a}{2}$ の円を描き，それに長さ b の接線 AB を引いて，接点でない方の端点 B と円の中心 O を結んだとき，この直線と円周との交点 P, Q のうち B に近い方を $\overline{\mathrm{BP}}=x$ とすれば，同じく方冪の定理により $x(x+a)=b^2$ が成り立つ．この 2 次方程式は常に正根を一つだけ持つ．なお，方冪の定理自身は，円周角一定の定理によりできる二つの相似三角形から容易に導ける．

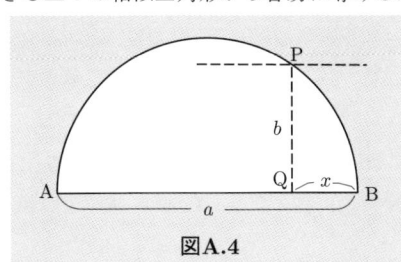

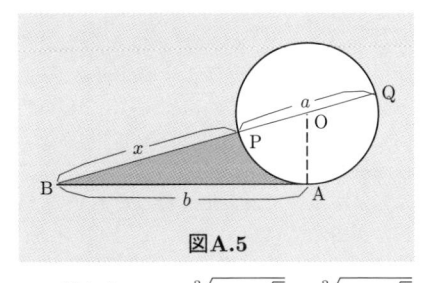

図A.4　　図A.5

問 7.5　(1) $x^3+3x-2=0$ に対して $R=2$ だから，$\alpha=\sqrt[3]{1+\sqrt{2}}+\sqrt[3]{1-\sqrt{2}}$, $\beta=\omega\sqrt[3]{1+\sqrt{2}}+\omega^2\sqrt[3]{1-\sqrt{2}}, \gamma=\omega^2\sqrt[3]{1+\sqrt{2}}+\omega\sqrt[3]{1-\sqrt{2}}$.　(2) $R=-3$ より $\alpha=\sqrt[3]{\dfrac{-1+\sqrt{3}}{2}}+\sqrt[3]{\dfrac{-1-\sqrt{3}}{2}}=\omega^{1/3}+\omega^{-1/3}, \beta=\omega\omega^{1/3}+\omega^2\omega^{-1/3}=\omega^{4/3}+\omega^{-4/3}$, $\gamma=\omega^2\omega^{1/3}+\omega\omega^{-1/3}=\omega^{2/3}+\omega^{-2/3}$. これらは明らかにすべて実数である．
(3) $R=-60$ より $\alpha=\sqrt[3]{2+2\sqrt{-15}}+\sqrt[3]{2-2\sqrt{-15}}, \beta=\omega\sqrt[3]{2+2\sqrt{-15}}+\omega^2\sqrt[3]{2-2\sqrt{-15}}, \gamma=\omega^2\sqrt[3]{2+2\sqrt{-15}}+\omega\sqrt[3]{2-2\sqrt{-15}}$. これらも実は実数で

ある． (4) まず，根の $\frac{1}{3}$ 減値を実行し，方程式を $x^3 - \frac{1}{3}x + \frac{25}{27} = 0$ に変換する．$R = \frac{25^2}{4 \cdot 27^2} - \frac{1}{27^2} = \frac{27 \cdot 23}{54^2}$. より $\alpha = \frac{1}{6}\sqrt[3]{100 + 12\sqrt{69}} + \frac{1}{6}\sqrt[3]{100 - 12\sqrt{69}}, \beta = \frac{\omega}{6}\sqrt[3]{100 + 12\sqrt{69}} + \frac{\omega^2}{6}\sqrt[3]{100 - 12\sqrt{69}}, \gamma = \frac{\omega^2}{6}\sqrt[3]{100 + 12\sqrt{69}} + \frac{\omega}{6}\sqrt[3]{100 - 12\sqrt{69}}$.
(5) これは複 2 次方程式なので，$x^2 = -1 \pm \sqrt{-2}$. よって $x = \pm\sqrt{-1 \pm \sqrt{-2}}$（複号は同順ならず）．(6) $x^4 + zx^2 + \frac{z^2}{4} = zx^2 + 2x + \frac{z^2}{4} - 3$ の右辺が平方式となるためには，$1 - \frac{z^3}{4} + 3z = 0$, すなわち，$z^3 - 12z - 4 = 0$. これは (3) で解いてあるので，その第 1 根 α を z として用い，$x^2 \mp \sqrt{z}x + \frac{z}{2} \mp \left(\frac{\sqrt{z^3}}{4} - \frac{3}{\sqrt{z}}\right) = 0$ を解いて，$x = \pm\frac{\sqrt{z}}{2} + \frac{1}{2}\sqrt{-\frac{z}{4} \pm \left(\frac{\sqrt{z^3}}{4} - \frac{3}{\sqrt{z}}\right)}, \pm\frac{\sqrt{z}}{2} - \frac{1}{2}\sqrt{-\frac{z}{4} \pm \left(\frac{\sqrt{z^3}}{4} - \frac{3}{\sqrt{z}}\right)}$ の 4 根．実際に α を代入した結果は略す．(7) $x^3 - x^2 + 1$ と $x^2 + x + 1$ の積に因数分解される．前者は (4) で解かれており，後者の根は 1 の原始 3 乗根 ω, ω^2.

問 7.6 $\alpha_1 + \alpha_2 + \alpha_3 + \alpha_4 = 0$ に注意して，$u + v + w = \alpha_1\alpha_2 + \alpha_1\alpha_3 + \alpha_1\alpha_4 + \alpha_2\alpha_3 + \alpha_2\alpha_4 + \alpha_3\alpha_4 = q$, $uv + uw + vw = 4\alpha_1\alpha_2\alpha_3\alpha_4 = 4s$, $uvw = -4qs + r^2$ を確かめる．計算の詳細は略．

問 7.7 既約分数で表された有理数 $\frac{q}{p}$ ($p > 0$) が根だとし，方程式に代入すると，$\left(\frac{q}{p}\right)^n + a_1\left(\frac{q}{p}\right)^{n-1} + \cdots + a_n = 0$. 分母を払って $q^n + a_1pq^{n-1} + \cdots + a_np^n = 0$. 初項を除き p で割り切れるので，これより $p \mid q^n$ なるを要し，既約の仮定より $p = 1$ でなければならない．同様にして $q \mid a_n$ も分かる．

問 7.8 (1) C_2. (2) 既約，かつ判別式は 31 で非平方数なので，例 7.4 により S_3. (3) 同じく既約，かつ判別式は 81 で平方数なので，例 7.4 より A_3. ちなみに，Galois 群の生成元は，問 7.5 (2) の記号で，$\omega \mapsto \omega^2$ から誘導される巡回置換 $\alpha \mapsto \gamma \mapsto \beta$ である．(4) 既約，かつ判別式は例 7.5 より 229 で非平方数，また補助 3 次 $z^3 - 4z - 1$ は既約なので，例 7.4 より S_4. (5) 複 2 次で既約，かつ定数項が平方数ではなく，$\sqrt{q^2 - 4s} = \sqrt{-8} \notin \boldsymbol{Q}(\sqrt{3})$ なので例 7.4 より D_4. (6) 複 2 次で既約，かつ定数項が平方数なので，例 7.4 より Klein の 4 元群 V. (7) 複 2 次で既約，かつ定数項が平方数ではなく，$\sqrt{q^2 - 4s} = \sqrt{8} \in \boldsymbol{Q}(\sqrt{2})$ なので例 7.4 より C_4.
(8) 既約，かつ判別式は 183^2 で平方数であり，補助 3 次方程式 $2x^3 - 28x^2 + 90x - 9$ は既約なので，A_4. (9) 問 7.5 の (6) で示したように，2 次と 3 次の既約多項式の積に分解するので，Galois 群はそれらの Galois 群の直積となる．3 次式の減値後の判別式は平方数ではないので，結局 $C_2 \times S_3$.

問 7.9 複 2 次方程式は 2 度の 2 次拡大で解けるので，3 次の拡大は含まれない．例 7.5 における判別式の計算より，判別式が平方数 $\iff$ s が平方数，なので，例 7.4 の議論より，s が平方数なら V, 平方数でなければ D_4 か C_4. 複 2 次式に対する分解 3 次方程式 (7.6) は $r = 0$ より $(z - q)(z^2 - 4s)$ と分解されるので，後者の判定は $\sqrt{q^2 - 4s} \notin \boldsymbol{Q}(\sqrt{s})$ か否かと言い替えることができる．

問 7.10 Galois 理論により以下のように不可能性が示されるから：与えられた既約 3 次多項式 $f(x)$ の最小分解体 L は $\boldsymbol{Q}$ の Galois 拡大で，その Galois 群は例 7.4 により S_3 または A_3 となる．前者の場合は，判別式 D は実で非平方数なので，実の

中間体 $K = \boldsymbol{Q}(\sqrt{D})$ を取れば, $\mathrm{Gal}(L/K)$ は A_3 となり, L は K 上の既約 3 次式 $f(x)$ の最小分解体となり, その任意の一つの根 θ による単純拡大 $K(\theta)$ となるので, 以下, 最初からこの状況を仮定し, L が K に実の冪根の添加を繰り返して得られる拡大体に含まれることが無いことを言えばよい. このような拡大は, 現在の拡大体 (それを改めて K と置く) に含まれるある実数の実素数冪根を添加する操作の繰り返しとみなせる. 各段階において, ある素数 p と $a \in K$ に対し, $K(\sqrt[p]{a})$ を考えたとき, K 上の 3 次既約多項式はこの拡大体でも既約であるか, 可約となるかのいずれかである. 前者の場合は, $L(\sqrt[p]{a}) \supset K(\sqrt[p]{a})$ は A_3 を Galois 群に持つ Galois 拡大である. 従って, 最初に f が可約となったところに注目すると, $L = K(\theta)$ は 3 次の既約多項式 f の最小分解体で, f は $K(\sqrt[p]{a})$ で可約となるので, θ が $\sqrt[p]{a}$ の有理関数となる. 方程式 $x^p - a = 0$ を用いて, この有理関数を $p-1$ 次以下の K 上の多項式 $g(x)$ に取り替えることができる: $\theta = g(\sqrt[p]{a})$. このとき $0 = f(\theta) = f(g(\sqrt[p]{a}))$ なので, K 上 $f(g(x)) = q(x)(x^p - a)$ と分解されるはずである. 従って 1 の原始 p 乗根を ζ とすれば, $\forall k$ について $f(g(\zeta^k \sqrt[p]{a})) = 0$. $g(\zeta^k \sqrt[p]{a})$ は $g(\sqrt[p]{a}) = \theta$ の共役元だから, $f(x) = 0$ の 3 根に等しく分配されなければならない. よって $3 \mid p$, 従って $p = 3$ でなければならない. すると $g(x)$ は 2 次で $\zeta = \omega$ となり, 容易に分かるように $g(\omega \sqrt[3]{a})$, $g(\omega^2 \sqrt[3]{a})$ がともに実となることは有り得ない. なぜなら, もしそうなったら, これらを ω, ω^2 の連立 1 次方程式として解けば, ω が実となってしまうから. 以上により, 実の p 乗根の添加を繰り返しても $f(x)$ は常に既約である.

問 7.11 $x = \sin 10° = 4x^3 - 3x + \frac{1}{2} = 0$ を満たす. $x = \frac{y}{2}$ と置くと $y^3 - 3y + 1 = 0$ となる. 3 次方程式なので, 可約なら必ず 1 次因子を持つが, 問 7.7 により, この方程式は ± 1 以外に有理根を持たないので, 既約と分かる. よって命題 7.13 により, Galois 群はこの方程式の三つの根に推移的に働くので, S_3 か A_3 でなければならず, 必ず 3 次の巡回拡大を経由するので, いずれにしても 2 次方程式だけでは解けない.

問 7.12 正 7 角形の作図は, 点 $\zeta = e^{2\pi/7}$ の作図と同等である. すなわち, $x^7 - 1 = 0$ の根 ζ を 2 次拡大の組み合わせで作らねばならない. ζ を含む既約成分 $x^6 + x^5 + \cdots + x + 1 = 0$ は相反多項式で, $y = x + \frac{1}{x}$ と置けば, 3 次方程式 $y^3 + y^2 - 2y - 1 = 0$ を得る. これは既約であり, 従って最小分解体の Galois 群は位数 3 の元を含むから, 2 次拡大の組み合わせでは解けない. よって作図不可能.

正 9 角形の作図は, 円に内接する正 3 角形の隣接 2 頂点の中心角 $\frac{2\pi}{3}$ を 3 等分することと同等なので, $x = \sin \frac{2\pi}{9}$ と置けば, 3 次方程式 $4x^3 - 3x + \frac{\sqrt{3}}{2} = 0$ の根の作図と同等である. この方程式は $\boldsymbol{Q}(\sqrt{3})$ 上既約なので, やはりその最小分解体の Galois 群は位数 3 の元を含む. よって作図不可能.

問 7.13 方針は本文に書いた通りである. 計算の詳細は略す.

問 7.14 (1) 定理 7.2 により, $\exists \theta \in K$ を取れば $K = \boldsymbol{Q}(\theta)$ となる. θ が満たす有理係数の代数方程式は, 分母を払って有理整数係数の代数方程式 $a_0 x^n + a_1 x^{n-1} + \cdots + a_n = 0$ に変形できるが, ここで, $\gamma = a_0 \theta$ はモニックな方程式 $x^n + a_1 x^{n-1} + \cdots + a_n a_0^{n-1} = 0$ を満たし, 従って K に属する代数的整数となる. $K(\theta) = K(\gamma)$ であることは明らか. (2) $\mathcal{O}_K$ の商体が自然に K に埋め込まれることは明らか. この同一視で両者が一致することは, (1) と同様の議論で, 任意の $\theta \in K$ が $\exists a_0 \in \boldsymbol{N}, \exists \gamma \in \mathcal{O}_K$ により $\theta = \frac{\gamma}{a_0}$

と書けることから明らか．つまり，分母は正の有理整数に限ってもよい．

問 7.15 (1) 二つの方程式から x の多項式としての終結式を計算し，x を消去した結果は $5y^4 - 20y^3 + 42y^2 + 20y - 47$. この実根を追跡すると，$y = \pm 1$ を根に持つことが分かり，$y^2 - 1$ で割ると，$5y^2 - 20y + 47 = 0$. これより，更に2根 $y = 2 \pm \frac{3}{5}\sqrt{-15}$. これらをもとの方程式の一つ目に代入して，$y = 1$ からは $x^2 - 2x = 0, x^2 - 4 = 0$ を得，共通根 $x = 2$ を得る．$y = -1$ からは $x^2 - 6x = 0, x^2 = 0$ を得，共通根 $x = 0$ を得る．$y = 2 \pm \frac{3}{5}\sqrt{-15}$ からは $x = 3 \mp \frac{1}{5}\sqrt{-15}$ (複号同順) を得る．別解として，第1式から第2式を引くと x につき1次となるので，それを x につき解いて第1式に代入し，分子を取り出せば，上の終結式と同じ方程式が得られる．それを解いて得た y の値から最初に求めた式で x が一意に計算できる．なお，一般に **Bézout** の定理により，x, y の m 次方程式と n 次方程式の連立方程式の根は mn 個存在することが知られている．(ただし，重複度や無限遠点も込めて数える必要があり，また二つの円の交点のように，本質的には一方が1次の場合は成り立たない．)

(2) 終結式を用いて x を消去すると，$2y^5 + 19y^4 + 260y^3 + 213y^2 - 494y = 0$. これは $y = 0, 1, -2, \frac{-17 \pm \sqrt{-1687}}{4}$ を根に持つ．$y = 0$ を二つの方程式に代入すると $x = -1$ が共通根．同様に $y = 1$ のときは $x = -1, 4$ が共通根，$y = -2$ のときは $x = -1$. 最後に $y = \frac{-17 \pm \sqrt{-1687}}{4}$ のときは，$x = 18$. 以上で $2 \times 3 = 6$ 個の根が得られた．この方程式についても，**別解**として，二つの方程式から x^2 を消去して得られる x の1次方程式を利用できる．)

問 7.16 (1) 和の方は明らか．積は $f(x+h) = f(x) + f'(x)h \bmod h^2$ と $g(x+h) = g(x) + g'(x)h \bmod h^2$ を掛けて $f(x+h)g(x+h) = f(x)g(x) + (f'(x)g(x) + f(x)g'(x))h \bmod h^2$ より．(2) 前半の二つは定義より明らか．最後の式は (1) の積の公式を用いた帰納法か，2項展開を使えばよい．(3) (1) と (2) を組み合わせれば得られる．(4) (1) の積の微分を繰り返し使えば出る．(5) $g(x+h) = g(x) + g'(x)h \bmod h^2$ を $f(y+k) = f(y) + f'(y)k \bmod k^2$ に代入すると，$f(g(x+h)) = f(g(x)) + f'(g(x))h \bmod h^2$.

第8章

問 8.1 $GL(2, \boldsymbol{F}_2)$ の元は $e = \begin{pmatrix} 1 & 0 \\ 0 & 1 \end{pmatrix}$, $a = \begin{pmatrix} 1 & 1 \\ 0 & 1 \end{pmatrix}$, $a^2 = e$, $b = \begin{pmatrix} 0 & 1 \\ 1 & 1 \end{pmatrix}$, $b^2 = \begin{pmatrix} 1 & 1 \\ 1 & 0 \end{pmatrix}$, $b^3 = e$, $ab = \begin{pmatrix} 1 & 0 \\ 1 & 1 \end{pmatrix}$, $ab^2 = \begin{pmatrix} 0 & 1 \\ 1 & 0 \end{pmatrix} = ba$. 以上によりすべての元が出揃い，生成元と基本関係式も分かって S_3 と同型なことが言えた．

アフィン変換にすると，これらにベクトル ${}^t(0,0)$, ${}^t(1,0)$, ${}^t(0,1)$, ${}^t(1,1)$ の足し算を追加したものとの合成となる．後者は位数4の加法群で，Klein の4元群 V と同型だから，例 6.1 (有限体でも通用する) により答は半直積 $V \rtimes S_3$ となる．このとき，元の総数は $4 \times 6 = 24$ となるが，$\boldsymbol{F}_2^2$ の点は4個しかないので，すべての一対一写像も $|S_4| = 24$ 種類しかない．よって実は，両者は一致する．これから，Klein の4

元群 V が A_4 のみならず,直接 S_4 の正規部分群であることも従うが,この事実は,$V = \{e, (1,2)(3,4), (1,3)(2,4), (1,4)(2,3)\}$ が内部自己同型で置換の型を変えないことから直接にも分かることである.

F_2 上の射影平面 $P^2(F_2)$ は,アフィン平面 F_2^2 に3個の無限遠点 $(1,0,0), (0,1,0), (1,1,0)$ が加わったものなので,射影変換 $PGL(3, F_2)$ は 7 個の点の一対一写像が成す群 S_7 の部分群となる.アフィン変換が S_4 と同型なことが分かったので,無限遠平面の行き先である射影直線の種類をそれに掛けたものが群の位数となる.射影平面の同次方程式は,$x = 0, y = 0, z = 0, x+y = 0, x+z = 0, y+z = 0, x+y+z = 0$ の 7 種類なので,$[PGL(3, F_2) : S_4] = 7$.Cauchy の定理により,$PGL(3, F_2)$ は C_7 を部分群として含

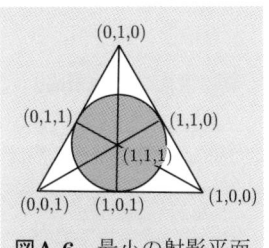

図A.6 最小の射影平面 $P^2(F_2)$ の図.

み,その生成元は S_4 には入らない.問 4.2 と同様の考察で,アフィン変換群 S_4 の 7 個の共役群が $PGL(3, F_2)$ に含まれる.よってこれは半直積の構造をしていない.位数 7 の元の例は $\begin{pmatrix} 0 & 0 & 1 \\ 0 & 1 & 1 \\ 1 & 1 & 1 \end{pmatrix}$ である.この元が生成する C_7 も正規部分群ではない.
(ちなみに,$PGL(3, F_2)$ は Lie 型の古典単純群の例である.)

問 8.2 位数が q^m の有限体 F_{q^m} は存在する.その部分体で位数 q のものが存在することが,系 8.13 の (4) $\Longrightarrow$ (1) の証明で分かるが,これは始めの F_q と同型なので,$F_{q^m} \supset F_q$ としてよい.この拡大を $F_q(\alpha)$ で表現する元 α は F_q 上のある m 次の既約多項式の根となる.

問 8.3 $x^4 + x + 1$ が F_2 上既約なので,この根 α を F_2 に添加すれば F_{2^4} が得られる.この場合は(どの 4 次既約多項式の根を取っても)α^3 も α^5 も明らかに 1 とはなり得ないので,α の $F_{2^8}^\times$ における位数は 15 となる.非零元の間の積の表は $c_0\alpha^3 + c_1\alpha^2 + c_2\alpha + c_3$ という表現と α^k という表現の間の対応表を作っておくと容易に作ることができる.スペースが無いので具体的データは省略する.

参考文献

　代数学の入門書は非常に多いので，ここでは著者が実際に参考にした書物から，読者が更に進んで学ぶときの参考になりそうなものだけを選んで挙げておきます．

[1] 森田康夫『代数概論』，裳華房, 1987.
　　著者の同級生で代数の専門家による現代の標準的な教科書です．本書で厳密な証明を省略したところはこの本を参照するとよいでしょう．

[2] 中島匠一『代数と数論の基礎』，共立出版, 2000.
　　著者の講義用参考書としてずっと利用していたものです．Galois 理論は含まれていませんが，初等的な部分は丁寧に書かれています．もし万一本書では分からないという箇所が有ったらこの本を参照してください．

[3] 金子晃『線形代数講義』，サイエンス社, 2004.
　　代数学の講義は線形代数の講義に続くもので，本書でもその知識が随所で使われています．線形代数の講義が無い学科はさすがに無いでしょうから，予備知識として特定の教科書を用意する必要はありませんが，本書では続きを具体的に示すため，この本を引用しています．

[4] 藤原松三郎『代数学』，全2巻, 内田老鶴圃.
　　非常に古い教科書ですが，代数学の基本的な定理に出典が示されているのが便利です．

[5] 高木貞治『代数学講義 (改訂新版)』，共立出版, 1967.
　　方程式論の古典的取り扱いに関する代表的な教科書です．ただし著者は方程式論を旧制高校の教科書として書かれた園正造『高等代数学』で学びました．

[6] 高木貞治『初等整数論講義 第2版』，共立出版, 1971.
　　本書では正統的な取扱をしなかった初等整数論の古典的な教科書です．1次の不定方程式の解法に始まり，平方剰余の相互法則や2次体の整数論まで詳しく書かれています．

[7] 藤崎源二郎『代数的整数論入門 上, 下 (第3版)』，裳華房, 2001.
　　代数的整数論の教科書ですが，Galois 群などの具体的計算も詳しく書かれています．暗号の勉強で数体の性質などが必要になったときは参考にしましょう．

[8] H. ワイル『シンメトリー』，紀伊国屋書店, 1970.
　　世の中から対称性を抜き出して群論との関連で解説した非常に面白い随筆です．著作権の関係で本書には収録できなかった平面の繰り返し模様のオリジナルな写真も豊富です．

[9] H. S. M. コクセター『幾何学入門』, 明治図書, 1965.
　　幾何学を Klein 流に群論的立場から見た解説書で，結晶群の話も詳しく書かれています．本書でも平面充填図形の図を描くのに参考にしました．

[10] D. コックス・J. リトル・D. オシー『グレブナ基底と代数多様体入門 上, 下』, シュプリンガー東京, 2000.
　　多変数多項式環とそのイデアル，グレーブナー基底の入門書です．本書ではこれらの事項を本格的には解説できませんでしたが，暗号や符号の勉強にはすぐ必要になります．この本は応用方面の人を対象にした読み易い解説書です．

[11] 野呂正行・横山和弘『グレーブナー基底の計算 基礎篇』, 東京大学出版会, 2003.
　　Risa/Asir の作者による解説書です．本書の範囲にも該当するような具体的な計算への応用例がたくさん載っています．

[12] Song Y. Yan "Number Theory in Computing", Springer, 2000
　　非常に易しい初等整数論と代数の入門書ですが，暗号に使うための計算機に関連したこと，および古代から始まる代数関連の数学者の伝記が参考になります．

[13] D. Joyner "Adventures in Group Theory", Johns Hopkins University Press, 2002
　　Rubik キューブなど，群論に深く関係するゲームを取り上げ，楽しみながら群論を学習させるという試みの本です．群論入門としても一通りのことが書かれています．

[14] I. Stewart "Galois Theory (3rd Ed.)", CRC, 2004
　　古典的スタイルで書かれた Galois 理論の入門書で，歴史的解説や具体的計算も詳しく，読んで楽しい本です．

[15] H. Cohen "A Course in Computational Algebraic Number Theory", Springer, 1993.
　　PARI/GP の作者による数論計算のアルゴリズム全般の解説書です．かなり重い本ですが，本書の内容に関連する易しい部分も含まれています．代数の応用計算に本格的に従事しようという人は必備です．

[16] 金子晃『数理基礎論講義』, サイエンス社, 2010.
　　本文中で無限集合論の結果を 2 箇所ほどで引用しているので，同じシリーズから最近出版されたこの本を 2 刷の際に参考書として追加しました．

索　引

あ 行

あみだくじ　48
位数 (有限体の)　198
位数 (群の)　6
位数 (元の)　43
1 の原始 n 乗根　158
一般 4 元数群　127
一般線形群　7, 22
イデアル　72
イデアルの積　75
イデアルの和　75
因数定理　17
円分体　158

か 行

可移　57
階数　101, 111
可解群　129, 166
可解列　129, 166
可換　7
可換環　10
可換群　7
核　30, 69
拡大 (群の)　127
拡大 (体の)　139
拡大次数　147
拡張 Euclid 互除法　81
加群　7, 99
加法群　7, 99
環　9
関係式　34
完全列　127
奇関数　54
奇素数　93
奇置換　37
基底　101
軌道　59
帰納的順序集合　185
基本関係式　34
基本対称式　62
基本領域　58
既約　83
既約の場合　176
逆元　3
球対称　54

さ 行

共役　69, 150
共役探索問題　138
共役類　133
行列環　9
局所化　98
極大イデアル　75
偶関数　54
偶置換　37
組み立て除法　162
組み紐群　49
群　3
群環　137
群の作用　51
形式的 Laurent 級数　97
形式的冪級数環　97
係数拡大　121
結合法則　3
原始元　93
原始根　93
減法　20
語　34
交換子　128
交換子群　128
格子　57
交代群　21
交代式　61
降中心列　129
互換　5, 36
固定群　57
語の問題　35
根　16
根基　122
根と係数の関係　65
根の減値　161

さ 行

最小多項式　144
最小分解体　152
差積　62
作用の公理　51, 99
4 元数環　32
4 元数群　127
自己同型　27
辞書式順序　63
指数　42
次数　32

指数法則　17
指標　71
自由 A-加群　101
終結式　189
15 並べ　45
巡回拡大　165
巡回群　7
巡回置換　5, 36
準素イデアル　122
準同型写像　25
準同型定理　70, 74, 109
商加群　109
商環　73, 98
商群　68
昇鎖条件　121
商集合　43
乗積表　33
商体　97
昇中心列　128
乗法的部分集合　98
剰余　73
剰余類群　68
除法　20
除法定理　79
推移的　57
整域　11
正規拡大　152
正規化群　135
正規部分群　68
正規列　137
正 4 面体群　53
整数環　188
生成系　101
生成元　7, 73
生成元 (群の)　34
正多面体　53
正 20 面体群　53
正 8 面体群　53
正標数　24
ゼータ関数　200
零因子　10
零化イデアル　100
零元　7
線形表現　36
線対称　51
像　30

相対不変　54
双対加群　110
相反多項式　169
素元　83
素元分解環　84
素数定理　203
素体　86

た 行

第 3 同型定理　126
対称群　4, 36
対称式　61
代数　32
代数拡大　139
代数学の基本定理　187
代数関数　188
代数的数　139
代数的整数　188
代数的に独立　140
代数的閉包　185, 187
代数的閉包　185
第 2 同型定理　126
多元環　32
多項式環　10
多項式時間　19
単位可換環　10
単位環　10
単位元　4
単位元　3
単因子　117
単元　83
単元群　16
単項イデアル環　80
単項式　62
単項生成　80
単純拡大　144
単純群　130
単数群　16
置換　4, 36
置換群　21
置換表現　36, 40
中間体　150
中国人剰余定理　90
忠実　40
中心　127
中心化群　134
超越拡大　140

索引

超越次数　140
超越数　140
直和　110
直交群　21
塔　150
導関数　192
同型　8
同次部分　63
同値関係　42
同値類　43
等方群　57
特殊線形群　21
特殊直交群　21
閉じている　22
トレース　211

な行

内積　12, 53
内部自己同型　69, 133
2項演算　3
2項関係　42
2面体群　51
ねじれ元　100
ねじれ部分　110
ノルム　211

は行

バイナリ法　18
鳩の巣原理　13
バブルソート　37, 39
半直積　123
判別式　65, 192
非可換環　10
引出し論法　13
左移動　40
左逆　127
左剰余類　42
ビット　13
表現　36
標数　24
符号 (置換の)　37
不定方程式　78
部分環　21
部分群　21
部分体　21
不変式の理論　66
普遍性　120
分解3次方程式　163
分解体　152
分数イデアル　188

分配法則　9
分離拡大　146
分裂　127
平方剰余　96
冪乗　17
冪等　14
冪零群　128
変換群　4

ま行

右逆　127
右剰余類　42
無限群　6
無限体　13
無理数　139
モニック　189

や行

有限拡大　147
有限群　6
有限生成　101
有限体　13, 198
有理関数体　12
有理整数環　10
ユニタリ群　22
ユニモデュラー群　21

ら行

離散群　6
離散対数問題　19
離散変換群　59
両側剰余類　71
類数　189
類等式　134
連続群　6

欧字・記号

$\forall$　4
Abel 拡大　165
Abel 群　7, 99
A_n　21
Ann(m)　100
$A \setminus B$　8
A-加群　99
A-部分加群　107
Bézout の定理　244
Burnside の問題　35
Cardano の公式　161
Cauchy の定理　132
Char K　24

C_n　7
:=　4
deg　32, 79
DesCartes 積　53
det　26
Diffie-Hellman の鍵共有方式　19
Diophantus 方程式　78
D_n　51
∃　4
Eratosthenes のふるい法　87
Euclid 環　79
Euclid の互除法　80
Euler の関数　89
Euler の定理　89
Fermat の小定理　89
Fermat の素数　180
Ferrari の解法　162
F_p　13, 86
Frobenius 写像　203
Gal(L/K)　149
Galois 拡大　152
Galois 群　149
Galois 体　198
Galois の逆問題　175
Gauss の補題　86
$[g, h]$　128
GCD　44
$GF(q)$　199
$H \rtimes K$　123
Gröbner 基底　196
G/H　43, 68
$G \triangleright H$　68
Hamilton の 4 元数　32
$H \backslash G$　43
$H \backslash G/K$　71
Hilbert の基底定理　122
Hilbert の定理　90, 211
Hilbert の問題　66, 78, 141
Hilbert の零点定理　197
Hom　109
Horner 法　163

Image　30
$|G|$　6
Ker　30
Klein の 4 元群　130
$K[[x]]$　97
$K^\times$　12
$K((x))$　97
$\langle f_1, \ldots, f_s \rangle$　73
$\langle g \rangle$　7
Lagrange の定理　42
LCM(a, b)　91
Legendre の記号　96
$a \mid b$　14
mod　7
Möbius の関数　201
Möbius の反転公式　202
$a \nmid b$　86
N_n　4
Noether 環　121
$n\mathbb{Z}$　8
$[G:H]$　42
$[L:K]$　147
$\varphi(n)$　89
p-Sylow 群　131
p-群　131
p-進整数　98
p-進体　98
$\mathbb{Q}_p$　98
Riemann のゼータ関数　203
Riemann 予想　141, 203
RSA 暗号　91
Rubik キューブ　46
sgn σ　37
$\#E$　38
$\cong$　26
S_n　4
Sylow の定理　132
Tartaglia　161
Vandermonde 行列式　64
Z_G　127
$\mathbb{Z}_n$　8, 10
$\mathbb{Z}_n^*$　89
Zorn の補題　186
$\mathbb{Z}_p$　98

著者略歴

金 子　　晃
かねこ　　あきら

1968年　東京大学 理学部 数学科卒業
1973年　東京大学 教養学部 助教授
1987年　東京大学 教養学部 教授
1997年　お茶の水女子大学 理学部 情報科学科 教授
　　　　理学博士，東京大学・お茶の水女子大学 名誉教授

主要著書

数理系のための 基礎と応用 微分積分 I, II
(サイエンス社, 2000, 2001)
線形代数講義 (サイエンス社, 2004)
定数係数線型偏微分方程式 (岩波講座基礎数学, 1976)
超函数入門 (東京大学出版会, 1980-82)
教養の数学・計算機 (東京大学出版会, 1991)
偏微分方程式入門 (東京大学出版会, 1998)

ライブラリ数理・情報系の数学講義-6

応用代数講義

2006年 1月10日©	初 版 発 行
2018年 9月25日	初版第4刷発行

著 者　金子　晃	発行者　森平敏孝
	印刷者　杉井康之
	製本者　小高祥弘

発行所　　株式会社　サイエンス社

〒151-0051　東京都渋谷区千駄ヶ谷1丁目3番25号
営業　☎ (03) 5474-8500 (代)　　振替 00170-7-2387
編集　☎ (03) 5474-8600 (代)
FAX　☎ (03) 5474-8900

印刷　　(株)ディグ　　　製本　小高製本工業（株）

《検印省略》

本書の内容を無断で複写複製することは，著作者および
出版者の権利を侵害することがありますので，その場合
にはあらかじめ小社あて許諾をお求め下さい．

ISBN4-7819-1117-X

PRINTED IN JAPAN

サイエンス社のホームページのご案内
http://www.saiensu.co.jp
ご意見・ご要望は
rikei@saiensu.co.jp　まで．